湖泊营养物基准制定的压力-响应模型及案例研究

霍守亮　席北斗 等　编著

科学出版社
北　京

内 容 简 介

本书是近几年湖泊营养物基准制定的压力-响应模型研究成果的总结和深化，在分析国内外最新研究成果的基础上，结合近年来该领域最新研究进展和成果，形成了适合我国湖泊特征的营养物基准制定的压力-响应模型方法，在不同区域尺度开展了案例研究，系统分析了不同压力-响应模型的优缺点和适用范围，提出了我国不同湖泊生态区的营养物基准阈值范围。本书反映了国内外湖泊营养物基准的最新研究动向，是营养物基准相关学科及环境保护部门进行水体富营养化控制、制定营养物基准的参考性资料。

本书可供从事湖泊科学、水质基准、水质标准、环境科学与工程、环境管理和生态学等各个学科的科研和管理人员阅读，也可作为环境科学与工程、生态学等专业研究生的参考书。

图书在版编目(CIP)数据

湖泊营养物基准制定的压力-响应模型及案例研究/霍守亮等编著. —北京：科学出版社，2014. 12

ISBN 978-7-03-042796-0

Ⅰ.①湖… Ⅱ.①霍… Ⅲ.①湖泊-富营养化-污染控制-研究-中国 Ⅳ.①X524

中国版本图书馆 CIP 数据核字(2014)第 300169 号

责任编辑：刘 冉 / 责任校对：朱光兰
责任印制：赵德静 / 封面设计：铭轩堂

科 学 出 版 社 出版
北京东黄城根北街 16 号
邮政编码：100717
http://www.sciencep.com

中国科学院印刷厂 印刷

科学出版社发行 各地新华书店经销

*

2014 年 12 月第 一 版 开本：720×1000 1/16
2014 年 12 月第一次印刷 印张：11 3/4 插页：2
字数：240 000

定价：80.00 元

（如有印装质量问题，我社负责调换）

前　言

湖泊营养物基准是营养物在湖泊中产生的生态效应不危及其功能或用途的营养物浓度或水平，可以体现受到人类开发活动影响程度最小的地表水体富营养化情况。湖泊营养物基准是水质基准体系的重要组成部分，是湖泊保护和富营养化控制的理论依据，是对富营养化进行评估、预防、控制和管理的科学基础。近三十年来，我国经济高速增长，氮磷过量输入导致的湖泊富营养化问题日益突出，严重威胁了湖泊流域生态安全和饮用水安全。我国自然地理、气候、湖泊水环境特征和营养物效应区域差异性显著，目前缺乏能反应区域差异、体现分类指导的湖泊分区营养物基准和标准。

美国在推动国际湖泊营养物基准研究方面起到重要作用，从 1998 年开始，先后提出了营养物基准制定的步骤和推荐的技术方法，欧洲各国继美国之后也分别开展了分区水体营养物基准方法学研究。与毒理学基准具有完善的理论和方法学体系不同，湖泊营养物基准研究时间较短，国际上尚未建立起系统的营养物基准方法学体系，近年来各国都在加紧开展相关研究和应用工作。由于区域特点和湖泊水环境特征不同，不同国家的湖泊营养物基准制定的方法学有所差异。

我们于 2008 年开始率先在我国开展了营养物基准研究工作，在充分借鉴国外最新研究成果的基础上，结合我国湖泊环境特征及污染现状，在我国湖泊营养物基准理论与方法学方面开展了探索性研究工作，在研究过程中我们遇到了诸多困难和疑惑。我国湖泊数量众多、类型多样、分布广泛、成因和演化过程复杂，水质水生态监测资料严重匮乏，湖泊流域受人类扰动强度较大，美国环境保护局推荐的参照湖泊法、湖泊群体分布法、三分法等方法在我国大部分受人类活动影响较大的生态区湖泊营养物基准制定中并不适用，尤其是东部浅水湖泊。从 2012 年 11 月开始，课题组较为系统地开展了湖泊营养物基准制定的压力-响应模型方法及其案例研究。

本书是对《水体营养物基准理论与方法学导论》一书的补充和深化。《水体营养物基准理论与方法学导论》一书论述了涉及营养物基准理论与相关方法的很多基本概念，阐述了湖泊水库、河流和湿地的营养物基准推导的基本理论、技术和方法。本书是作者近年最新研究成果的系统总结、深化和综合应用，构建了湖泊营养物基准制定的多个压力-响应模型，系统提升了我国湖泊营养物基准制定方法学，并在不同区域尺度开展了案例研究，系统分析了不同压力-响应模型的优缺点和适用范围，本书提出了我国不同湖泊生态区的营养物基准阈值范围。

本书内容涉及面广，提出了我国湖泊营养物基准的最新研究方向，大部分内容是国内首次提出，不但有助于推进我国湖泊保护的研究和实践，而且系统地反映了我国湖泊营养物基准研究成果和经验，期望为我国营养物基准体系的构建提供启示和借鉴。

本书编写工作由霍守亮和席北斗统筹、策划和负责。本书共分六章：第一章由霍守亮、席北斗和许秋瑾完成，系统介绍了压力-响应模型的概念、模型的构建、数据的收集和分类以及模型的评价方法；第二章由霍守亮、马春子和何卓识完成，介绍了简单线性回归模型、多元线性回归模型、土地利用类型与营养物关系模型确定湖泊营养物基准，并进行了案例研究；第三章由霍守亮、席北斗、邓祥征和姜甜甜完成，系统评价了我国湖泊富营养化的状态及发展趋势，划分了湖泊营养物生态分区，分析了不同生态区湖泊营养物效应的差异性，进行了线性模型建立不同湖泊生态区营养物基准浓度阈值的案例分析和讨论；第四章和第五章由霍守亮、马春子、何卓识和席北斗完成，系统介绍了分类回归树、非参数拐点分析法和贝叶斯拐点分析法建立湖泊营养物基准的技术方法，并进行案例分析。第六章由马春子、何卓识和霍守亮完成，介绍了贝叶斯线性回归模型建立湖泊营养物基准的技术方法及案例研究，比较了不同压力-响应模型方法的适用性，提出了我国分区湖泊营养物基准阈值范围。最后由霍守亮和马春子完成了对全书的统稿和校稿工作。本书经多次讨论、补充和完善后定稿，但尚有许多不足之处有待完善，书中所有错误不当之处在所难免，望同行学者不吝指正。

感谢环境基准与风险评估国家重点实验室营养物基准研究组的所有同事和研究生，是你们辛苦的大量现场调查工作，为本书的案例研究提供大量宝贵数据。同时，感谢刘鸿亮院士、吴丰昌研究员、陈荷生研究员、尹澄清研究员、谢平研究员在本书成果形成过程中给予的指导和建议。感谢科学出版社和本书责任编辑刘冉女士的支持和编辑指导。

编著者

2014年11月15日

目　　录

第一章　压力-响应模型概况

我国湖泊众多、区域多样性显著且广泛面临着不同程度富营养化的威胁。目前，用于湖泊保护和富营养化控制的水质质量标准是2002年制定的《地表水环境质量标准》(GB 3838—2002)，涉及营养物的标准值的确定缺乏相应的数据支撑和营养物基准支撑，更没有考虑区域差异性。建立科学的区域湖泊营养物基准已经成为环境管理机构的一个重要任务，因为这些基准可以用于评价人类活动对水生态系统的影响，保护水质和水生物完整性并发展相应的管理决策(Hawkins et al.，2010)。因此，需要制定区域湖泊营养物基准来更好地反映中国湖泊区域环境的差异并满足当前湖泊管理的需求。

我国于2008年开始实施区域营养物基准制定计划并进行了湖泊生态区划及其营养物基准的拟定工作。将美国环境保护局(US EPA)推荐的参照湖泊法、湖泊群体分布法、三分法、模型推断法等方法(US EPA，2000a，2000b)进行了案例研究，分析这些方法制定中国湖泊营养物基准的可行性。这些方法比较适合对那些能够获得参照湖泊的区域制定营养物基准。由于我国湖泊的生态系统不同程度地受到工业化、城镇化及农业活动等人类活动的影响，大多数湖泊生态区不能找到不受人类活动影响或受人类活动影响较小的参照湖泊，因此这些方法不适合制定我国湖泊的营养物基准。同时，这些方法在制定基准时也没有考虑水体功能(指定用途)对营养物基准的影响。因此，亟须探索一种适于我国营养物基准制定的方法。

湖泊中的氮磷等营养物在浓度较低时不会对水生生物和人体产生毒害作用。利用简单的实验室模拟研究代表化学污染物毒性效应来推断数值化基准的方法限制了湖泊营养物基准的发展(Lamon and Qian，2008)。过量的营养物会刺激浮游藻类的不良增长，导致氧气的耗竭，光透过性的降低、生物多样性的减少和藻毒素的产生，最终干扰水生生物的正常生长、娱乐和饮用水供应功能。因此，基于对野外观察数据的分析，发展了代表氮磷营养物浓度与初级生产力关系的压力-响应模型(US EPA，2010)。根据给定的藻类生物量基准，压力-响应模型适用于推断受人类活动影响较严重湖泊的营养物基准以保护水体的指定用途。叶绿素*a*(Chl *a*)浓度与藻类生物量密切相关，可以作为利用指定水体使用功能制定营养物基准时，联系营养物浓度的重要变量。支撑饮用水供应功能的湖泊营养物基准会受到与藻类水华相关的不断增加的藻毒素和有机碳的影响。因此，在使用压力-响应模型推断饮用水供应功能对应的氮磷基准之前需要确定Chl *a*响应变量的目标值(或基准值)。

US EPA 采用压力-响应模型推断得到了支持指定水体使用功能的数值化氮、磷基准。迄今为止，压力-响应模型在我国并没有广泛用于湖泊营养物基准的制定。因此，国内的研究者有必要应用当前可利用的压力-响应模型确定我国湖泊营养物基准并进行分区湖泊营养物基准的制定工作，尤其是对反映湖泊流域特征并受人类活动影响严重的湖泊区域。

1.1 压力-响应模型的概念

压力-响应模型是利用湖泊大量现有的可利用数据，分析压力指标与初级生产力之间重要的响应关系，依据给定的与水体使用功能存在直接或间接关系的生物响应变量的阈值，推断得到营养物基准浓度的一种方法(US EPA，2010)。其中，总磷(TP)和总氮(TN)等是主要的压力变量，叶绿素 *a*(Chl *a*)通常可作为重要的响应变量。该模型能够定量地描述藻类生物量与水体营养物之间的响应关系，尤其适用于受到人类活动影响湖泊的营养物基准值的制定。同时，压力-响应模型通过 Chl *a* 这一变量将营养物浓度和水体的使用功能联系起来，能够制定不同功能水体的营养物基准(Huo et al.，2013)。

采用压力-响应模型确定不同湖泊生态区营养物基准面临着以下几个方面的挑战：①建立或获得 Chl *a* 与反映水体使用功能的重要因素之间的相关关系是需要解决的关键问题。为了利用压力-响应模型确定营养物基准值，不同湖泊生态区不同水体使用功能对应的 Chl *a* 的基准值需要首先确定。同时，为具有指定水体用途的湖泊定义 Chl *a* 基准时，需要清楚之前确定的因果关系最终可能会影响湖泊指定用途的程度。②藻类对营养物响应的敏感程度在不同湖泊类型存在显著的差异性。压力-响应模型易于受到某些环境因子的干扰，如物种的生物地理学特性、湖泊的流域面积、水体的盐度及色度等。因此，在模型建立的时候，应该考虑这些因素对压力-响应关系的影响。③不同湖泊的营养物响应类型(N 响应型还是 P 响应型)是很难确定的。在许多淡水湖泊，磷是主要的限制型营养物，但是，越来越多的研究表明氮以及氮与磷的结合在某些湖泊也是非常重要的。④浅水湖泊具有较高浓度的悬浮颗粒物，应该区分藻类浊度和非藻类浊度对建立压力-响应模型产生的影响。例如，我国长江中下游的湖泊多为浅水湖，由于人类活动及风等外部因素的干扰，这些浅水湖含有较高的悬浮颗粒物。因此，该地区营养物与藻类之间建立的压力-响应模型在很大程度上会受到非藻类浊度的影响。虽然压力-响应模型在美国湖泊已经得到了较为成功的应用，但是对美国湖泊得到的 N、P 与 Chl *a* 之间的关系以及 Chl *a* 与指定水体功能之间的关系能否适用于我国仍然是不清楚的。N、P 和 Chl *a* 浓度参数的制定及不同湖泊类型和区域水体指定用途的可达性将是决定压力-响应模型在我国适用性的关键。

不同分区湖泊营养物基准的确定对科学合理地制定水质标准具有重要意义。我国已经意识到发展数值化营养物基准来保护湖泊指定用途以避免富营养化威胁的重要性。因此，在考虑生态区域化差异的基础上，制定了适合于国家全部地形及气候区域的营养物基准以提高和保护水质。压力-响应模型将为我国湖泊营养物基准的制定提供一个技术上科学合理的方法基础。需要考虑可能影响 Chl *a* 对营养物响应敏感性的复杂的环境因素以提高建立的压力-响应模型的准确性。

1.2　压力-响应概念模型的构建

概念模型主要用来表示氮磷浓度变化、生物效应及水体指定功能之间已知的相关关系。这些概念模型不仅为氮和磷在水生态系统的效应的相关知识提供了交流的方式，而且为后续的分析研究提供了有力的技术支撑。概念模型图是反映水生态系统中人类活动、压力变量（如氮磷污染）、生物响应及指定水体功能之间相互作用关系的视觉再现（图 1-1）（US EPA，2010）。模型图及其相关的叙述性描述对压力-响应关系的建立起非常重要的作用，它们能够描述公认的科学知识并有助于压力-响应关系模型的发展。

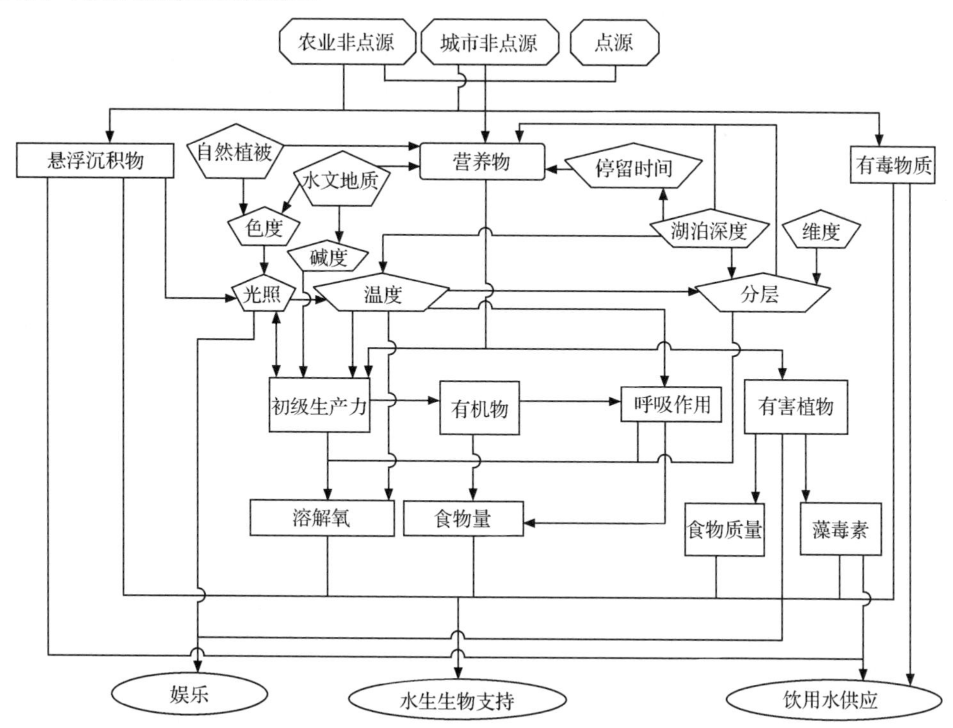

图 1-1　湖泊系统压力-响应关系概念图（US EPA，2010）

湖泊概念模型主要涉及湖泊的富营养化过程，该过程随着氮磷营养物的增加引起了湖泊系统中初级生产力水平的显著增加(Novotny, 2003)。这里指的富营养化主要是指人为富营养化，即由于人类活动改变了氮磷的输入、输出及循环速率，加速了初级生产力的增加并最终导致了一系列的水质问题(Carlson，1977；Chapra，1997；Smith et al. ，1999；Smith et al. ，2006)。湖泊概念模型图显示了人类活动与氮磷负荷增加、浓度上升及影响指定用途的其他压力指标之间的关系。推断数值化基准的重要路径与氮磷营养物以及光、温度的增加导致初级生产力的增加有关(Lee et al. ，1978；Smith，1998)。初级生产力的增加提高了有机碳的含量，不断增加的呼吸作用反过来降低了溶解氧的浓度。溶解氧的降低影响了水生生物的健康及物种组成。虽然在大多数湖泊系统中富营养化是主要的过程，但是它的重要性、价值和影响在不同的区域或同一区域的不同监测点是不同的。

人类活动引起氮磷负荷增加及相应水体浓度上升的污染源可以分为点源污染、城市非点源污染和农业非点源污染。点源污染是有固定排放点的任意污染源，主要包括城市污水、工业废水和规模化畜禽养殖废水。这些废水的来源和处理程度存在很大差异，因此输入到湖泊水体的氮磷的数量和形态也不同(Dunne and Leopold, 1978)。点源排放也会向湖体引入不同来源和处理程度的有毒污染物。

非点源污染没有固定污染的排放点。城市非点源污染是指城市降雨径流淋洗与冲刷大气和汇水面各种污染物引起的受纳水体的污染，是城市水环境污染的重要因素。降雨是城市非点源污染形成的动力因素，而降雨形成的径流是非点源污染物迁移的载体。因此，狭义上的城市非点源污染即指城市降雨径流污染，它是城市非点源污染的最主要形式。富含营养物土壤的侵蚀在城市地区也很常见，这种侵蚀会增加水体中氮磷营养物及悬浮颗粒物的浓度。

农业非点源污染是指在农业生产活动中，农田中的土壤颗粒、氮、磷、农药及其他有机物或无机物，在降水或灌溉过程中通过农田地表径流、农田排水及地下渗漏，使大量污染物进入水体而造成的水环境污染。主要包括土壤流失、化肥污染、农药污染、畜禽养殖污染及其他农业生产过程中造成的非点源污染。与农业活动相关的土壤扰动而引起的侵蚀也会引起营养物负荷的增加(Dunne and Leopold, 1978；Carpenter et al. ，1998)。这些活动在增加营养物浓度的同时也伴随着悬浮颗粒物浓度的增加，同时会引入一些有毒的物质(如农药)威胁水生生物的生长。

除了以上人为营养物的输入，一些系统中潜在的地质及自然植被也会影响氮磷背景浓度。例如，许多地区的土壤和岩石本身具有很高的氮磷含量，这会增加其对营养物负荷的贡献量(Omernik et al. ，2000)。自然有机物碎屑也会增加其对氮负荷的贡献量。

氮磷主要以三种形式存在：溶解有机态氮磷、溶解无机态氮磷和颗粒态氮磷(Chapra，1997)。这些化合物的形态之间可以频繁地循环，在溶解态和颗粒态之间转化并反应。只有溶解有机态和无机态氮磷能够被微生物及初级生产者吸收利用，这种吸收能力和利用效率的差异随物种及环境条件的变化而变化。

溶解性活性磷（如 PO_4^{3-}）是最容易被植物和藻类吸收的磷形态（Correll，1998）。尽管溶解性正磷酸盐的浓度可以直接测定，但它在环境中很容易被植物吸收或转化为其他形态，因此对溶解性正磷酸盐的测定或许不能够精确地表征有效性磷的含量。通常将 TP 作为系统中有效性磷的指示性指标。对磷负荷的评估同时需要考虑湖泊的水力停留时间及磷的固定率以准确拟合观察到的 Chl *a* 浓度（Vollenweider，1976）。

以无机氮形式存在的氨氮和硝态氮是最先被植物和藻类利用的氮的形态。与正磷酸盐类似，在大多数采样过程中很难对氨氮和硝态氮进行充分测定。因此，通常采用总氮来表示系统中氮元素的含量以及氮与初级生产力之间的关系。

除了点源和非点源污染会导致氮磷浓度的增加，其他因素（如停留时间、湖泊深度和分层等）也会对氮磷浓度产生影响（Vollenweider，1968；Dake and Harleman，1969；Gorham and Boyce，1989）。停留时间是指水或物质颗粒在湖泊系统中的平均停留时间。停留时间越短，湖泊的冲刷率越大，营养物离开湖泊的速度越快。湖泊深度会影响湖泊内部营养物的循环或负荷。较浅的湖泊具有较大的营养物循环潜力，因为从较浅的底泥中释放或汇集的氮、磷更容易与上覆水混合。这一过程会随着某一深度缺氧的产生而加重，并增加磷的再矿化程度。分层是一种物理过程，根据不同的水体密度，湖泊分为不同的层次。在分层的湖泊中，上层被称为变温层；中间层被称为跃温层；底层被称为均温层。跃温层是水温和水密度变化最快的一层，并将变温层与均温层分开。除了春季和秋季（湖泊系统处于完全混合状态）之外，冷、温的湖泊系统通常情况下处于分层状态。在冬季无冰覆盖的区域，整个冬季湖泊都处于混合状态而仅在夏季分层。在分层的状态下，下层滞水带溶解氧的消耗会导致湖泊处于缺氧状态。

以上湖泊特征是相互作用相互影响的。湖泊深度会影响停留时间和湖水温度。在通常情况下，深水湖有较长的停留时间和较低的平均温度。分层现象也容易受湖泊深度、换水周期及水温的影响（Dake and Harleman，1969；Gorham and Boyce，1989）。深水湖的分层现象受水温影响显著。风可以在水面无阻碍通行的距离会影响分层湖泊变温层的混合程度，影响春季和夏季混合的时间并影响浅水湖（好的混合系统）整体混合的程度。

营养物基准制定过程中最重要的关系是湖泊中氮磷、光照、温度与初级生产力之间的关系（Lee et al.，1978）。氮磷水平的增加会导致初级生产力的显著提高（如浮游植物和大型植物的生长）。氮和磷都能够控制湖泊中浮游植物的生长。在许多淡水湖泊系统中，磷被认为是主要的限制性元素（Schindler et al.，2008）；但是研究表明氮以及氮和磷的共同作用在某些系统中也是非常重要的（Downing and McCauley，

1992;Elser et al.,1990;Smith,1979)。除了营养物,光照和温度也对植物的生长起重要作用。尽管不同物种的适宜光照水平和温度不同,但是通常情况下随着光照和温度的增加,浮游植物的生长量也是显著提高的。

湖泊的色度和悬浮颗粒物会改变光合作用对光的利用效率。在某些系统中,溶解的植物体或溶解性矿物产生的腐殖酸会使水体的色度从清澈变为浑浊,降低光的有效性。同样地,增加的悬浮颗粒物,并伴随着氮磷营养物浓度的增加,也会降低光的有效性。初级生产力的增加本身会增加有机物和颗粒物的含量,进而降低光的有效性。

白天,初级生产力的增加会提高水体中溶解氧的含量。然而,初级生产力也会增加呼吸作用(即增加对 O_2 的消耗),因为增加的大型植物和浮游植物的数量需要更多的由光合作用产生的碳水化合物来支持生命的增长和维持。光合作用和呼吸作用的循环可以预测出溶解氧的昼夜周期。初级生产力的增加最终会变为碎屑状的碳,增加有机物负荷并进一步消耗微生物分解者的呼吸作用。增加呼吸作用会不断消耗水中的溶解氧。通过改变有效的细小的或初级生产的碳对消费者的有效性,初级生产力和分解率的改变最终也改变了系统中食物的数量。

除了氮磷污染对初级生产力的影响外,由于对营养物竞争能力的差异,增加的氮磷水平也会改变植物和藻类的聚集状态。氮磷污染通常会增加有害藻类的丰度,使其在高营养物浓度下具有更高的竞争优势。许多有害藻类会产生藻毒素,进而改变食物质量,对次级消费者的聚集产生影响。

压力-响应的因果关系最终会影响湖泊指定用途的可达性,湖泊或水库对娱乐用途(如游泳、划船)的适应性会随着水体清澈度的下降而显著降低,进而增加有害植物和藻毒素的数量。溶解氧降低、悬浮颗粒物增加、食物数量及质量改变和藻毒素的增加等会影响水生生物的支持功能。最终,湖泊或水库作为饮用水供应或娱乐的使用性将会随着与藻类生长有关的悬浮颗粒物水平、藻毒素、有机碳和有害物质的增加而下降。

1.3 数据的收集和分类

探索性数据分析是一种检查和可视化数据的方法,可以用来解释数据之间可能存在的关系,代表适当的统计学建模方法并评估统计建模假设的基础(Tukey,1977)。在进行探索性数据分析之前,需要选择分析的变量并收集整理数据。本节主要介绍了变量选择、数据收集、数据探索和数据分类的四个步骤。

1.3.1 变量选择

通常情况下,在收集数据时,应该识别概念模型中代表每个概念的变量,概念模型应该进行修正以代表研究区域的水体。在模型图中显示的某些概念可能没有可利用的数据,但是概念模型图的结构能够指导该概念子集的选择。如果在分析中包含该子集,将会更好地提高评估的压力-响应关系的准确性。概念模型可以用来确定联系营养物变量与响应变量之间可替代的路径。对这些路径进行单独分析将有助于确保评估的压力-响应模型的准确性(Morgan and Winship,2007;Pearl,2009)。例如,在湖泊概念模型中,可以选择对增加的氮磷浓度与增加的初级生产力之间的关系进行评估。而联系营养物和初级生产力的一个可替代的路径是通过湖泊碱度进行衔接的。在分析中包含定量碱度的变量会"阻碍"营养物与初级生产力相连的可替代路径,并有助于确保营养物与碱度之间的共变性不会混淆对压力-响应关系的评价。如果可能的话,所有可能阻碍氮磷与响应变量之间可替代路径的变量都应该在分析中考虑。

其他的概念可能不只与一个测量变量相关(如总氮或无机氮)。在这些情况下,需要决定是否因为它们提供了独特的信息而两个变量都需要使用,或变量是否是冗余。如果变量提供了独特的信息,决策者需要考虑概念模型是否应该进行修改以代表不同类型的信息,以及每一个变量如何与最终的基准相关。例如,氮磷浓度的直接测量或氮磷负荷率的评价都是在水体营养物的有效性范围内定量改变的。而对这两个变量建立的压力-响应关系可能会产生不同类型的营养物基准值。

选择适宜的响应变量需要进行进一步分析。首先,需要识别可能对氮磷增加比较敏感的指定用途,比如支持水生生物生长。其次,需要选择一个代表指定用途的评估基点,例如底栖大型无脊椎动物群落的健康。最后,应该选择一种适宜基点评估的衡量方法,例如采用多元指标值。通常情况下,最适宜的响应变量需要衡量两个方面:是否能够支持水体的指定用途;是否能够响应氮磷浓度的改变。许多响应变量都能够满足以上两方面。例如,湖泊中 Chl *a* 的浓度已经被证明能够直接响应氮磷浓度的变化(Vollenweider,1976;Carlson,1977;Wetzel,2001),并与水体是否支持水生生物使用功能直接相关(US EPA,2000a, 2000b,2001, 2008)。

在选择响应变量的同时,其他因素也应该考虑在内,包括一个特定变量固有的可变性和信噪比。压力-响应关系对于高变异性变量的评价可能是不准确的,这会影响制定适宜基准的可靠性。美国环境保护局(US EPA)建议的主要原因变量为总氮和总磷,主要响应变量为 Chl *a* 和透明度。在某些情况下选择几种不同的响应变量并对每一个响应变量分别进行压力-响应关系表 1-1 列出了概念模型图中代表不同概念的可测量变量。分析可能会提供有用的见解。

表 1-1　概念模型图中代表不同概念的可测量变量(US EPA, 2010)

概念	可测量变量
点源	国家污染物排放和削减许可的组成和释放率
城市非点源	土地利用/土地覆盖图的汇总统计
农业非点源	土地利用/土地覆盖图的汇总统计
地质	碱度、电导率
营养物	总氮、总无机氮、总有机氮、总凯氏氮、硝态氮、亚硝态氮、氨氮、总磷、正磷酸盐、氮磷负荷
悬浮沉积物	总悬浮颗粒、浊度
有毒物质	金属、多环芳烃、农药
物理栖息地质量	定性或定量的可视化栖息地现状、定性的地貌特征、砂/细沙百分比
湖泊深度	总深度、变温层深度
分层	温度剖面图
停留时间	湖泊容积与流出量比例
区域	湖泊大小
光照	塞氏盘深度、光合成有效辐射
色度	原位测量
温度	原位测量
初级生产力	Chl *a*、物种、浮游植物水华频率、无灰干重、新陈代谢率、细胞数量、细胞体积
有机质	总有机碳、溶解性有机碳、颗粒态有机碳、无灰干重
呼吸作用	生化需氧量、化学需氧量、新陈代谢
有害藻类	蓝藻细菌、有害藻类或大型植物丰度
食物数量	藻类生物量(Chl *a*、无灰干重)、浮游动物丰度、悬浮物浓度、外来有机物现存量
食物质量	藻类组成、C∶N∶P、生物化学测量(如蛋白质含量)
藻类毒素	生物化学指标(如微囊藻毒素、类毒素)
娱乐	清澈度、使用调查、钓鱼许可
水生生物使用	生物指标(如生物完整性指标)、Chl *a*、鱼类死亡
饮用水供应	味道、气味、浊度、生物化学指标(如三卤甲烷)

1.3.2　数据收集

用于大多数压力-响应关系分析的数据主要来源于各级环境监测站的常规监测项目。这些数据通常包括区域内的生物样本、水化学、沉积物、物理栖息地条件及其他一些属性。如果可以获得流域及沿岸的土地利用数据也是很有价值的。从国家监测计划中得到的其他数据也可以对当地的数据进行相应的补充。

元数据提供了详细的采样设计、采样协议、实验过程及其他相关信息,对这些信息的检查和评价会对后续的分析及模型的结构产生影响。例如,采样的方法会影响特定变量的可用性,并有助于分析者对概念模型进行修正或考虑是否其他变量是更好的表征指标。同样,实验过程会随着采样年份的不同而发生改变,从不同实验过程获得的数据会影响数据值和模型的结果(如测定 Chl *a* 浓度的实验过程)。最后,元数据包含的信息可能会将测量值放入一个意想不到的环境。例如暴雨之后立即收集的氮磷浓度肯定与干旱期间收集的数据存在显著差异。

可以使用元数据进行评价的不同数据集的一个重要特征是用于收集数据的抽样设计。在一个数据集中代表的抽样设计及不同状态的范围影响了压力-响应关系的可预测程度,以便能够在研究区域内适用。例如,应该评价仅仅从浅水湖收集的数据所建立的营养物压力-响应关系能否可以用于推断深水湖的营养物基准。对元数据进行评价是确定特定数据集的数据质量能否充分满足预测压力-响应关系分析要求的关键。

1.3.3　数据探索

总结和可视化数据能够提供指导后续分析决策的主要视角。总结和可视化数据的技术主要针对单一变量(如数据分布法)、双变量(如双变量法)和一组变量(如多变量法)。

1. 数据分布法

对每一个独立变量数据分布情况的理解是进行数据探索性分析的第一步。评价数据分布需要考虑的问题包括对特定的测量变量检测限是否存在,变量是否有最大值和最小值的界限,变量是否可以用理论的概率分布进行模拟。以上这些问题都会影响后续的分析决策。汇总和可视化数据分布的方法主要包括直方图、箱线图、累积分布函数及 *Q*-*Q* 图。

2. 双变量汇总和可视化数据方法

双变量之间的关系是压力-响应关系分析的基本关系。除了考虑概念模型的结构之外,对双变量之间关系的清楚理解也有助于对可能混淆营养物压力-响应关系后续评价的变量进行识别。进行双变量之间关系的分析方法主要有相关性分析、散点图、条件概率。

3. 多变量汇总和可视化数据方法

采用主成分分析法对多变量之间的关系进行分析。主成分分析是考察多个变量间相关性的一种多元统计方法。这种方法通常将原来众多的具有一定相关性的指标重新组合成一组新的互相无关的综合指标(主成分)来代替原来的指标。能通过少数几个主成分来揭示多个变量间的内部结构,即从原始变量中导出少数几个主成分,使它们尽可能多地保留原始变量的信息,且彼此间互不相关。通过降低多个变量的复杂性,分析者可以更加容易地区分不同点之间的相似性和差异性,并识别共变的变量。

1.3.4 数据分类

典型的压力-响应关系分类法主要是基于统计学分析,现有生态区的分类也可以作为研究的切入点。我国于2008年开始实施的区域营养物基准制定计划,将全国湖泊分为八个湖泊生态区(Huo et al., 2014)。这些生态区主要是基于相似的气候、地貌、区域地质及土壤类型、生物地理学特征及土地利用类型进行划分的。除了生态分区,其他定性的分类方法也比较容易获得,如将湖泊分为浅水湖与深水湖等。现有的分类方法和定性分类只是提供了一种比较粗糙的分类手段,或许不能控制特定研究区域的某些环境因素的影响。因此,湖泊的具体类别还需要在统计分析过程中进行细化(US EPA, 2010)。

统计学方法可以细化初始的分类类别并提高对压力-响应关系准确性的评价(US EPA, 2010)。数据分类是进行压力-响应关系分析的关键步骤,因为水生态系统对氮磷增加预期的响应在不同的监测点实际上是不同的。分类方法可以基于不同的属性,如预期的营养状态或物理因素,这里主要是考虑分类特定的监测点以提高压力-响应关系评价的精确性和准确性。湖泊类型的确定将提高评估关系的准确性,每个分类中监测点跨越的环境状态的范围将降低,进而减小评估关系中残差的变异性。例如,单位体积浮游植物 Chl *a* 的浓度随着浮游植物物种组成的不同而不同。由于湖水的化学性质是影响藻类物种组分的一个关键因素,将具有相似化学性质的湖泊归为一类能够降低每类物种组分的差异性,并最终降低氮磷营养物与 Chl *a* 评价关系之间残差的变异性。

适宜的分类也能够提高评估关系的准确性。准确性主要是指代表已知或潜在的压力和响应变量之间压力-响应关系统计评价的准确程度。通过聚类分析可以处理影响模型准确性的两种类型的不确定性:①空间对时间的替换;②混淆因素。当进行空间对时间的转化时,在特定水体中可以通过对不同区域湖泊水体不同营养物浓度效应的验证来估计由于氮磷污染引起的水质的短暂改变。如果在对压力-响应关系进行评价之前,对可能相似的水体(不考虑营养物浓度)进行分类,这将有助于提高替换程度的有效性。

对压力-响应关系准确性评估的另一个不确定性来源是与氮磷营养物浓度共变的环境因子的潜在影响。例如,底层沉积物的增加与水中营养物浓度的增加具有很强的相关性,这是因为它们都来源于相同的人类活动(Jones et al.,2001)。因此，在很多情况下，压力-响应关系评价的准确性将会受到底泥沉积物的混淆影响。适当的数据分类可以解决这一问题。如果底泥沉积物是唯一的协同变量，并且相应的数据可以获得，将底泥沉积物相似的湖泊进行分类将有利于控制混淆因素的影响。

1. 选择分类变量

数据分类的第一步是选择分类变量，这有利于提高压力-响应关系评估过程的准确性和精确性。选择的分类变量应该是稳定的，不会随时间等因素而轻易改变的变量。两种工具有利于进行变量的选择。首先，应该考虑概念模型图，它可以提供重要的变量。如果在分析中包含这些变量将有利于确保评价的压力-响应关系能准确地代表概念模型中所显示的关系。例如，湖水的色度会影响水体的清洁度，这反过来会控制浮游植物光合作用对光的利用效率，并最终控制浮游植物的生物量。因此，湖水的色度应该作为重要变量进行考虑。同样地，水温和碱度会影响氮、磷浓度与浮游植物生物量之间的相关关系。在理想情况下，应该对阻碍营养物与响应变量之间可替代路径的变量进行检验。在这些情况下，应该注意数据的缺失情况，并且也应该对最终的压力-响应关系有潜在影响的变量进行定性评价。

其次，数据的探索性分析中其他变量应该包含在分类分析中。具体而言，与压力变量或响应变量显著相关的其他变量应该在分类分析中进行评价。

用于数据分类选择的变量最终会影响特定研究区域内数值化基准的应用。例如，如果湖泊色度作为分类变量，则具有不同色度的湖泊区域就应该采用不同的基准。因此，具有自然差异的变量是用于数据分类的好的候选变量。需要包含能够定量其他人为压力的变量来提供压力-响应模型的准确性，因为这些变量通常与氮磷营养物之间存在共变关系。但是采用其他压力变量作为分类变量也有可能会导致推断得到不同人类压力水平下湖泊不同的营养物基准。在大多数情况下，与其他人类压力水平有关的数值化基准是不希望得到的，因为基准应该是在不考虑其他污染的情况下可接受的氮或磷浓度。但是，在此分析阶段，建议分析者基于压力-响应关系准确性的最大化来选择分类变量。然后，在压力-响应关系最终确定之后来考虑问题的可实施性。

2. 数据分类的统计学方法

分类方法的选择主要取决于已选择的分类变量的数量。在只有一两个分类变量的情况下，可以用简单的方法根据具有相似值的变量将数据集分为不同的组。随着分类变量数量的增加，分类数据需要更多相关的统计计算，而且一个单独的分类方法不能表达所有不确定性的来源。例如，一种分类方法可能最佳地提高模型的精度，而另一种不同的方法可能会更好地控制其他变量与营养物变量协同变化的强度。在这些情况下,需要专业判断及与不同分类方法有关的实施问题的考虑来选择最终的分类方法。

1) 简单分类法

当采用一个或两个变量进行分类时,定义类别的简单方法是指定每个变量的连续范围。如根据湖泊色度进行分类,最初指定四类,每一类大约有相同的样本数和相应的湖泊色度的数据范围。通过定义,每一类湖泊的色度比整个数据集的色度更加相似,因此,每一类色度对压力-响应关系的平均影响显著地降低了。色度的差异会对评估的平均响应关系的残差变化产生影响,因此分类后评价模型的精确度应该会提高。

在决定类别树的时候,需要对每一类别的样本数量和其他环境变量的影响程度之间进行权衡。具体来说,随着分类数的增加,每个类别的样本数会降低,导致对每个类别相关关系统计评价的可信度也会降低。在每个类别中压力变量的范围降低通常也会混淆压力-响应关系。相反,随着类别数量的增加,跨越环境协变量的数值范围也会降低,这就增加了利用协变量控制该类别的信心。

可以应用这种相似的简单分类方法对两个变量进行分类。在图 1-2 中,根据湖泊色度分成三个不同的数据范围,并根据电导率分成两个不同的数据范围,总共有六个类别。根据每个变量具体的分类数量来计算总的类别数,因此,每增加一个变量,总的类别数也显著增加了。随着分类数的增加,每个类别包含的样本数会减少,每个类别中与评价的压力-响应关系相关的不确定性也会增加。因此,样本容量的限制表明这种简单的分类方法不适合对两个以上的变量进行分类。

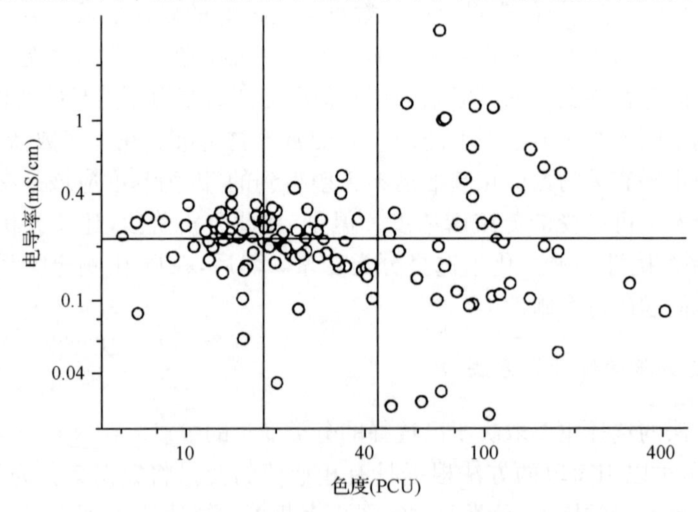

图 1-2　两个变量的简单分类法(US EPA, 2010)

黑线表示不同类别可能的阈值

2）聚类分析

另一种指定分类的方法是基于选择变量的不同样本在空间内的接近程度(Jongman et al.,1995)。该方法的第一步是定义两个样本之间距离测量的方式。采用两个样本之间的欧几里得距离（d）作为简单的距离测量的方法。

$$d = \sqrt{(x_1 - x_2)^2 + (y_1 - y_2)^2}$$

式中，x_1 和 x_2 表示第一个变量中两个样本对应的值；y_1 和 y_2 表示第二个变量中两个样本对应的值。欧几里得距离和大多数其他的距离表示方法可以延伸到更多的变量，因此与前面描述的简单分类法不同，根据距离测量进行的分类在某种程度上很少受到变量数量的限制。

一旦定义了距离量度，聚类算法利用每对样本点的距离来识别相互之间类似的样本。聚类分析开始将每一个样本作为独立的类，并将两个相互之间最为相似的样本合并为一个新类。在每个连续的迭代中，聚类算法识别出彼此接近的两个类并将其合并。当所有的样本被整合到一个集群的时候，聚类结束。通常用树状图来观察聚类的结果。图 1-3 表示利用较少的电导率和色度测量值得到的聚类分析结果。在图中可以看出，J 点和 N 点的电导率和色度相互之间最为接近，因此，聚类算法现将这两个点聚合在一起。其他的样本点以同样的方式进行，并最终得到图 1-3(a)中的树状图。

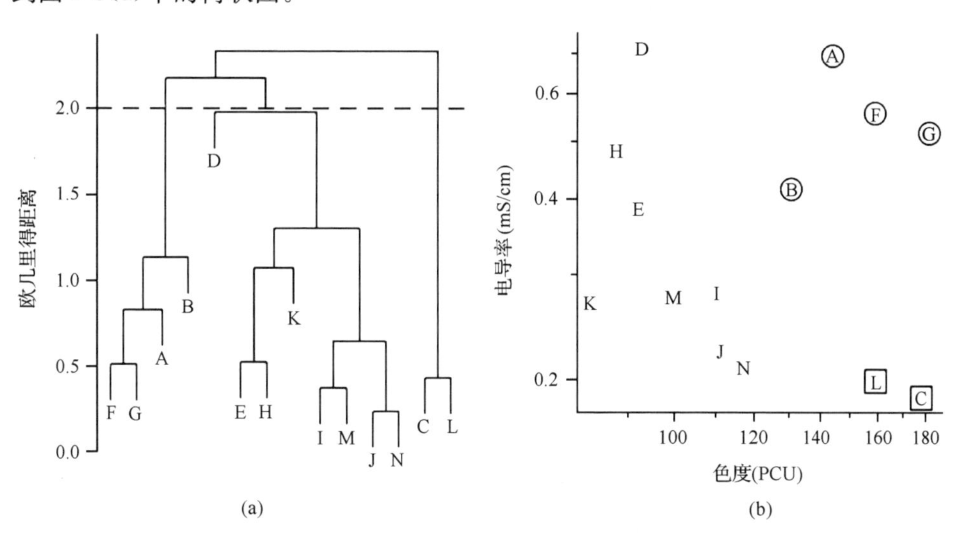

图 1-3　聚类分析(US EPA，2010)

采用聚类算法定义离散的类别必须指定两个选项。第一，需要指定一种结合样本到样本距离的方法(或者是不相似性)。在图 1-3 中，用每个类群样本成员间两两样本不相似性的平均值来计算类别的差异性。对应欧几里得距离，这一方法是很有效的。第二,要指定一个差异性的阈值,或者是超过定义的离散类别的距离值。图 1-3(a)中,虚线表示选择的阈值,并将数据点分为三类。选择不同的阈值可以产生不同数量的类别。例如,如果选择 1.2 作为距离的阈值,将会产生四个不同的类别。

聚类分析提供了一种直观的方法对数据进行分类,因为这种方法定义的水体类型具有不同环境变量可比值。这种方法也很容易对任意数量的分类变量进行应用。但是,这种方法的一个缺点是无法清楚地定义一个新的数据点应归属的适当类别。

3) 其他分类方法

采用贝叶斯分析进行复杂的多层模拟方法被用于使用多个预测变量细化营养物与 Chl a 的压力-响应关系(Lamon and Qian,2008)。这些方法能够反复地识别分类变量的组合,当用于国家数据集的时候,产生的压力-响应模型能够更好地解释数据的变异情况。这种方法需要进行密集的计算,其应用也需要向专业统计人员进行咨询。

3. 分类方案的确定

根据对最终确定的压力-响应关系准确性和精确度的评价,分类方案的确定需要进行反复的迭代和调整。精确度最大化和准确度最大化的两个目标也是相互矛盾的,因此需要适当调整分类方案以同时满足这两个目标。同时,其他因素也会影响最终分类方案的选择。第一,可能希望整合分类以简化新基准的实施,并简化与利益相关者之间的沟通。压力-响应关系中斜率和截距相同的分类可以显著地进行联合分析。相反地,也可能希望分开类别并对响应变量分配不同的阈值。最后,已有的分类也会影响对类别的指定。对不同水体的分类方法已经以规则的形式正式制定了,因此需要对这种情况进行考虑。

1.4 建立压力-响应模型的方法

目前,世界上许多国家或组织开展了利用压力-响应模型确定营养物基准的研究工作,如美国、加拿大、欧盟等,各国也建立了相应的方法来构建压力-响应模型。不同的推导方法对基础数据有不同的要求,且得出的基准值也会有所不同。在数据分类的基础上,可以采用不同方法建立压力-响应模型,这些方法包括线性回归模型、分类回归树模型、拐点分析法、贝叶斯层次回归模型。这些方法都是根据压力-响应关系建立的,只是在不同的模型中压力和响应指标对应的变量发生了变化。本节主要介绍四种方法及其各自的理论基础。

1.4.1　线性回归模型

回归分析就是研究相关关系的一种数学方法，主要用于寻找不完全确定的变量间的数学关系式并进行统计推断。它能用一个变量取得的值去估计另一个变量的值。在这种关系中最简单的是线性回归。线性回归模型用来考察多个连续变量之间的联系，并建立相应的拟合曲线，反映变量之间的定量趋势。利用线性回归模型可以进行预测和控制，预测就是在模型中控制了自变量的取值范围就可以得到相应因变量的上下限；而控制则正好相反，是通过限制因变量的取值范围来得到自变量的上下限。其中，只有一个自变量的情况称为简单线性回归模型，两个或多于两个自变量情况的叫做多元线性回归模型。在进行线性回归分析时，需要满足以下几个假设理论：①正态性假设；②等方差假设；③独立性假设，即零均值假设；④无自相关性假设；⑤随机误差与相应自变量的不相关性。

在采用简单线性回归模型建立压力-响应关系确定湖泊营养物基准时，需要在给定响应变量基准值的情况下推断营养物基准。许多国家应用线性回归模型推导营养物基准时，对响应变量的设定值有所不同。例如 US EPA 设定 Chl *a* 基准浓度为 20 μg/L 的时候，以水生生物的生长不会受影响为依据(US EPA，2010)。我国为了保护水体的饮用水功能不被破坏，Chl *a* 基准的设定主要以保证水体饮用水使用功能为依据。同时，由于不同湖泊区域藻类与营养物响应水平及藻毒素产生条件的差异，不同湖泊生态区设定的 Chl *a* 基准值是不同的，如云贵湖泊生态区设定的 Chl *a* 基准值为 2 μg/L，中东部湖泊生态区设定的基准值为 4.73 μg/L。

Dodds 和 Oakes(2004)提出了一种以人为土地利用类型为自变量，以营养物浓度为因变量建立的多元线性回归模型，并假设模型的截距(即预测在没有人类活动影响下的营养物浓度为原始状态)代表河流的营养物参照浓度。土地利用类型与营养物关系模型也是线性回归模型的一种，只是在不同的模型中压力和响应指标对应的变量发生了变化。

1.4.2　分类回归树模型

分类回归树(CART)的理论最早是由 Breiman 等在 1984 年提出的一种建立在迭代基础上的非参数统计方法(Breiman et al.，1984)。其采用基于最小距离的基尼指数估计函数。基尼指数可以单独考虑子数据集中类属性的分布情况，用来决定由该子数据集生成的决策树的拓展形状。CART 方法利用二叉树结构对新事例进行分类，能够有效地处理缺失数据，其优点是可以根据节点的纯度来优化最终分类，并给出所涉及变量对分类的重要程度。CART 方法有贝叶斯分类的特征，使用者可以提供主观的分类先验概率作为选择分类的权重，在获得最终选择树前使用交叉检验来评估候选树的误分类率，这对分析复杂样本数据非常有用。

CART 既可以处理离散变量又可以处理连续变量。在事先不能指定解释性变量之间重要相互作用形式的情况下，CART 可用于解决分类和回归问题。CART 对预测变量的单调转换是不变的，且很容易解释，并能获得自变量之间相互影响的情况。

分类回归树是进行复杂生态学数据分析的理想方法。对于生态学数据，需要更灵活和稳健的分析方法来处理数据的非线性关系、高阶相关性及缺失值。虽然这很困难，但是分类回归树法可以对这些数据进行简单的理解并给出合理的结果解释(De'ath and Fabricius, 2000)。利用分类型或数值型解释变量的组合，分类回归树模型通过重复地将数据分为更加同质的类来解释单个响应变量的变异性。每个类能够表征响应变量的特征值、观察值的样本量及定义类别的解释变量的值。分类回归树模型具有层次结构性，可以揭示每个选择的变量在拟合树结构的相对重要性。

生物响应与营养物浓度梯度之间的关系通常是很细微的，有时很难通过线性响应关系发现(Brian et al., 2013)；而生态变量对环境梯度的响应也会呈现出非线性、非正态和异质性等特点(Legendre and Legendre, 1998)。因此，采用 CART 分析可以揭示压力变量与响应变量之间可能存在的非线性关系，确定响应变量随压力梯度变化的响应阈值，并确定影响响应变量的主要压力因素。

1.4.3　拐点分析法

假设生物响应变量按照环境响应梯度的顺序进行排列，拐点分析就是找到一个值，使响应变量分为两个不同的组，且两个组之间的均值或方差存在显著的差异性，此时对应的环境压力变量就是相应的响应阈值(Qian et al., 2003)。主要采用非参数拐点分析及贝叶斯层次模型分析两种拐点分析法确定湖泊营养物基准。

非参数拐点分析基于方差降低的方法，而贝叶斯层次模型法主要是基于响应变量分布参数的改变。作为拐点分析的方法，这两种方法能够评价二元关系中阈值或拐点的位置，并为营养物基准提供自然的候选值。这两种方法能够用于营养物基准的制定主要是因为：①能够对导致生态改变的离散的数值化预测变量进行评价；②通过置信区间的分析评价阈值的不确定性；③不需要较多的数据假设。

1.4.4　贝叶斯层次回归模型

贝叶斯方法是基于贝叶斯定理而发展起来用于系统地阐述和解决统计问题的方法。它的基本方法是将关于未知参数的先验信息与样本信息综合，再根据贝叶斯定理，得出后验信息，然后根据后验信息分析未知参数，避免了经典分布中样本量小的弊端。贝叶斯模型中分层先验信息和马尔可夫链蒙特卡罗(MCMC)模拟方法的应用可以有效缓解数据缺失和测量误差问题，并能对相关异质性进行评价和比较，从而避免低估或高估贝叶斯方法作为一种概率推理方法在科学研究中被越来越广泛的应用。具有以下优点：①考虑先验信息；②可以轻松地为一个正式决策分析提供背景；③对不确定性进行明确处理；④有较强的吸收新信息的能力。

采用贝叶斯层次回归模型进行压力-响应关系分析是因为其能够进行概率预测并可以对未监测点进行推断。Qian 等（2004，2005）的研究表明，用层次建模方法分析不同来源的数据可以降低模型的不确定性，提高模型参数估计的准确性。

1.5 压力-响应关系模型的评价

在基于压力-响应关系确定最终的候选基准之前，应该对建立模型及由模型推断得到的基准值的科学合理性进行系统的评价。具体来说，就是考虑建立的关系是否能够准确地代表压力和响应变量之间已知的相关关系，根据建立的关系得到的结论是否足够精确。

1.5.1 评价模型的准确性

混淆因素的可能影响是评价两个变量的统计学关系是否能够充分准确地代表两个变量之间潜在的真实关系的关键因素。混淆因素主要是指与选择的营养物变量发生共变的环境因子，这些环境因子也可能会影响选择的响应变量。因此，当可能的混淆因素的影响不能控制的时候，营养物变量与响应变量之间建立的相关关系可能会部分地反映混淆因素未被模拟的效果。在基准制定的评估阶段，应该系统地考虑和分析这些混淆因子潜在的可能影响。

评估模型准确性的第一步是重新考虑在分析过程中所有可能存在的混淆因素。然后，评估这些变量对建立的压力-响应关系的潜在影响。采用先验（压力-响应关系评价之前）和后验（压力-响应关系评价之后）两种方法考虑每个可能的混淆因素的影响。

评估可能的混淆因素效应的先验方法是量化一个特定的混淆因素与营养物浓度共变性的强度。通过分类可以降低混淆因素对变量可能的混淆影响。当特定的协变量的数据不可获得的时候，可以定性地考虑研究区域内该变量的数值范围。如果变量的数值范围较小，则变量的潜在影响是有限的。例如，在特定研究区域内的湖泊可能都是浅水湖，水深引起的可能的混淆影响就很微弱。

在很多情况下，有关潜在的重要混淆因素的数据或定性观察都不能获得，这种先验方法不能很好的应用。这些变量应该引起注意，将来的数据收集工作可能会解决这一信息缺口。估计建立的压力-响应关系是否足够准确的后验方法是与其他独立评价的相同关系进行比较。其中一个方法是将建立的关系与其他研究中类似的关系进行比较。在不同的位置和数据集观察相似的关系可以支持这样的观点,即在当前研究中评价的关系是准确的(Jeppesen et al.,2005)。另一种方法包括在同一个研究区域内将不同湖泊的评价关系与特定湖泊的评价关系进行比较。在两种不同分析类型中可能混淆评价关系的变量在本质上是不同的。也就是说,可能认为不同水体的因素(如水深)可能在特定的水体中只是短暂的不同。即使在不同的混淆因素存在的情况下,如果不同湖泊或特定湖泊的评价关系相似,那么可以将这种相似性解释为对评价关系准确性的支持。

以收集到的湖泊数据为例,从选择的湖泊中可以利用大量的数据,因此,不同湖泊得到的评价关系可以与特定湖泊的估计关系进行比较。

后验分析也可以用来判断营养物变量与协变量之间相关性的强度是否能够降低到足以控制协变量混淆影响的程度。通常情况下,通过分类营养物与色度、电导率的相关性将显著降低,但是在特定的情况下,相关性的强度仍然很高,需要引起足够的重视。在这种情况下,可以测试在一个包含协变量的多元线性回归模型中,协变量是否仍然对评估的压力-响应关系存在显著的影响。

除了混淆因素可能的影响之外,还应该考虑数据是否支持选择的统计模型所固有的假设。例如,需要对数据支持简单线性回归模型固有假设的支持程度进行评估。

1.5.2 评价模型的精确度

估计的压力-响应关系的精确度会对采用相关关系推断决策的效果产生影响。一个准确的但是不精确的压力-响应关系模型不能用来推断基准。需要注意的是,与现有的环境模型的使用指南相比,在发展模型之前,压力响应关系所需的精度是不能指定的。相反,模型的最终精度进行了评价,并影响了由压力-响应关系推断候选基准来选择最终基准的程度。

与两种类型的精度有关:①基于压力-响应关系的预测精度;②定义压力-响应关系评价参数的精度。模型的不确定性可以通过对评价回归关系残差变异性的检验来进行定量分析(即样本值对平均关系的偏离程度)。当对不同水体建立的相关关系进行评价的时候,由不同点源或相似点源产生的残差变异性,以及对两种来源的不确定性的解释是恰当的。具体来说,推断的候选基准与内部点的变异性不相关,因为在很多情况下基准推断的目的是使特定湖泊的平均状态维持在特定阈值水平。相反地,由不同点变异性产生的不确定性通常需要仔细考虑以保证特定区域的所有水体都能支持指定用途。

交叉点变异性较大,很难指定一个单独的基准值,因为基准值太高了不适于对大多数敏感水体的保护。在研究区域内,不同水体的欠保护或过保护程度是可以接受的,与此相关的压力-响应关系可接受的精确度最终是由管理者决定的。然而,为了形成决定,对特定压力-响应关系的内部点或交叉点的准确评价是非常重要的。在确定的交叉点的可变性太大的情况下，需要进行进一步分析和分类，以便在推断单独的基准之前降低这种变异性。

关于形成的决策，估计压力-响应关系定义的参数的精确度也需要进行评估。通过审核建立压力-响应关系的置信区间来进行不确定性评估。这些置信区间表示在给定的数据下，平均关系能够得到的数据范围。置信区间较宽表示平均状态的预测具有较小的不确定性。置信区间的适当解释是保守的犯错，更能保护基准值。

1.5.3　需要考虑的实施问题

需要考虑的主要实施问题是用于分类点的变量是否也能够用于发展水质基准。定量人为压力或人类活动的变量，对帮助控制可能的混淆因素的影响非常有用，但通常不用来作为发展基准的分类点。因此，分析者不能依靠人为压力来推断基准。有以下几种可能的解决方案：

首先，如果与不同人为压力有关的分类具有相似的营养物压力-响应关系，可以合并这些类别并消除对人为压力的依赖。例如，最初的分类分析可能表明采用底层沉积物进行分类是有必要的，但是在不同的底泥沉积物水平下，评价的压力-响应关系的斜率是相同的。因此，可以将与不同底泥沉积物水平有关的分类进行合并，并且推断得到不受沉积物水平的影响的基准值。

第二，如果由不同人为压力定义的分类建立的营养物压力-响应关系相似，可以通过对不同类别的压力-响应关系斜率的均匀化来估计整个数据集营养物的平均效应。然后，将得到的平均斜率用于营养物基准的推断。在整个数据集中，平均斜率是营养物整体效应的有效评价，但是这种方法的显著缺点是不同类型监测点营养物效应的差异性不能得到准确表达。

第三，对不同类型指定不同的水体使用功能是比较合适的，并对不同类型应用不同的压力-响应关系。例如，在特定的区域，类别分析可以将冷水湖泊和温水湖泊分开，这两种类型湖泊对应的水体指定用途有可能是不同的。这两种湖泊适合采用不同的压力-响应关系和潜在的不同基准。

最后，在许多情况下，可以用量化自然梯度的变量来替代量化人为压力或人类活动的变量。例如，海拔通常与底泥沉积物水平有很强的相关性，因此用海拔进行分类能够提供一个与用底泥沉积物分类相似的控制混淆因素的效果。采用自然梯度进行分类有助于消除营养物基准值可能潜在地取决于其他压力的问题。

1.6　小　　结

为确定科学合理的湖泊营养物基准，对文档进行完整的分析是非常必要的，以便于对建立的压力-响应关系的准确性和精密度，及得到基准的合理性进行评价。需要进行记录并分析的主要内容包括：数据、统计分析和基准推断。

应完整记录建立压力-响应关系的数据。记录信息包括数据来源、采样设计、采样时间、数据收集的目的及方法，以及数据的质量。任何相关的探索性分析，如导致排除特定的样本或进行后续的统计分析，都应该描述清楚。

应完整记录产生最终评价的压力-响应关系的统计分析方法。这些分析包括最终的分类方法、模型准确性的先验和后验评估以及压力-响应关系的最终评价。

最终，分析者应该记录由估计的压力-响应关系推断营养物基准的方法。应该对建立的压力-响应关系进行解释并对产生数值化营养物基准的方法进行全面的描述。

如果需要对几种不同的响应变量进行分析，那么应该对每个变量得到的候选基准进行比较和讨论。对用于推断不同候选基准建立的压力-响应关系的相对精确度和准确性进行比较，并在选择最终基准值的时候定量不同候选基准的权重。同时，由其他方法（如参照状态法）得到的候选基准应该与采用压力-响应关系得到的候选基准进行定量比较。

参考文献

国家环境保护总局，国家质量监督检验检疫总局. 2002. 地表水环境质量标准[M]. GB 3838—2002. 北京：中国标准出版社：1-8.

Breiman L, Friedman J H, Olshen R, et al. 1984. Classification and Regression Trees [M]. London, UK: Wadsworth Statistics/Probability, Chapman & Hall/CRC.

Brian E H, Scott T J, Scott D L. 2013. Sestonic chlorophyll-a shows hierarchical structure and thresholds with nutrients across the Red River Basin, USA [J]. Journal of Environmental Quality, 42: 437-445.

Carlson R E. 1977. A trophic state index for lakes [J]. Limnology and Oceanography, 22: 361-369.

Carpenter S R, Caraco N F, Correll D L, et al. 1998. Nonpoint pollution of surface waters with phosphorus and nitrogen [J]. Ecological Applications, 8: 559-568.

Chapra S C. 1997. Surface Water-Quality Modeling [M]. New York: McGraw-Hill.

Correll D L. 1998. Role of phosphorus in the eutrophication of receiving waters: A review [J]. Journal of Environmental Quality, 27: 261-266.

Dake J M, Harleman D R F. 1969. Thermal stratification in lakes: Analytical and laboratory studies [J]. Water Resources Research, 5: 484-495.

De'ath G, Fabricius K E. 2000. Classification and regression trees: A powerful yet simple technique for ecological data analysis [J]. Ecology, 81(11): 3178-3192.

Dodds W K, Oakes R M. 2004. A technique for establishing reference nutrient concentrations across watersheds affected by humans [J]. Limnology and Oceanography: Methods, 2: 333-341.

Downing J A, McCauley E. 1992. The nitrogen: phosphorus relationship in lakes [J]. Limnology and Oceanography, 37: 936-945.

Dunne T, Leopold L B. 1978. Water in Environmental Planning [M]. New York: W. H. Freeman and Company：818.

Elser J J，Marzolf E R，Goldman C R. 1990. Phosphorus and nitrogen limitation of phytoplankton growth in the freshwaters of North America：A review and critique of experimental enrichments [J]. Canadian Journal of Fisheries and Aquatic Science，47：1468-1477.

Gorham E，Boyce F M. 1989. Influence of lake surface area and depth upon thermal stratification and the depth of the summer thermocline [J]. Journal of Great Lakes Research，15：233-245.

Hawkins C P，Olson J R，Hill R A. 2010. The reference condition：Predicting benchmarks for ecological and water-quality assessments [J]. Journal of the North American Benthological Society，29：312-343.

Huo S L，Xi B D，Ma C Z，et al. 2013. Stressor-response models：A practical application for the development of lake nutrient criteria in China [J]. Environmental Science & Technology，47：11922-11923.

Huo S L，Ma C Z，Xi B D，et al. 2014. Lake ecoregions and nutrient criteria development in China [J]. Ecological Indicator，46：1-10.

Jeppesen E，Søndergaard M，Jensen J P，et al. 2005. Lake response to reduced nutrient loading：An analysis of contemporary long-term data from 35 case studies [J]. Freshwater Biology，50：1747-1771.

Jones K B，Neale A C，Nash M S，et al. 2001. Predicting nutrient and sediment loadings to streams from landscape metrics：A multiple watershed study from the United States Mid-Atlantic Region [J]. Landscape Ecology，16：301-312.

Jongman R H，Braak C J F，Van Tongeren O F R. 1995. Data Analysis in Community and Landscape Ecology [M]. Cambridge：Cambridge University Press.

Lamon E C，Qian S S. 2008. Regional scale stressor-response models in aquatic ecosystems [J]. Journal of the American Water Resources Association，44：771-781.

Lee G F，Rast W，Jones R A. 1978. Eutrophication of water bodies：Insights for an age-old problem [J]. Environmental Science & Technology，12：900-908.

Legendre P，Legendre L. 1998. Numerical Ecology. [M]. 2nd Ed. Amsterdam，The Netherlands：Elsevier.

Morgan S L，Winship C. 2007. Counterfactuals and Causal Inference [M]. New York：Cambridge University Press.

Novotny V. 2003. Water Quality：Diffuse Pollution and Watershed Management，[M]. 2nd Ed. New York：John Wiley & Sons，Inc：864.

Omernik J M，Chapman S S，Lillie R A，et al. 2000. Ecoregions of Wisconsin. Transactions of the Wisconsin Academy of Sciences [J]. Arts and Letters，88：B77-103.

Pearl J. 2009. Causality：Models，Reasoning，and Inference [M]. New York：Cambridge University Press.

Qian S S，Donnelly M，Schmelling D C，et al. 2004. Ultraviolet light inactivation of protozoa in drinking water：A bayesian metaanalysis [J]. Water Research，38：317-326.

Qian S S，Linden K G，Donnelly M. 2005. A bayesian analysis of mouse infectivity data to evaluate the effectiveness of using ultraviolet light as a drinking water disinfectant [J]. Water Research，39：4229-4239.

Qian S S，King R S，Richardson C J. 2003. Two methods for the detection of environmental thresholds [J]. Ecology Modelling，166：87-97.

Schindler D W，Hecky R E，Findlay D L，et al. 2008. Eutrophication of lakes cannot be controlled by reducing nitrogen input：Results of a 37-year whole-ecosystem experiment [J]. Proceedings of the National Academy of Sciences，105：11254-11258.

Smith V H. 1979. Nutrient dependence of primary productivity in lakes [J]. Limnology and Oceanography，

24：1051-1064.

Smith V H. 1998. Cultural eutrophication of inland，estuarine，and coastal waters [M]//Pace M L，Groffman P M，eds. Successes，Limitations and Frontiers in Ecosystem Sciences. New York：Springer：7-49.

Smith V H，Joye S B，Howarth R W. 2006. Eutrophication of freshwater and marine ecosystems [J]. Limnology and Oceanography，51：351-355.

Smith V H，Tilman G D，Nekola J C. 1999. Eutrophication：Impacts of excess nutrient inputs on freshwater，marine，and terrestrial ecosystems [J]. Environmental Pollution，100：179-196.

Tukey J W. 1977. Exploratory Data Analysis [M]. Reading，Massachusetts：Addison-Wesley Publishing Co.

US EPA. 2000a. Nutrient Criteria Technical Guidance Manual：Rivers and Streams [M]. EPA-822-B-00-002. U. S. Environmental Protection Agency，Office of Water，Washington，D. C.

US EPA. 2000b. Nutrient Criteria Technical Guidance Manual. Lakes and Reservoirs [M]. EPA-822-B-00-001. U. S. Environmental Protection Agency，Office of Water，Washington，DC.

US EPA. 2001. Nutrient Criteria Technical Guidance Manual. Estuarine and Coastal Marine Waters [M]. EPA-822-B-01-003. U. S. Environmental Protection Agency，Office of Water，Washington，DC.

US EPA. 2008. Nutrient Criteria Technical Guidance Manual. Wetlands [M]. EPA-822-B-08-001. U. S. Environmental Protection Agency，Office of Water，Washington，DC.

US EPA. 2010. Using Stressor-response Relationships to Derive Numeric Nutrient Criteria [M]，EPA-820-S-10-001；U. S. Environmental Protection Agency，Office of Water：Washington，DC.

Vollenweider R A. 1968. Scientific Fundamentals of the Eutrophication of Lakes and Flowing Waters，with Particular Reference to Nitrogen and Phosphorus as Factors in Eutrophication [M]Tech Rep DAS/CS/68. 27，OECD，Paris.

Vollenweider R A. 1976. Advances in defining critical loading levels for phosphorus in lake eutrophication [J]. Memorie dell'Istituto Italiano di Idrobiologia，33：53-83.

Wetzel R G. 2001. Limnology—Lake and River Ecosystems [M]. 3rd Ed. New York：Academic Press.

第二章　线性回归模型法建立湖泊营养物基准

2.1　引　　言

采用压力-响应关系推断基准时，评估的响应关系应该尽可能精确地代表概念模型中所呈现的相关关系。但是，在很多情况下环境因素有可能会影响或混淆压力变量和响应变量之间建立的关系（US EPA，2010）。因此，应该通过分类去控制其他环境变量可能的影响，例如识别具有相似特征的水体类型并假设其具有相似的压力-响应关系。在数据分类之后采用线性回归模型评价每一类数据的压力-响应关系。其中采用简单线性回归模型提供的对压力-响应关系的评估能够最简单地解释推断的基准。多元线性回归模型作为简单线性回归模型的延伸，有必要对其进行分析，但是对这些模型结果的解释可能更加复杂，需要通过对简单线性模型的全面了解来帮助理解。最终，根据对评估压力-响应关系的概率性解释来推断营养物基准。

本章采用三种线性回归方法来确定湖泊营养物基准，分别为简单线性回归模型、多元线性回归模型、土地利用类型与营养物关系模型。

2.2　简单线性回归模型

简单线性回归模型是响应变量和单一解释变量（如 TN 或 TP）之间建立的压力-响应模型。其分析的任务是根据若干个观测值找出描述两个变量（响应变量和自变量）之间关系的直线回归方程 $\hat{y}=a+bx+\varepsilon_i$，其中 $\hat{y}$ 为响应变量 y 的估计值。求最优线性回归方程 $\hat{y}=a+bx$，常用的方法是最小二乘法，就是使该直线与各点的纵向垂直距离最小，及实测值 y 与预测值 $\hat{y}$ 之差的平方和 $\sum(y-\hat{y})^2$ 达到最小。$\sum(y-\hat{y})^2$ 也称为残差平方和，求回归方程的问题归根结底就是求残差平方和取得最小值时 a 和 b 的问题。其中 a 为截距，b 为回归直线的斜率，又称回归系数。

简单线性回归模型是利用湖泊大量现有数据，分析压力指标（如 TP 或 TN）与初级生产力（如 Chl a）之间重要的响应关系，建立拟合曲线，依据给定的与水体使用功能有关的 Chl a 阈值，推断得到营养物的基准浓度。该模型能够定量地描述藻类生物量(Chl *a*)与水体营养物之间的响应关系,尤其适用于受人类活动影响湖泊的营养物基准的制定。模型通过 Chl *a* 将营养物浓度和水体的使用功能连接起来,能够制定满足不同功能水体的营养物基准。简单线性回归模型的结果是用特定的截距和直线的斜率两个系数来代表用于建模的两个变量之间的响应关系。为了得到可靠的拟合结果,至少需要使用 20 个独立样本进行模型的拟合(US EPA,2010)。

简单线性回归模型能够评价任何一对变量之间的关系。然而,当用于基准推断时,采用简单线性回归模型建立的响应关系可能用新的独立变量的值来预测对应的因变量。例如,可能在新的氮或磷浓度水平下利用回归关系预测未来的 Chl *a* 浓度。因此,在采用简单线性回归模型进行数据推断时,对理论假设的慎重考虑是非常重要的。具体地说,必须考虑以下几方面的内容:①假定的线性函数方程是否能充分代表实际的响应关系;②因变量抽样的可变性是否满足分布假设;③因变量抽样变异性的大小是否在整个预测变化的范围;④适合该模型使用的样品是否相互独立。在给定的 Chl *a* 阈值条件下,根据可利用数据建立的回归曲线,推断得到 TP 或 TN 的浓度范围,并拟定此浓度范围为研究区域营养物的基准范围。

简单线性回归模型的主要不足是外推的基准浓度往往在已知数据/关系之外,而且由于许多因素会影响藻类对营养物的生物反应,如浊度和色度等,推断会引入极大的不确定性。

2.2.1 数据集分析

通常用于评价压力-响应关系的数据从不同生态区分布的监测点位收集得到,这些数据由不同变量的一个或两个测量值组成。为了更好地利用简单线性回归模型来评价压力-响应关系,采用一个湖泊生态区长期收集的常规监测数据为例进行相关的分析。

采用云贵高原湖泊生态区常规监测的 TP 和 Chl *a* 测量值为例进行简单线性回归分析。从图 2-1 中可以看出,该生态区的 lgTP 和 lgChl *a* 之间存在较强的相关关系。由于用于分析的数据来自同一个湖泊生态区,许多环境因素(如气候等)可以假设为是恒定的。在相同生态区中与氮或磷浓度协同变化的其他因素(如温度、光照)的影响可以通过只在近似相同的时间段(如相同的季节)收集数据来部分控制。Chl *a* 观察值与 TP 平均响应关系的剩余变异性应该归因于特定湖泊本身状态的波动性。例如,考虑样本收集的时间或采样地点的不同,可能导致样本之间有细小的差异,并影响 Chl *a* 浓度的测定。

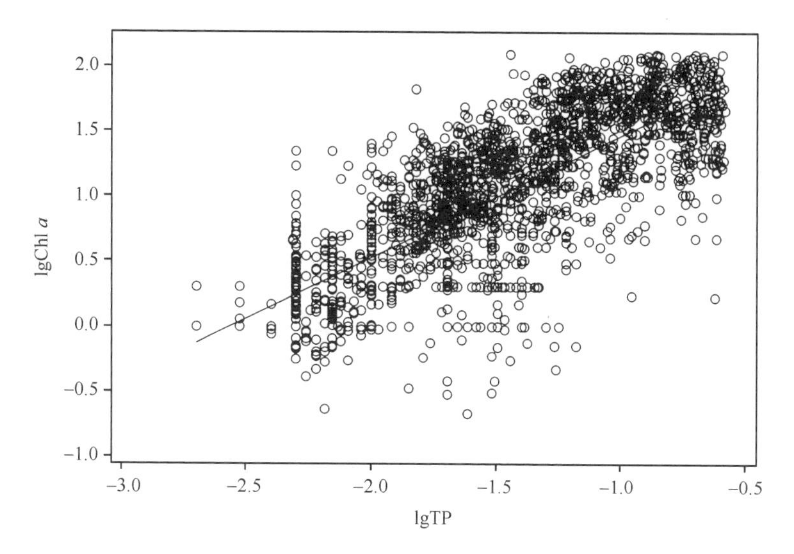

图 2-1　云贵高原湖泊生态区 lg TP 对 lg Chl *a* 的散点图

实线表示简单线性回归拟合线，$R^2=0.560$

2.2.2　简单线性回归的假设

对数据进行简单线性回归分析，模型对数据具有一定的要求，基本的适用条件为：

1) 线性趋势

首先要考虑自变量和因变量之间的关系是线性的，即需要评价拟合的直线是否能够合理地代表模拟的相关关系。评价这一假设的统计学方法是比较拟合直线对因变量变异性的解释程度。生态学知识或对数据的观察通常能够判断模型是否适合线性近似。

2) 误差分布

为了使用回归模型准确预测未来的状态，因变量观察值对评价的相关关系的误差分布必须与假设的理论误差分布相似。在简单线性回归模型中假设因变量的误差满足正态分布。也就是说，对因变量的每一个值，从平均预测值到观察值之间距离的分布假设满足正态分布(高斯分布)。

评价这一假设是否适合特定数据集的方式是将残差分布与正态分布进行比较。残差是指特定样本拟合平均值与观察值之间的差异性。图 2-2 中，每一个样本的残差值是指样本与平均回归线之间的距离。简单线性回归模型的残差值应该是近似正态的。残差正态图提供了一种强健的、图解的方法来评价残差值是否满足正态分布。从图 2-2 中的例子可以看出，大多数数据聚集在实线周围，说明其残差值是基本满足正态分布的。但是，上下端的样本与直线有些偏离，说明残差值延伸到了比由正态分布预测的极端值略高的位置。与正态分布偏离较远说明不能利用该假设对数据进行有效模拟。

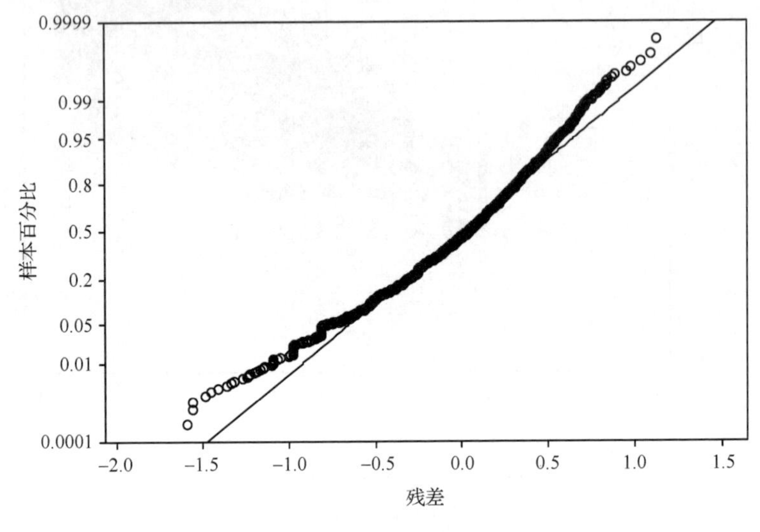

图 2-2　lg Chl *a* 残差正态图

根据图 2-1 的拟合线求得

在评估正态抽样可变性假设时,考虑响应变量或因变量已知的特征是很有用的。自变量的任何一个线性组合,对应的因变量均服从正态分布,反映到模型中就是要求残差服从正态分布。但许多特定的响应变量并不成正态分布。例如采用计数形式测量的变量(如总分类数),其最小值为 0;或者是采用比例形式测量的变量(如相对丰度),其最小值为 0,最大值为 1。正态分布不支持那样的约束,因此不适合利用线性回归对以上数据进行模拟。而一些变量似乎受到约束但相当于近似的正态分布(如多元生物指数、大于 0 的总丰度值)。最小值为 0 以及强烈右倾斜的变量(如化学变量、流域面积)可以通过对数转化使其满足正态分布的假设。类似地,定量比例的变量(如相对丰度)也可以在进行反正弦平方根转换之后用于简单线性回归模型的构建。一般线性模型可以直接利用非正态分布模拟特定类型的数据,但这些模型的使用更加复杂并需要咨询专业的统计学人员。

3) 误差大小

利用回归关系预测未来状态也假定误差对平均拟合线波动的大小对所有预测值是恒定的。评价这一假设最简单的方法是绘制残差值和预测值的散点图并评价残差的散点值在整个拟合数据范围内是否为常数。图 2-1 的关系可以很好地支持这一假设,虽然对高的 lgChl *a* 的预测值残差有略微变大的波动趋势(图 2-3)。随着拟合值的增加,残差的变异性也逐渐增大,这说明样本的变异性不是常数,对该回归曲线进行推断可能是不准确的。

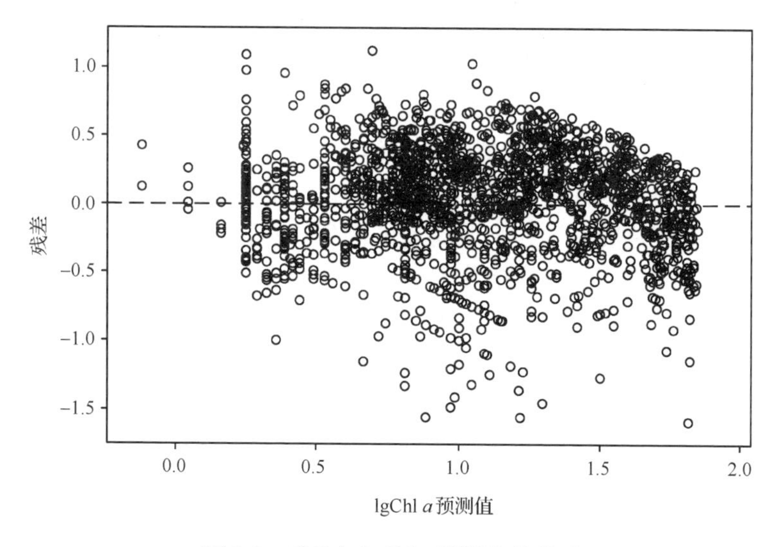

图 2-3　残差与 lgChl *a* 预测值的关系
根据图 2-1 的拟合线求得

4）样本的独立性

回归模型典型的假设是因变量的取值应该是相互独立，相互之间没有联系的。在分析的过程中，应该定性地考虑数据集中的样本是否具有潜在的相关性。反映到响应关系模型中，就是要求残差之间相互独立，不存在自相关性。

5）其他诊断统计

其他诊断统计通常利用统计软件记录简单线性回归模型的结果，包括系数评价的标准误差，每个模型系数统计的显著性和 R^2 值。标准误差用来定量每个系数值评估的不确定性，而统计显著性检验（如 t 检验）提供了这些标准误差关于零假设的解释。具体地说，如果事先的零假设是真的情况下，显著性检验提供了对观察值发生的概率的评估。例如，对拟合直线斜率测量系数的零假设是该系数的值为零。因此，在典型的回归输出中给出的 p 值可以提供概率评价，该概率评价可以用来评价观察值建立拟合直线的斜率为零的概率。

相关系数（R^2）给出了回归模型能够解释的响应变量变异性的概率，是判断线性回归直线拟合优度的重要指标。R^2 接近 1 表示选择的独立变量能够解释大部分因变量观察值的变异性。在先验期望的情况下，R^2 必须能够解释模型的性能。例如，从相同采样点测定的许多响应变量的值可能会连续改变，主要是因为样本的变异性。对于这些变量，与响应变量样本呈现较低的变异性的情况相比，应该期望回归模型能够解释较少部分的观察值变异性。没有一个事先指定的独立 R^2 能表示接受和不可接受压力-响应模型之间的差异性，R^2 的主要作用是比较同一响应变量得到的不同候选模型。

2.2.3 候选基准的推断

简单线性回归模型建立的压力-响应关系能够在给定的特定营养物浓度下预测响应变量的值。因此，如果支持某一水体指定用途的响应变量是已知的，压力-响应关系可以转化为求营养物基准的响应阈值。在多数情况下，将能够支撑水体指定用途的响应变量的值选为响应变量的阈值。对化学急性水质标准，US EPA将该标准定义为可应用急性数据分布的下5%，该值在一个较广阔的系统内代表一个物种较低的整体效应水平(US EPA，1985)。这种类似的方法不适于推断营养物的水质基准，因为水体指定用途不良效应只在氮磷的浓度低于对生物体有毒害作用的水平时才发生。可以采用其他的方法来确定响应变量的阈值。例如，如果在标准中已经存在相应的基准以保护指定用途(如生物基准)，那么保护水平可能会事先确定。也可以通过专家判断正式地得到关于变量适宜保护的水平(Reckhow et al.，2005)，并通过调查来识别用户对不同水体预期一致性的状态(Heiskary and Walker，1988)。为了便于说明，假定云贵高原湖泊生态区Chl *a* 的浓度超过2 μg/L时该生态区水体的饮用水功能将受到破坏。

1. 预测区间及置信区间

利用压力-响应关系推断基准时预测区间能够提供有用的信息，因为它们能够预测在给定解释性变量(以TP浓度为例)的情况下对应的单独响应变量(如Chl *a*)的不确定性。因此，在特定的TP浓度下，平均有90%预测的Chl *a* 值将落在90%预测区间定义的范围内。也就是说，对于特定的TP浓度，将会有平均95% Chl *a* 的预测值低于预测区间的上限。不同的预测区间可以与选择的生物阈值交叉以获得基准值。对于云贵高原湖泊生态区，上90%的预测区间与Chl *a*=2.0 μg/L在TP=0.001 mg/L的位置相交，下90%的预测区间在TP=0.028 mg/L的位置相交，而与拟合曲线在TP=0.006 mg/L的位置相交(分别为图2-4中的箭头A、C和B)。可以推断在TP=0.001 mg/L的情况下，模型可以预测到95%的Chl *a* 预测值会低于2 μg/L，因此可以将TP参照值定为0.0012 mg/L以保证较低的Chl *a* 浓度。如果TP的值维持在低于0.006 mg/L的水平，则预测Chl *a* 的平均浓度将低于或等于2 μg/L。

在定义的预测区间范围内选择适宜的基准值最终取决于管理决策；而这一决策的形成主要是依据对预测不确定性来源的评价。例如，如果一个湖泊中大多数数据的变异性归因于测量误差(由于测量的随机误差而产生)，应该选择与平均压力-响应关系相关的基准。相反地，如果湖泊内的变异性主要与湖泊特征(分层情况的改变)的系统性、时间性变化有关，选择与预测区间上限有关的基准则是比较可靠的、科学的方法，可以在不考虑压力-响应关系模型不确定性的情况下来维持期望的 Chl *a* 浓度值。

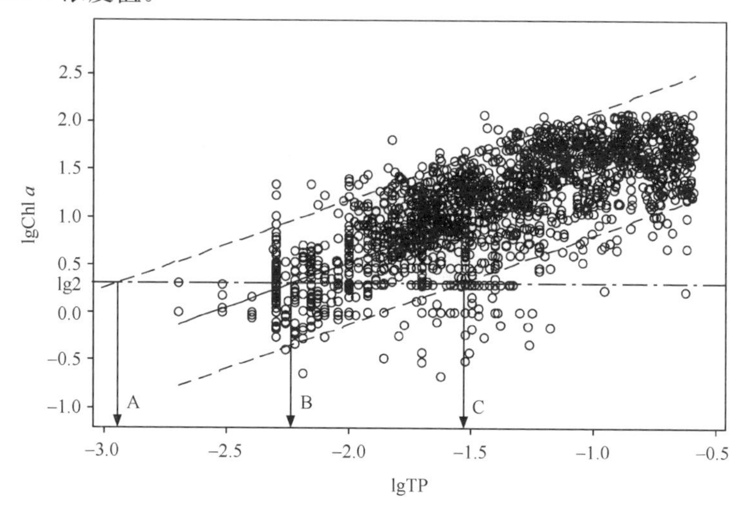

图 2-4　lgTP 与 lgChl *a* 的相关性——云贵高原湖泊生态区

1988～2008 年原始数据；虚线表示 90%预测区间；实线表示拟合曲线；点划线表示指定水体用途对应的 Chl *a* 响应阈值

需要注意的是图中预测区间的上限必须要延伸或外推到数据范围之外，以便与 Chl *a* 的阈值相交(图 2-4 箭头 A)。外推会为基准值的评价引入额外的不确定性，并且这一不确定性的大小会随着观察值与外推点距离的增加而不断变大。在上面的例子中，外推的基准值只是比 TP 的最小观察值小 0.004 mg/L，只可能增加很小的不确定性。

采用压力-响应关系推断基准值时，置信区间也可以提供有用的信息。在给定解释性变量的情况下，置信区间描述了评价平均响应值固有的不确定性。因此，置信区间的范围比预测区间的范围更窄。例如，如果 TP＝0.006 mg/L，相关关系表明一些预测样本的平均 Chl *a* 浓度为 2 μg/L。在这个例子中使用的样本数相对比较多，因此评价的平均值具有较高的置信度。与使用平均 Chl *a* 浓度与预测区间来推断可能的基准范围相比，维持 Chl *a* 平均浓度为 2 μg/L 的基准值的范围更窄(0.005～0.006 mg/L，平均基准值为 0.006 mg/L，如图 2-5)。

2. 数据均值化

在某些情况下，预定义时间间隔的平均样本提供的压力-响应关系可能与所需时间间隔的基准值更加匹配。例如，如果期望的基准值是根据年度或季节性平均值得到的，那么应该使用相似的平均值数据来评价压力-响应关系。季节性或年均值也更能够代表压力-响应关系模型中的变量。季节性营养物均值可能更能准确地定量特定水体整体的营养物负荷(Dillon and Rigler，1974)。

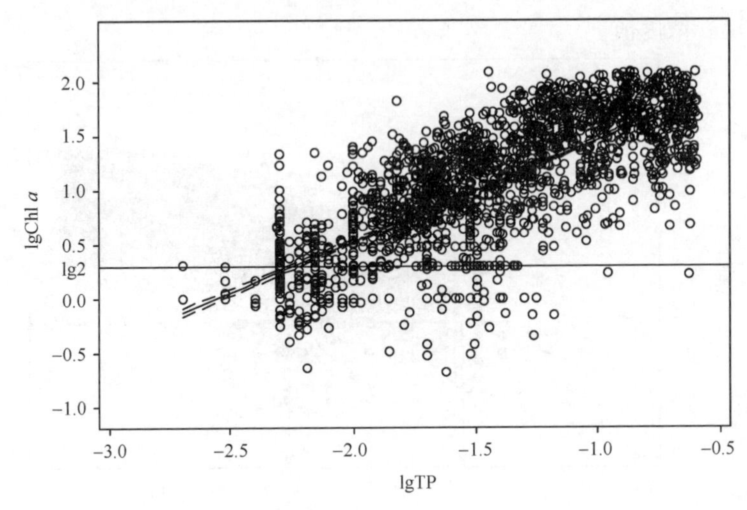

图 2-5 lgTP 与 lgChl *a* 的相关性——云贵高原湖泊生态区

1988～2008 年原始数据；虚线表示 90％置信区间

通常来说，多个测量值的平均化可以降低压力变量和响应变量的变异性，进而改变预测的压力-响应关系。将图 2-1 中的数据年平均化处理，得到年均 Chl *a* 与年均 TP 浓度的关系，如图 2-6 所示。从图 2-6 可以看出，年均 TP 和 Chl *a* 之间存在的正相关性比原始数据之间存在的关系更加显著。通过残差正态图和回归拟合的残差分析，建立的压力-响应关系能够有效模拟并准确预测未来的状态。

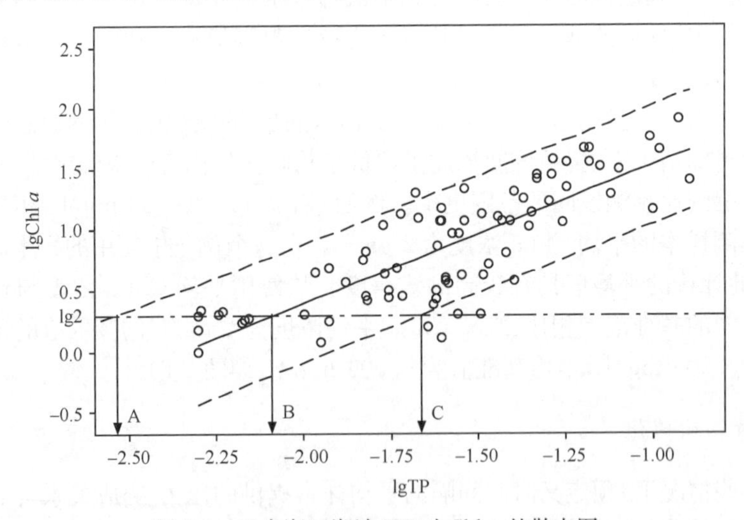

图 2-6 云贵湖区湖泊 TP 对 Chl *a* 的散点图

基于全部年均值；虚线表示 90％预测区间；实线表示拟合曲线；点划线表示指定水体用途对应的 Chl *a* 响应阈值，$R^2=0.656$

根据年均值数据建立的回归曲线，预测得到 TP 的参照值为 0.008 mg/L（图

2-6 箭头 B)；而下 90%预测区间给出的参照值分别为 0.022 mg/L(图 2-6 箭头 C)。与利用预测区间得到参照值的可能范围相比，置信区间得到参照值的范围较窄(TP 从 0.007 mg/L 到 0.010 mg/L，平均参照值为 0.008 mg/L，如图 2-7)。

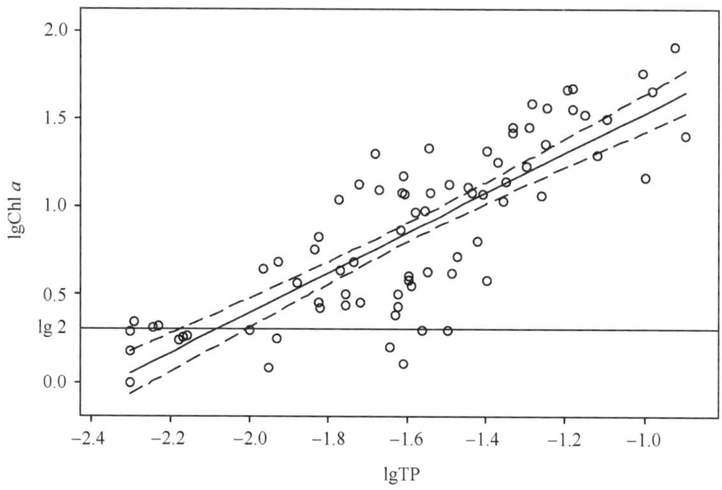

图 2-7　云贵湖区湖泊 TP 对 Chl a 的散点图

基于全部年均值；虚线表示 90%置信区间

3. 相似湖泊

在大多数情况下，需要推断一个适用于湖区内全部湖泊的基准值。这种方法具有固有的不确定性，能够较好地理解这种不确定的方式是按时间顺序从湖区不同的湖泊中收集数据，并假设这些湖泊的其他环境因素(如色度或水深)是相似的。假设选择湖泊的 Chl a 浓度的年均值对 TN 年均值增加的响应情况是相似的(即压力-响应关系的斜率基本一致，如图 2-8)。

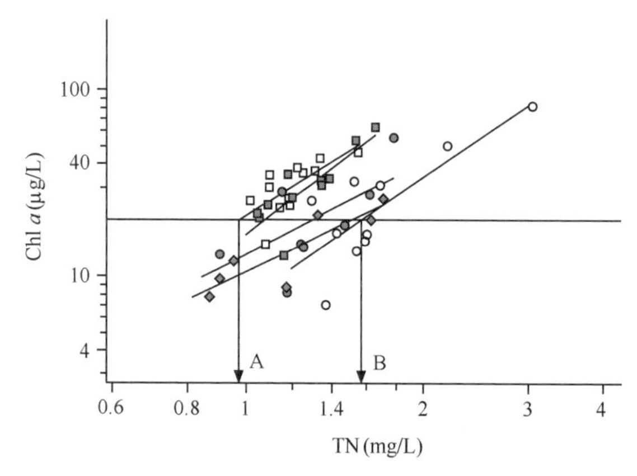

图 2-8　相似湖泊中 TN 对 Chl a 年均值的散点图(US EPA，2010)

不同符号代表不同的湖泊；斜线表示不同湖泊 TN 对 Chl a 的拟合线；箭头指示不同湖泊的基准范围

通过增加或减少每个斜率标准误差的1.64倍来评价每条拟合线斜率的90%置信区间。这些置信区间的范围进一步验证了不同湖泊相互之间的斜率不具有统计学差异(图2-9)。说明选择的五个湖泊的压力-响应关系具有很好的近似性。通常情况下,考虑合适的环境变量对不同水体进行分类将有助于增强压力-响应关系可能的相似性。

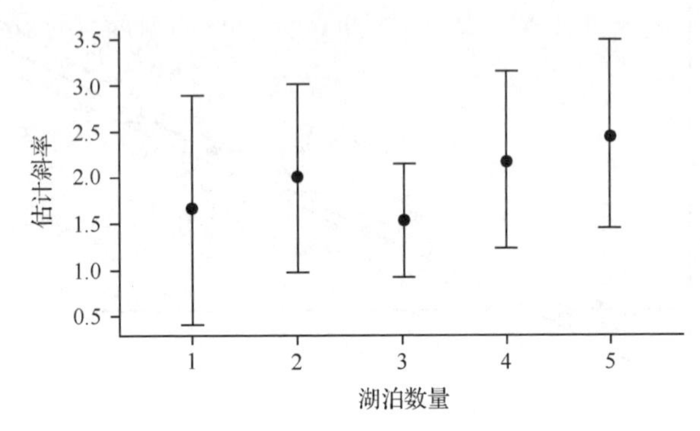

图2-9 TN与Chl a相关关系的斜率比较(US EPA, 2010)
垂直的范围表示评估斜率90%的置信区间

即使不同湖泊压力-响应关系的斜率是相似的,自然状态的细微差异也会使压力-响应关系的位置产生差异(即压力-响应关系的截距)。因此,可以对每个湖泊设置稍微不同的基准,使该基准值与平均压力-响应关系和Chl a响应阈值之间的交点相对应。每个湖泊的基准值也可以通过置信区间上限与Chl a响应阈值的交点来推断。除了对每个湖泊设置不同的基准值,更常用的方法是对该组湖泊设置一个基准值。例如,根据对所有湖泊的评价,选择最小的基准值作为该类湖泊的基准值,以保证该类所有湖泊的Chl a预测浓度等于或者低于响应阈值。

在某些湖泊,有效的数据范围可能不包含选择的生物响应阈值,或者评价得到的压力-响应关系与响应阈值不存在交点。这种情况下,需要将数据外推到可利用数据的范围之外,并要考虑外推的合理性。

2.2.4 简单线性回归模型确定东部平原湖区不同类型湖泊的营养物基准

1. 研究区域

东部平原湖区分布于中国东部的长江中下游泛滥平原,属于季风性气候区。该湖区的湖泊总面积为22 900 km^2,占全国湖泊面积的27.5%。该湖区大多数湖泊为表面积较大的浅水湖,并由全新世纪中后期长江水体的迁移形成。该湖区湖泊的典型特征是具有高浓度的营养盐和悬浮颗粒物,并且河网关系复杂。该湖泊的富营养化主要受到自然(水文周期的变化及总沉降的输入)和人为因素(农业和工业活动中水资源的消耗级污染)的影响。在水流和风的扰动下,河流沿岸松动的岩石和土壤易于变形并随地表径流进入湖泊水体中。随着该区域人口和密集经济的发展,湖泊物理、化学和生物完整性受到极大破坏,湖泊水质严重恶化,湖泊形态受到了严重的影响。

该湖区的大多数湖泊位于高度城镇化和土地利用率密集的区域。由于湖泊较浅(平均水深低于 2 m),水体表现出显著的变异性(如温度、pH、浊度等方面),并且具有以下特征:缺乏长期稳定的热分层、水体混合和曝气频繁、沉积物再悬浮、大量的内部营养物从沉积物中释放到上覆水中。同时这些湖泊与河流存在复杂的水动力连通性。例如,河流-湖泊的水动力连通程度会受到长江排水量、水位及流动模式的影响,这些会进一步影响湖泊水生植物和动物的生长、繁殖及其多样性。水文条件对营养物水平影响和营养物种类之间复杂关系的确定是东部平原湖区湖泊营养物基准制定面临的重大挑战。因为使用同一的统计模型可能会导致对基准值过高或过低的评价,并最终可能导致为给定湖泊制定不适合的保护措施。

水文条件被认为是控制浮游藻类生物量及影响湖泊营养物动力学的关键因素(Pan et al., 2009)。该湖区有许多湖泊与长江具有开放的水文联系。这种连通性使得湖泊与长江水体之间可以自由交换,这对泛滥平原湖泊营养物的输入与输出平衡起着关键作用。但是,由于 19 世纪 50～70 年代堤坝和闸门的修建,大多数湖泊与江河间水受到阻隔而不能自由交流(Pan et al., 2009)。考虑不同水文条件对压力-响应关系的影响,将该湖区的所有研究湖泊分为三类:非通江湖泊、通江湖泊和阻隔湖泊。三种类型湖泊的详细信息如表 2-1 和图 2-10 所示。

表 2-1　东部平原湖区三种类型湖泊特点及统计结果

湖泊类型	主要特征	均值±标准偏差			
		TP (mg/L)	TN (mg/L)	Chl *a* (μg/L)	SD(cm)
非通江湖泊	与长江自始至终不连通	0.120±0.109	1.703±1.250	10.243±7.937	188±174
通江湖泊	与长江自由连通	0.112±0.071	1.916±1.283	16.763±15.409	58±20
阻隔湖泊	历史上与长江自由连通,但现在失去连通性	0.143±0.111	2.279±2.096	12.731±7.774	38±11

注:SD 表示透明度。

2. 数据来源与数据质量控制

收集了东部平原湖区安徽、湖北、湖南、江苏、江西、浙江、上海等省、直辖市的 110 多个湖泊 TN、TP、Chl *a*、NH_3-N、COD_{Mn}、BOD_5、SD、pH、DO 和 EC 的数据,包括各省环境监测总站 1986～2008 年的水质监测数据及课题组 2008～2010 年的实地调查数据。采用年均值数据进行相应的统计分析。其中,TN 和 TP 作为衡

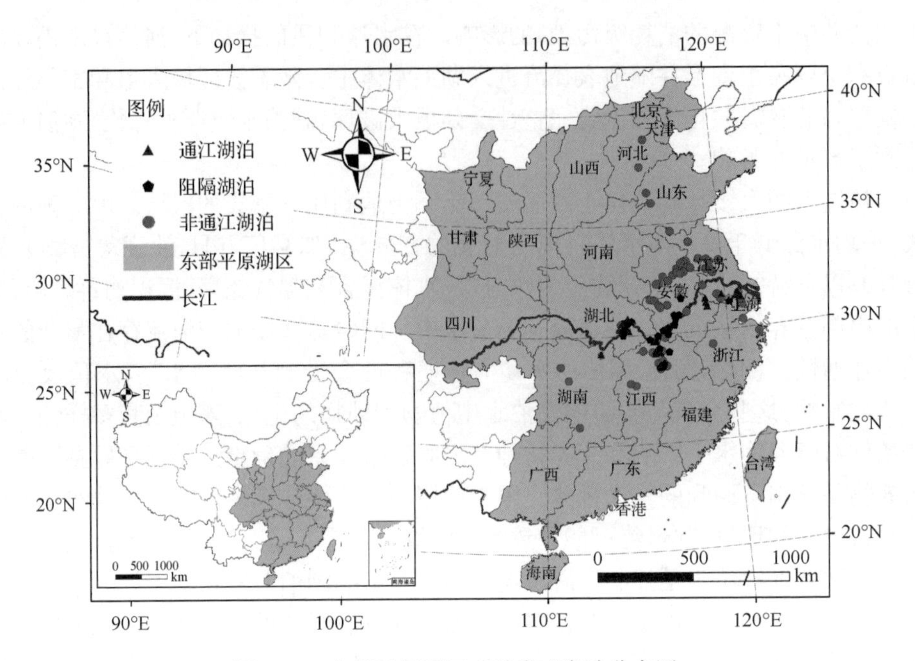

图 2-10　东部平原湖区三种类型湖泊分布图

本书所用全国地图，均根据国家测绘局标准地图[审图号：GS(2008)1197 号]绘制

量营养物浓度的压力指标；Chl *a* 作为指示浮游植物丰度的响应指标。这些指标均采用国家规定的标准测定方法（国家环境保护局，1989；国家环境保护局，2002）进行监测。

所收集的数据中 TN 和 TP 的检测限分别为 0.05 mg/L 和 0.01 mg/L。有很小一部分（<15%）监测记录的浓度低于检测限，这些值以检测限的一半计。用1/2 检测限处理，其精度能够满足描述性统计中平均值和标准偏差等要求（Suplee et al.，2007；US EPA，2006）。

3. 统计分析

在对东部平原湖泊进行简单线性回归关系分析时，应根据湖泊水文连通性和人为筑坝建闸的影响，考虑非通江、通江和阻隔湖泊水生态系统对氮磷增加的不同响应情况。在湖区内考虑不同湖泊类型的影响可以降低同一区域内营养物浓度的差异。不同类型湖泊的特征如图 2-11 所示。

从图 2-11 可以看出，相对于非通江和阻隔湖泊，通江湖泊具有最小的 Chl *a*、TN、TP 浓度和相对较大的 SD。这主要是因为通江湖泊的水体交换性好，水流速度较快，换水周期短，有利于氮磷等营养盐的输出并抑制藻类的生长。阻隔湖泊 TN 和 TP 的浓度最高，SD 的值最低。因为阻隔湖泊是由江湖之间筑坝建闸形成

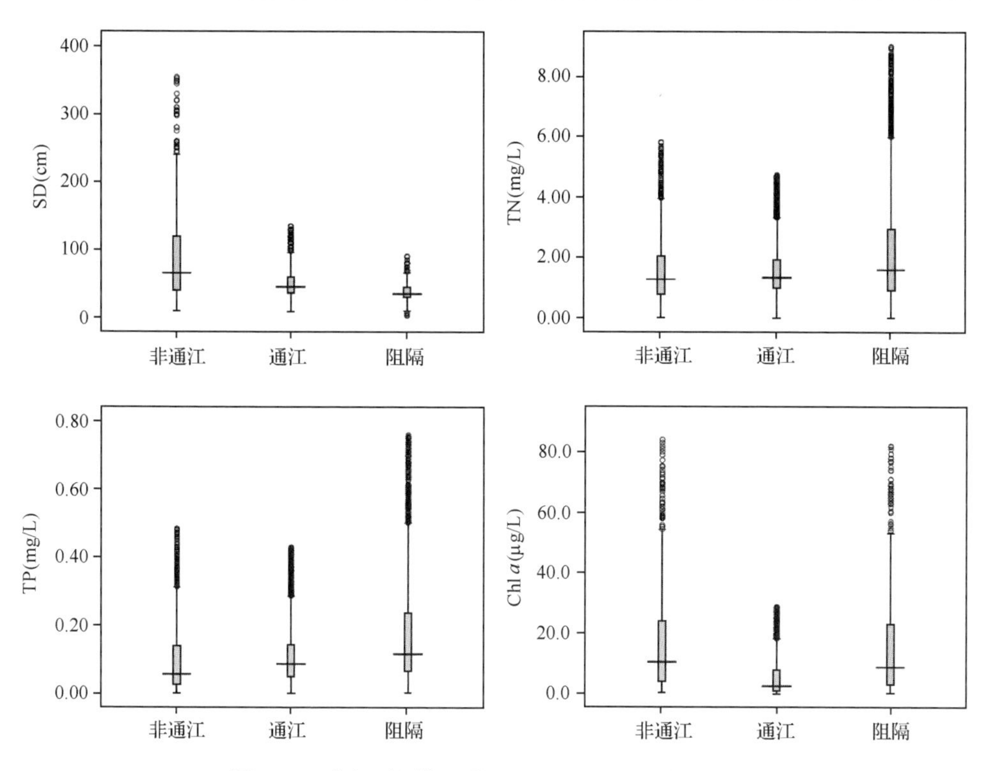

图 2-11　东部平原湖区非通江、通江和阻隔湖泊箱图

的，湖泊失去了与干流自由水文的连通，导致水体的交换性较差，换水周期较长，从流域输入湖泊的 TN 和 TP 营养物不易输出而累积在湖水中，促使藻类的大量繁殖，并使水体的 SD 降低。非通江湖泊是与江河天然不相连的湖泊，其 Chl *a*、TN、TP 及 SD 值介于通江湖泊与非通江湖泊之间。

综上所述，不同类型湖泊数据之间存在较为显著的差异，需要对不同类型湖泊各项指标进行相关性分析，结果见表 2-2。

表 2-2　东部平原湖区非通江、通江及阻隔湖泊各指标间相关性分析

	SD	pH	EC	DO	COD_{Mn}	TN	NH_3-N	TP	BOD_5	Chl *a*
非通江湖泊										
SD	1.000									
pH	−0.259	1.000								
EC	−0.035	0.139	1.000							
DO	−0.119	0.198**	−0.256*	1.000						
COD_{Mn}	−0.535**	0.377**	0.531**	−0.140	1.000					
TN	−0.363**	0.170	0.194	−0.005	0.639**	1.000				

续表

	SD	pH	EC	DO	COD_{Mn}	TN	NH_3-N	TP	BOD_5	Chl *a*
非通江湖泊										
NH_3-N	−0.358**	0.007	0.377**	−0.202*	0.525**	0.402**	1.000			
TP	−0.489**	0.101	0.476**	−0.032	0.643**	0.437**	0.431**	1.000		
BOD_5	−0.328	0.287**	0.418**	−0.224*	0.836**	0.361**	0.573**	0.487**	1.000	
Chl *a*	−0.538**	0.107	0.052	0.216	0.546**	0.397**	0.173	0.373**	0.707**	1.000
通江湖泊										
SD	1.000									
pH	0.032	1.000								
EC	0.368*	0.044	1.000							
DO	0.179	0.297**	0.173	1.000						
COD_{Mn}	−0.192	0.03	0.256**	−0.176*	1.000					
TN	0.037	0.107	−0.399**	−0.310**	0.436**	1.000				
NH_3-N	−0.158	−0.101	−0.329**	−0.370**	0.474**	0.732**	1.000			
TP	−0.301**	0.045	−0.415**	−0.284**	0.328**	0.605**	0.658**	1.000		
BOD_5	−0.059	0.036	0.176	−0.272**	0.502**	0.454**	0.448**	0.411**	1.000	
Chl *a*	−0.258*	0.178	0.558*	−0.089	0.377**	0.476**	0.408**	0.493**	0.458**	1.000
阻隔湖泊										
SD	1.000									
pH	−0.351	1.000								
EC	−0.245	0.234*	1.000							
DO	−0.399*	−0.004	−0.424**	1.000						
COD_{Mn}	−0.373	0.154	0.852**	−0.422**	1.000					
TN	−0.306	0.022	0.690**	−0.330**	0.787**	1.000				
NH_3-N	0.059	0.030	0.470**	−0.318**	0.520**	0.749**	1.000			
TP	−0.193	0.165	0.638**	−0.037	0.603**	0.725**	0.503**	1.000		
BOD_5	0.384	0.034	0.727**	−0.371**	0.840**	0.736**	0.471**	0.480**	1.000	
Chl *a*	−0.484	0.403	0.395	0.100	0.710**	0.294	0.189	0.436*	0.470	1.000

** 表示显著性水平为 0.01(双尾 *t* 检验)；* 表示显著性水平为 0.05(双尾 *t* 检验)。

东部平原湖区非通江湖泊各项变量相关性分析结果显示，Chl *a* 与 COD_{Mn}、TN、TP 及 BOD_5 存在显著的相关性($p<0.01$)，相关性系数分别为 0.546、0.397、0.373 和 0.707，说明非通江湖泊中 TN、TP 等营养盐浓度的增加有利于湖水中藻类的生长，而藻类的大量生长使湖水中的有机物浓度也随之增加。SD 与 COD_{Mn}、

TN、NH_3-N、TP 及 Chl *a* 也具有显著的负相关关系（$p<0.01$），相关性系数分别为−0.535、−0.363、−0.358、−0.489 和−0.538，说明水体中 COD_{Mn}、TN、NH_3-N、TP 及 Chl *a* 等浓度的下降都将有助于水体透明度的改善；TP 与 TN 也具有显著的相关性（$p<0.01$），相关性系数为 0.437。

对该湖区通江湖泊指标的相关性分析显示，Chl *a* 与 COD_{Mn}、TN、NH_3-N、TP 和 BOD_5 之间的相关性显著（$p<0.01$），相关性系数分别为 0.377、0.476、0.408、0.493 和 0.458，说明在通江湖泊中 TN、NH_3-N 和 TP 的增加能促进水体中藻类的生长，而藻类的大量生长使水体中有机物的含量升高。SD 与 TP 存在显著的负相关关系（$p<0.01$），相关性系数分别为−0.301，说明 TP 浓度的增加会降低水体的 SD。TP 与 TN 之间显著相关（$p<0.01$），相关性系数为 0.605。

相关性分析结果表明，对阻隔湖泊，Chl *a* 仅与 COD_{Mn} 之间存在显著的相关性（$p<0.01$），相关性系数分别为 0.710；与 TP 之间虽存在相关性，但显著性水平不高（$p<0.05$），说明阻隔湖泊藻类的生长主要受磷限制。SD 与 DO 之间存在负相关关系（$p<0.05$），相关性系数分别为−0.399。

从不同类型湖泊各指标的相关性分析可以看出，东部平原湖区非通江、通江和阻隔湖泊各指标之间的相关关系确实存在显著差异，因此，有必要对三个湖泊类型分别分析并确定其营养物基准值。

4. Chl *a* 基准值的设定

在采用线性回归模型建立的压力-响应关系推断营养物基准时，需要给定一个响应变量的基准值。富营养化的常见特征——夏季蓝藻水华，对淡水生态系统的水质、安全、生物完整性及经济的可持续发展构成了严重的威胁（Conley et al.，2009）。蓝藻会产生并释放大量有毒物质，进一步危害水生生物生长、饮用水供应及人类娱乐用途。在 2006 年，LR 型藻毒素被国际癌症研究机构（IARC）认定为是一种可能的致癌物质（WHO，2011）。为了解决这一问题，世界卫生组织（WHO）提出饮用水中 LR 型藻毒素的限制为 1 μg/L，因为 LR 型藻毒素被认为是 80 多种不同藻毒素中毒性最强的，并且易在淡水湖泊中频繁发生（WHO，2011）。

Chl *a* 作为藻类生物量的主要指标，与胞内藻毒素存在显著的正相关关系（$p<0.05$）（Izydorczyk et al.，2009）。在为指定水体使用功能指定营养物基准时，Chl *a* 是联系营养物浓度的重要变量（Huo et al.，2013c）。指定的 Chl *a* 基准应该满足饮用水供应以支撑所有指定的水体用途。研究表明根据优势藻种的生物量来评估藻毒素浓度的方法是可行的，并以蓝藻 4.94 μg/L Chl *a* 与 1 μg/L 胞内藻毒素相对应作为满足饮用水供应的指导值（Zurawell et al.，2005）。东部平原湖区营养物基准的初步研究表明三分法和湖泊群体分布法得到 Chl *a* 参照值分别为 3.92 μg/L 和 1.78～4.73 μg/L（Huo et al.，2013a）。太湖是东部平

原湖区典型的浅水湖，在 19 世纪 60 年代，太湖未受人类活动影响时的 Chl *a* 浓度约为 2 μg/L，而 19 世纪 80 年代以来，随着工业化和城市化的快速发展，大量工业废水和生活污水未经处理直接排放，Chl *a* 的浓度迅速上升到 7 μg/L(Chen et al.，2003；Le et al.，2009)。从 19 世纪 80 年代中期开始，夏季蓝藻水华事件频发(Chen et al.，2003)。当前的研究表明应该考虑湖泊中饮用水功能的可达性来指定可接受的 Chl *a* 基准值，以防止湖泊处于过保护或欠保护状态。研究表明 4.73 μg/L Chl *a* 能够保证东部平原湖区 25%湖泊的水体满足饮用水供应的水体使用功能，其余 75%的湖泊在不同程度上受到了人类污染，需要管理部门根据基准制定合理的修复方案。因此，假设 4.73 μg/L Chl *a* 为响应变量的基准值。

5. 简单线性回归模型确定不同类型湖泊营养物基准

多个测量值的几何平均值可以降低样本数量并减少压力和响应变量数据的变异性(US EPA，2010)，因此利用东部平原湖区非通江、通江和阻隔湖泊 Chl *a*、TP 和 TN 指标的年平均数据分别建立简单线性回归模型(如图 2-12 至图 2-14 和表 2-3 所示)。

1) 非通江湖泊

从图 2-12 和表 2-3 中可以看出，对非通江湖泊，Chl *a* 浓度与 TP 和 TN 的浓度分别具有显著的相关性，模型的显著性概率值(p)均小于 0.01。预测值的残差正态图[图 2-12(c)(d)]显示 lgChl *a* 对 lgTP 和 lg TN 的残差均符合正态分布，且 lgChl *a* 对应的残差值[图 2-12(e)(f)]分别分布在±1.0 和±0.75 的常数范围之内，说明简单线性回归模型满足线性和方差齐次的假设且具有良好的拟合效果，可以对未来变量的浓度进行精确预测。

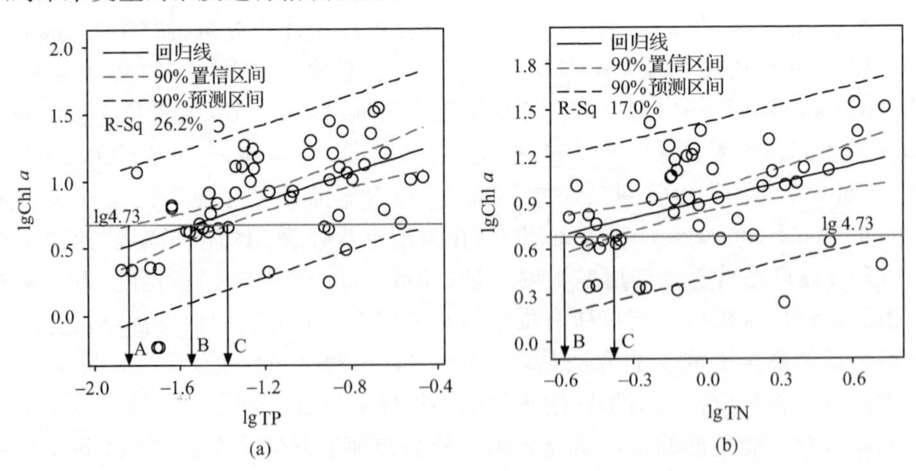

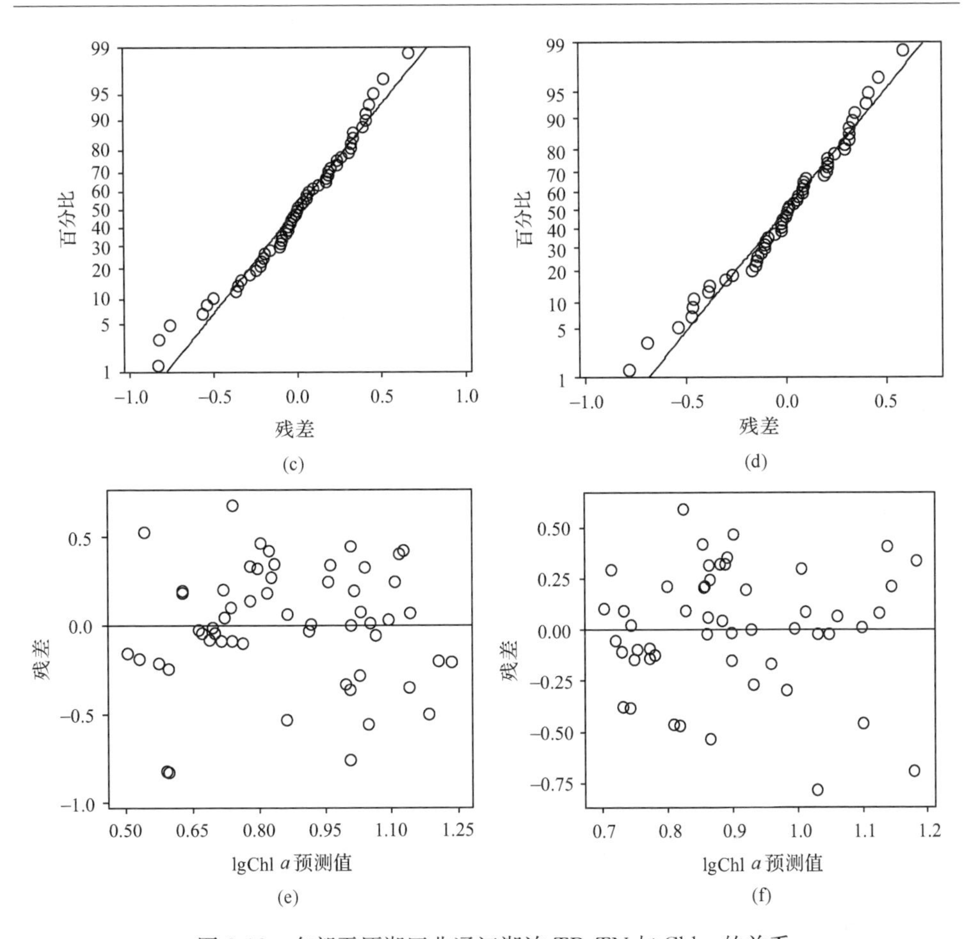

图 2-12　东部平原湖区非通江湖泊 TP、TN 与 Chl a 的关系

(a)lgTP 对 lgChl a 的散点图；(b)lgTN 对 lgChl a 的散点图；(c)lgChl a 对 lgTP 的残差正态图；(d)lgChl a 对 lgTN 的残差正态图；(e)lgChl a-lgTP 中残差与预测值的关系；(f)lgChl a-lgTN 中残差与预测值的关系

采用参照湖泊法确定的东部平原湖区湖泊 Chl a 参照状态阈值的上限(4.73 μg/L)作为响应阈值。根据表 2-3 的简单线性回归模型，得到非通江湖泊上 90%的置信区间与 Chl a＝4.73 μg/L 在 TP＝0.018 mg/L 的位置相交[图 2-12(a)中的箭头 A]，下 90%的置信区间分别在 TP＝0.041 mg/L 和 TN＝0.422 mg/L 的位置相交[分别为图 2-12(a)(b)中的箭头 C]，而与拟合曲线在 TP＝0.028 mg/L和 TN＝0.234 mg/L 的位置相交[图 2-12(a)(b)中的箭头 B]。可以推断在 TP＝0.028 mg/L 或 TN＝0.234 mg/L 的情况下，模型可以预测到 90%的 Chl a 预测均值会低于 4.73 μg/L。数据分析可知，90%预测区间与 Chl a＝4.73 μg/L 没有交点，延长预测区间会引入极大的不确定性。同时与利用预测区间得到基准值的可能范围相比，置信区间得到基准值的范围较窄。采用 90%的置信区间和预测区间作为制定营养物基准的限制，会直接影响基准浓度并根据管理考虑确定最终的

基准范围。90%预测区间的上限能够保证仅有5%的单个Chl *a* 的响应值会超过其上限值,这更适合于限制饮用水中的藻毒素浓度。但是该湖区大多数湖泊的营养物浓度都远远高于90%预测区间的上限,这将不利于经济的发展并有可能出现过保护的问题。另一方面,与全部平均值相关的拟合曲线的预测值可以保护50%的水体,并且更适用于制定合理的修复目标。90%置信区间的下限可以防止水体的过保护问题。因此,选择拟合曲线的预测值和90%置信区间的下限作为营养物基准范围的边界(如表2-3所示)。采用0.028～0.041 mg/L 和0.234～0.422 mg/L分别作为东部平原湖区非通江湖泊的TP和TN的基准范围。

表2-3 东部平原湖区不同类型湖泊的简单线性回归模型

湖泊类型	项目	模型	R^2	p	预测变量	预测值
非通江湖泊	拟合曲线	lgChl *a*=0.519 lgTP+1.477	0.262	<0.01	TP	0.028
	90%置信区间下限	—				0.041
	90%置信区间上限	—				0.018
	90%预测区间下限	lgChl *a*=0.518 lgTP+0.900				—
	90%预测区间上限	lgChl *a*=0.519 lgTP+2.054				—
	拟合曲线	lgChl *a*=0.373 lgTN+0.910	0.170	<0.01	TN	0.234
	90%置信区间下限	—				0.422
	90%置信区间上限	—				—
	90%预测区间下限	lgChl *a*=0.373 lgTN+0.397				—
	90%预测区间上限	lgChl *a*=0.373 lgTN+1.422				—
通江湖泊	拟合曲线	lgChl *a*=0.565 lgTP+1.620	0.123	<0.01	TP	0.021
	90%置信区间下限	—				0.037
	90%置信区间上限	—				—
	90%预测区间下限	lgChl *a*=0.576 lgTP+0.907				—
	90%预测区间上限	lgChl *a*=0.554 lgTP+2.333				—
	拟合曲线	lgChl *a*=0.797 lgTN+0.855	0.199	<0.01	TN	0.594
	90%置信区间下限	—				0.838
	90%置信区间上限	—				—
	90%预测区间下限	lgChl *a*=0.819 lgTN+0.156				4.301
	90%预测区间上限	lgChl *a*=0.774 lgTN+1.554				—
阻隔湖泊	拟合曲线	lgChl *a*=0.521 lgTP+1.529	0.358	<0.01	TP	0.023
	90%置信区间下限	—				0.042
	90%置信区间上限	—				—
	90%预测区间下限	lgChl *a*=0.537 lgTP+1.067				0.186
	90%预测区间上限	lgChl *a*=0.505 lgTP+1.992				—

2) 通江湖泊

从图2-13和表2-3中可以看出,对通江湖泊,Chl *a* 浓度与TP和TN的浓度

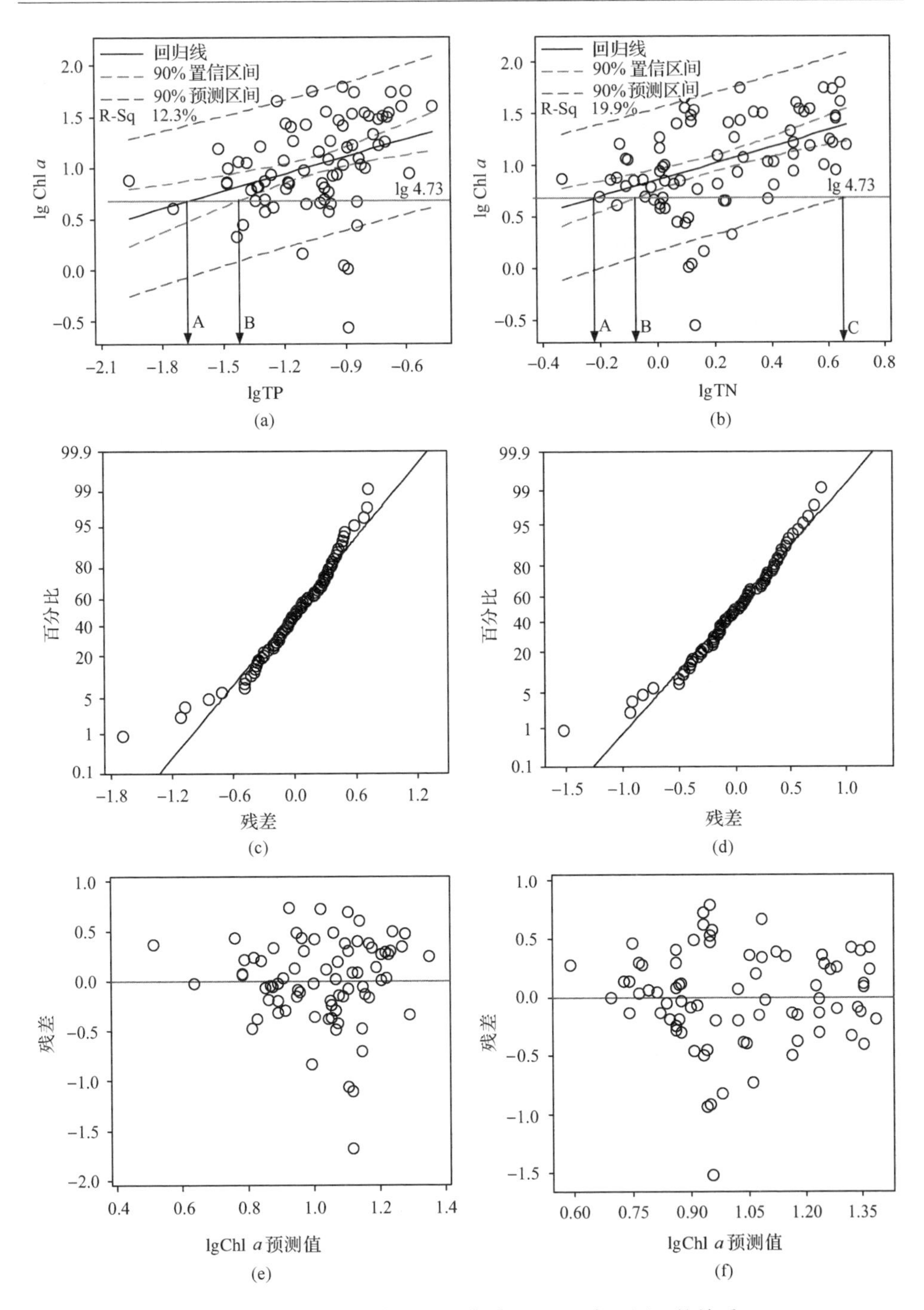

图 2-13　东部平原湖区通江湖泊 TP、TN 与 Chl *a* 的关系

(a)lgTP 对 lgChl *a* 的散点图；(b)lgTN 对 lgChl *a* 的散点图；(c)lgChl *a* 对 lgTP 的残差正态图；(d)lgChl *a* 对 lgTN 的残差正态图；(e)lgChl *a*-lgTP 中残差与预测值的关系；(f)lgChl *a*-lgTN 中残差与预测值的关系

分别具有显著的相关性，模型的显著性概率值(p)均小于 0.01。预测值的残差正态图[图 2-13(c)(d)]显示 lgChl a 对 lgTP 和 lgTN 的残差均符合正态分布，且 lgChl a 对应的残差值[图 2-13(e)(f)]分别分布在±2.0 和±1.5 的常数范围之内，说明简单线性回归模型满足线性和方差齐次的假设且具有良好的拟合效果。

采用参照湖泊法确定的东部平原湖区湖泊 Chl a 参照状态阈值的上限(4.73 μg/L)作为响应阈值。根据表 2-3 的简单线性回归模型，得到通江湖泊拟合曲线与 Chl a=4.73 μg/L 分别在 TP=0.021 mg/L 和 TN=0.594 mg/L 的位置相交，下 90%的置信区间分别在 TP=0.037 mg/L 和 TN=0.838 mg/L 的位置相交。可以推断在 TP=0.021 mg/L 或 TN=0.594 mg/L 的情况下，模型可以预测到 90%的 Chl a 预测均值会低于 4.73 μg/L。数据分析可知，90%置信区间上限和 90%预测区间上下限与 Chl a=4.73 μg/L 没有交点，延长置信区间或预测区间均会引入极大的不确定性。同时与利用预测区间得到基准值的可能范围相比，置信区间得到基准值的范围较窄，因此采用 0.021～0.037 mg/L 和 0.594～0.838 mg/L分别作为东部平原湖区通江湖泊的 TP 和 TN 的基准范围。

3) 阻隔湖泊

从图 2-14 和表 2-3 中可以看出，对阻隔湖泊，Chl a 浓度仅与 TP 的浓度具有显著的相关性，模型的显著性概率值(p)小于 0.01。预测值的残差正态图[图 2-14(b)]显示 lgChl a 对 lgTP 的残差符合正态分布，且 lgChl a 对应的残差值[图 2-14(c)]分布在±0.75 的常数范围之内，说明 lgChl a 与 lgTP 简单线性回归模型满足线性和方差齐次的假设且具有良好的拟合效果。而与 TN 建立模型的显著性概率值(p)大于 0.05，不具备统计学意义。说明阻隔湖泊中 Chl a 与 TN 之间没有显著的相关性，建立的 Chl a-TN 响应关系模型不够准确，仅能建立 Chl a 与 TP 的简单线性关系模型来预测 TP 的基准值。

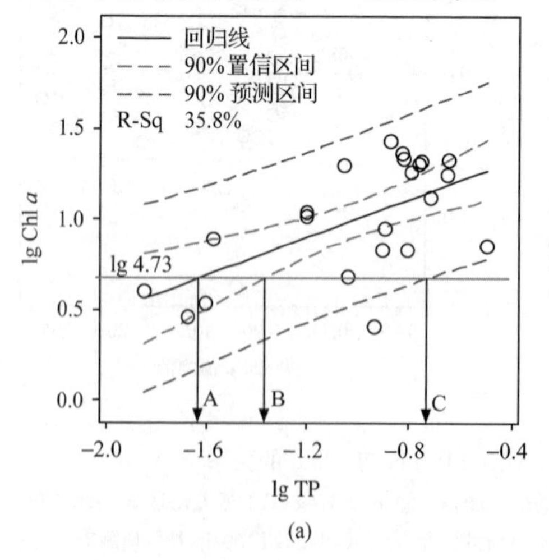

(a)

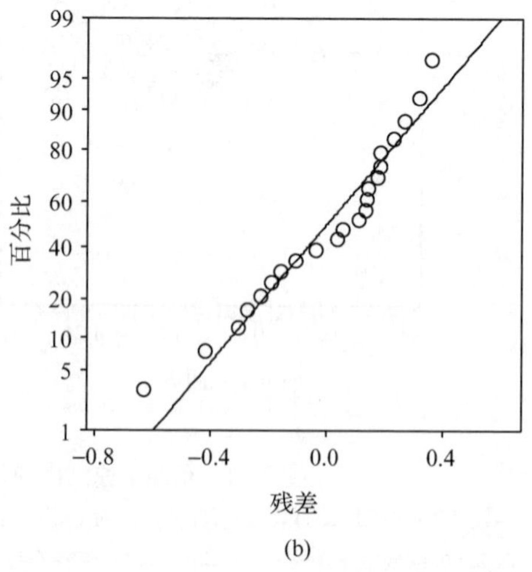

(b)

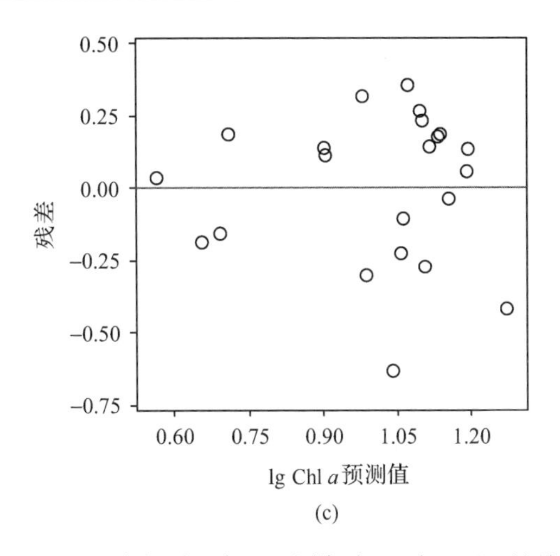

图 2-14　东部平原湖区阻隔湖泊 TP 与 Chl *a* 的关系

(a)lgTP 对 lgChl *a* 的散点图；(b)lgChl *a* 对 lgTP 的残差正态图；(c)lgChl *a*-lgTP 中残差与预测值的关系

以南四湖为例，沉积物有机质中的 δ^{15}N 与湖泊营养状态或初级生产力的增加不存在响应关系(Liu et al.，2010)。这一研究表明该湖泊为磷限制型湖泊系统。考虑营养物的化学计量学特征，较高的 TN/TP 值表明南四湖中磷是浮游植物生长的限制性元素(Pei et al.，2011)。从传统上来说，磷是控制淡水初级生产力和产生藻毒素的基因的主要因素(Xu Y et al.，2011)。高的磷负荷对微囊藻的有毒和无毒藻种均具有显著高的生长率。

采用参照湖泊法确定的东部平原湖区湖泊 Chl *a* 参照状态阈值的上限(4.73 μg/L)作为响应阈值。根据表 2-3 的简单线性回归模型，得到阻隔湖泊拟合曲线与 Chl *a*＝4.73 μg/L 在 TP＝0.023 mg/L 的位置相交，下 90％的置信区间在 TP＝0.042 mg/L 的位置相交，而与下 90％预测区间在 TP＝0.186 mg/L 的位置相交。可以推断在 TP 浓度低于 0.023 mg/L 时，模型可以预测到 90％的 Chl *a* 预测均值会低于 4.73 μg/L。数据分析可知，延长置信区间上限或预测区间上限均会引入极大的不确定性，因此采用 0.023～0.042 mg/L 作为东部平原湖区阻隔湖泊的 TP 的基准范围。

6. 讨论

综上所述，采用简单线性回归关系得到不同类型湖泊的营养物基准见表 2-4。

表 2-4　简单线性回归模型得到的不同类型湖泊营养物基准

变量	非通江	通江	阻隔
TP(mg/L)	0.028～0.041	0.021～0.037	0.023～0.042
TN(mg/L)	0.234～0.422	0.594～0.838	—

从表 2-4 中可以看出，三种不同类型湖泊得到的 TP 基准范围具有较好的一致性，确定的 TP 基准的上限均在 0.040 mg/L 左右。非通江湖泊确定的 TN 基准范围与通江湖泊的范围相差较大，这主要是因为通江湖泊水体的流动性较好，建立 TN-Chl *a* 压力响应关系的敏感性较低，要达到相同的 Chl *a* 浓度水平，需要更大的 TN 浓度与之相对应。而非通江湖泊的水力停留时间较长，藻类对营养物的响应更为敏感，在较低的 TN 水平下就能达到较高的 Chl *a* 响应浓度。

分析表明压力-响应关系能够将响应变量的阈值转变为 TN 或 TP 的基准值。从表 2-4 中可以看出，非通江湖泊与阻隔湖泊得到 TP 的基准值范围基本相似，并略高于通江湖泊。通江湖泊 TN 的基准值范围明显高于非通江湖泊，而阻隔湖泊的 TN 浓度与 Chl *a* 浓度之间不存在显著的相关性（$p>0.05$）。与非通江湖泊相比，通江湖泊中藻类对营养物的响应敏感性较低，这主要是由于通江湖泊较高的水流速度和较低的水力停留时间决定的。为了使 Chl *a* 基准值达到相同的水平，需要增加通江湖泊对应的 TN 浓度。这说明不同湖泊类型的营养物差异性在很大程度上取决于水文特征及生态区域的特殊性。

水文条件可能会通过不同的机制影响在建坝之前和建坝之后湖泊的营养物动力学状况（Xu C et al.，2011）。几个容易发生富营养化的湖泊，如 Kinneret 湖、Namakan 湖和巢湖（Xu C et al.，2011），可能与水文条件的改变有直接关系。冗余分析表明湖泊的富营养化阶段主要是由人为营养物的输入及水文状态的改变造成的（Xu C et al.，2011）。长江的水文连通性被认为是湖泊抵制人为营养物输入影响的自我调节机制。研究表明阻隔湖泊对压力因素的响应情况不同，需要对这类湖泊制定不同的营养物基准的保护标准。降低水力冲刷是延长水力停留时间和改变营养物滞留的主要因素。然而在密集的水力冲刷时间期间，吸附在细小颗粒物上的生物有效性营养物（如有机磷和可交换态磷）很容易随着雨水冲刷进入水体中。这与通江湖泊得到的 TP 基准低于其他类型湖泊的分析结果是一致的。

东部平原湖区湖泊类型的形成不仅与水动力特征有关，也会受到气候改变和人类活动的影响（如污染及鱼类养殖）。据报道，湖泊生态系统对气候的改变是非常敏感的（Kisand and Nõges，2004）。以加利福尼亚州的 Mono 湖流域为例，采用 SWAT 水动力模型评价了水文-气候与气候改变影响之间显著的响应关系（Ficklin et al.，2013）。从历史上看，自 18 世纪 20 年代以来，由于湖泊与长江处于自由连通状态，湖泊状态得到了恢复。然而，在公元 1740～1820 年之间，我国东部的气候变得更加温暖而干燥，这使得水位和水体交换量显著下降（Liu et al.，2005）。随着东部平原湖区社会和经济水平的快速发展，区域的人类活动也从根本上改变了湖泊与长江的连通性，进而使湖泊的营养物动力学状态发生了变化。

“前干扰”状态的定义对湖泊营养物的制定起了非常重要的作用。采用古湖沼学记录的方式对地域独特且高度改变系统的“前干扰”状态进行定义被认为是最可靠的方法。值得注意的是，古湖沼学方法主要用来评价 TP 浓度因为其具有较高的稳定性。为了确定营养物的阈值，研究发现清洁水与浑浊水之间发生波动的拐点的 TP 范围约在 80～110 μg/L 之间(Zhang E L et al.，2012)，其浓度高于本研究得到的 TP 的基准值。采用摇蚊虫推断重建法得到在是 9 世纪 50 年代以前太白湖 TP 的阈值浓度约为 50～80 μg/L，而在 18 世纪 80 年代龙感湖 TP 的阈值浓度约为 50～75 μg/L (Zhang E L et al.，2012)，而在 19 世纪后期采用相同的方法得到的 TP 阈值浓度较低(50～60 μg/L)(Zhang E L et al.，2010)。相似地，采用硅藻推断法得到在 19 世纪 80 年代以前，长江中下游浅水湖 TP 的基准浓度约为 50 μg/L(Dong et al.，2008)。另一方面，研究表明在 TN 和 TP 水平降低的情况下，营养物与鱼类或大型无脊椎动物之间的响应关系同底栖固着生物一样敏感。关于这方面的有限研究中，Dodds 等(2006)发现 Chl *a* 的浓度发生显著变化的拐点出现在 0.03 mg TP/L 和 0.54 mg TN/L 的位置，这与本研究中得到的营养物基准浓度相似。因此，表征水生生物的指标也应该在制定湖泊营养物基准的过程中加以考虑。

2.3　多元线性回归模型

2.3.1　多元线性回归模型概述

在某些情况下，简单线性回归模型的假设过于严格以至于不能对观察值进行精确模拟。通过放宽一个或多个假设提出了对简单线性回归模型延伸的不同模拟方法。当响应变量同时受到几种不同的因素影响时，需要采用多元线性回归模型对压力-响应关系进行模拟。多元线性回归模型是简单线性回归模型的延伸，主要提供一个对因变量与两个或两个以上自变量线性关系的评价。在最简单的形式中，假设每个解释变量对响应变量产生的影响独立于其他变量的影响。在除了营养物变量之外的其他环境因素会影响响应变量，或在不同营养物对响应变量的影响必须同时模拟的情况下，采用多元线性回归是非常有用的。

多元线性回归分析拟合的方程为 $\hat{y} = b_0 + b_1x_1 + b_2x_2 + \cdots + b_nx_n$。其中 $\hat{y}$ 为根据所有自变量 x 计算出的响应变量 y 的估计值，b_0 为常数项，$b_1, b_2, \cdots, b_n$ 为 y 对应 $x_1, x_2, \cdots, x_n$ 的偏回归系数。偏回归系数表示假设在其他所有自变量不变的情况下，某一个自变量变化引起因变量变化的比率。

在图 2-15 中，多元线性回归的例子表明 TN 和 TP 都是 Chl *a* 统计上显著的预测变量。也就是说，Chl *a* 的浓度可以使用下列模型进行预测模拟：

$$\log\text{Chl } a = b_0 + b_1\log\text{TP} + b_2\log\text{TN}$$

其中，b_0，b_1 和 b_2 表示回归系数。为了得到想要的 Chl *a* 浓度，需要指定 TN 和 TP

的基准浓度。为了使平均的 Chl *a* 浓度维持在 2 μg/L，指定 TP 的参照浓度为 0.010 mg/L，则可以推断 TN 的参照浓度为 0.14 mg/L。要保持平均 Chl *a* 的浓度不变，较低的 TN 基准值需要较高的 TP 基准值与其相对应。

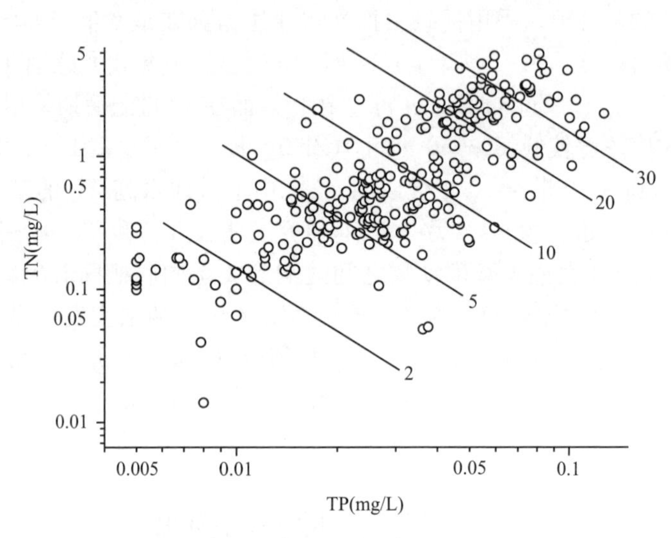

图 2-15 云贵高原湖泊生态区 TN、TP 与 Chl *a* 之间的模拟关系

空心点表示 TN 和 TP 观察值，轮廓线表示特定 TN、TP 浓度下 Chl *a* 的平均预测值

多元线性回归模型依靠与简单线性回归模型相同的假设，因此，在使用多元回归模型进行预测的时候，应该考虑以下因素：线性模型的形式是否合适，残差分布是否满足正态分布，残差的变异性大小是否为常数。除此之外，采用多元线性回归模型进行分析的时候，应该评价不同的解释变量或解释变量的线性组合是否具有较强的相关性，在模型中包含强相关性变量会大大增加回归系数评价的不确定性。

模型中包含的解释变量越多，就需要更加注意模型的过拟合问题。当模型存在过拟合现象时，模型对超过刻度点数据的预测能力就会变差。通常情况下，对模型每个自由度的评价至少需要 10 个独立的样本。如果一个模型包含一个截距和三个解释变量的系数将至少需要 40 个独立的样本对模型进行拟合（Harrell et al.，1996）。

2.3.2 多元线性回归模型确定东部湖泊生态区不同类型湖泊的营养物基准

利用预测变量 TP 和 TN 的浓度建立多元回归模型来预测 Chl *a* 浓度，并采用年平均数据对东部平原湖区非通江、通江和阻隔湖泊进行多元回归分析，得到的多元回归模型见表 2-5。分析显示三类湖泊建立多元回归模型的预测变量对应的 p 值均不能全部小于 0.05，因此不适宜对非通江、通江和阻隔湖泊分别进行多元线性回归分析。

表 2-5 东部平原湖区多元线性回归模型

湖泊类型	模型	非标准化系数		t	Sig.
		B	标准误差		
非通江湖泊	常量	1.214	0.185	6.566	0.000
	lg TP	0.268	0.159	1.688	0.098
	lg TN	0.166	0.167	0.996	0.324
通江湖泊	常量	1.061	0.286	3.716	0.000
	lg TP	0.164	0.231	0.709	0.481
	lg TN	0.656	0.257	2.550	0.013
阻隔湖泊	常量	1.680	0.252	6.666	0.000
	lg TP	0.645	0.221	2.922	0.009
	lg TN	−0.261	0.325	−0.803	0.432

2.4 土地利用类型与营养物关系模型

2.4.1 土地利用类型与营养物关系

密集的土地利用是改变土地覆盖状况最主要的形式之一,并被认为是非点源污染的重要来源(Tong and Chen, 2002)。土地利用的发展会改变并影响下游接受水体的水质,将直接影响人类和水生态系统的健康,这越来越受到资源管理者和政策决策者的关注(Zhang W W et al., 2012)。耕地需要比自然覆盖植被消耗更多的营养物质,将会损害土壤结构和表层土的营养成分,导致暴雨期间化学物质及颗粒物的大量流失(Gandhi et al., 2008)。林地可以降低无机离子的浓度,并对缓解水质的恶化起关键作用(Bahar et al., 2008; Sliva and Williams, 2001)。同时,研究表明城镇用地的增加与溪流的健康存在负相关关系,主要表现在暴涨径流和营养物负荷的增加。这是因为城镇化造成了地表降水渗透性能下降并导致溪流径流波动性增加(Gandhi et al., 2008; Aichele, 2005)。在降雨期间,农业用地及城镇用地表面的营养物及颗粒物会随地表径流进入下游水体,增加了下游水体的营养物水平的浊度。因此,农业土地使用的营养的增加及城市化进程的加快是保护和改善水质及富营养化控制面临的重大挑战。

一些研究已经应用人为土地利用类型对营养物浓度的影响来推断营养物基准(Dodds and Oakes, 2004; Dodds et al., 2006)。土地利用与营养物浓度之间的关系已经在河流和溪流中定量化,并用于评价在没有可测量的人为地貌影响时的营养物浓度(Dodds and Oakes, 2004)。在假设人为土地利用/覆盖系数为 0 的情况下，一种水文地貌-土地利用模型也已经被用于预测期望的湖泊 TP 浓度（Soranno et al.，2008）。

土地利用类型的变化与水体中营养物水平改变之间的相关关系是很复杂的，而且受到其他多种因素的影响，如湖泊深度、流域面积和坡度等（OECD，1982；Rawson，1952；Dodds and Oakes，2004）。例如，随着湖泊深度的增加，较大比例的营养物将会在沉降过程中沉积到底泥（Cardoso et al.，2007）。研究表明，深度较大的湖泊其 Chl *a* 的浓度较低（Carvalho et al.，2008）。也就是说，湖泊的深度在某种程度上会影响土地利用对水质的作用。因此，湖泊水深的差异性将会影响湖泊中土地利用与营养物浓度之间的关系。利用土地利用率与平均水深的比值建立与湖泊营养物之间的响应关系，并利用该关系推断营养物的基准浓度。

早期的研究表明土地利用类型和水深都与地表水质存在相关性（Sliva and Williams，2001；Tu et al.，2007；Cardoso et al.，2007）。土地利用类型百分比与水深的比值可能对解释区域尺度内湖泊水质的空间变化起关键作用。

2.4.2 土地利用类型与营养物关系推断云贵湖泊生态区营养物基准的案例研究

1. 研究区域

以云贵高原湖泊生态区为研究对象，采用土地利用类型与营养盐的响应关系确定该湖区营养物基准。云贵高原位于我国西南部，地处亚热带地区，地势北高南低，地形复杂，气候多样。湖区总面积为 7.31×10^5 km^2，大多数湖泊点缀在海拔 1280～3270 m 的高原上。该地区湖泊海拔高，纬度低，一般面积较小但相对深度较深，既区别于东部平原海拔较低的浅水湖，也不同于高海拔干旱地区的咸水湖，在我国湖泊分类上自成一体。该湖区有超过 30 个湖泊的水深在 10～200 m 之间，大多数湖泊为构造湖。最近 30 年来，由于经济的快速发展，该湖区的一些湖泊水质恶化严重，并表现出显著的空间差异性（Li et al.，2007）。云贵高原湖泊生态区的位置及土地利用类型如图 2-16 所示。

2. 数据分析

收集了所研究的湖泊流域四种基本类型的数据，包括物理-化学变量、Chl *a*、平均湖泊深度和土地类型类型百分比。收集的物理-化学指标有 TN、TP 和 NH_3-N 作为衡量营养物浓度的指标；COD_{Mn}、COD_{Cr} 和 BOD_5 作为衡量有机质的指标；EC 代表盐度指标；Chl *a* 指示浮游植物丰度。这些数据主要由云南省和贵州省环境监测站的监测网络提供。本案例总共选取了 22 个湖泊 1988～2008 年的数据进行分析。采用以上样本的年均值数据进行统计分析。

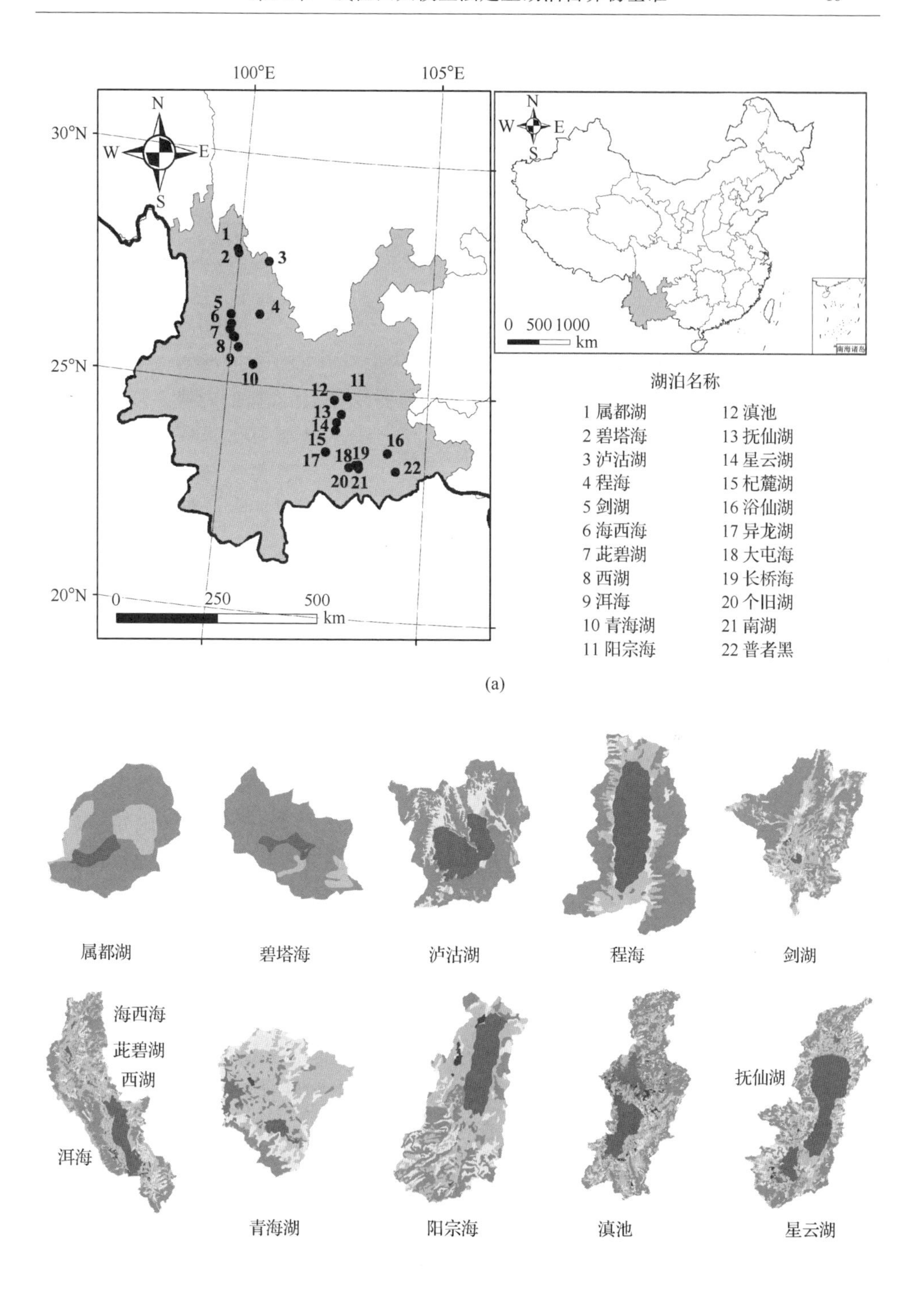

100°E
105°E
30°N
25°N
20°N
N
S
W
E
0
250
500
km
0 500 1000
km
湖泊名称
1 属都湖
2 碧塔海
3 泸沽湖
4 程海
5 剑湖
6 海西海
7 茈碧湖
8 西湖
9 洱海
10 青海湖
11 阳宗海
12 滇池
13 抚仙湖
14 星云湖
15 杞麓湖
16 浴仙湖
17 异龙湖
18 大屯海
19 长桥海
20 个旧湖
21 南湖
22 普者黑
(a)
属都湖
碧塔海
泸沽湖
程海
剑湖
海西海
茈碧湖
西湖
洱海
青海湖
阳宗海
滇池
抚仙湖
星云湖

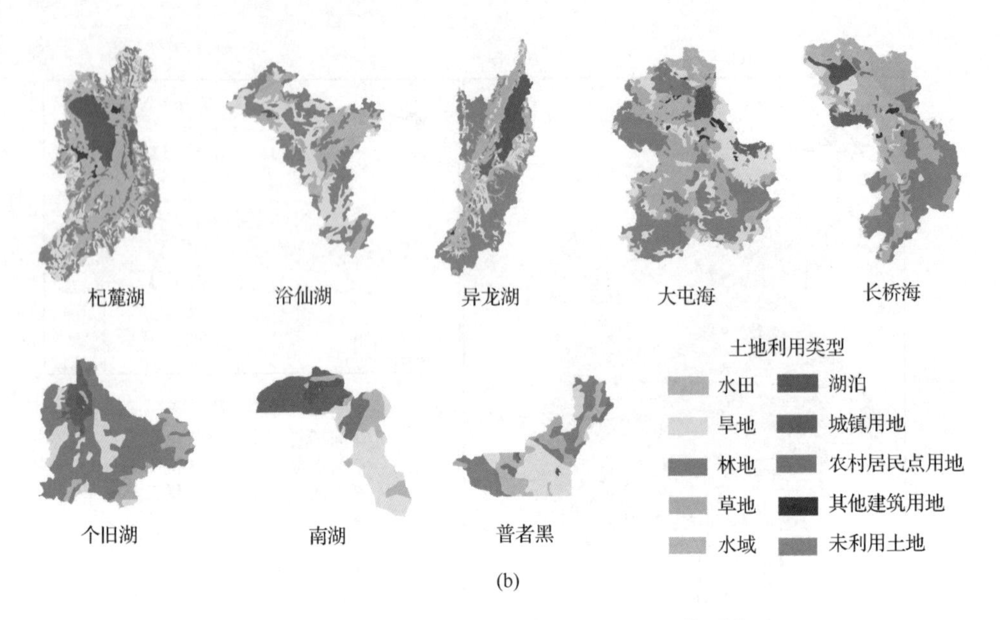

图 2-16　云贵高原湖泊生态区的位置(a)及土地利用类型(b)
本图(b)另见书末彩图

利用地理信息系统(GIS)对湖泊流域的土地利用数据进行解释、分类、分析和整合,共获得四个时期土地利用数据,分别为 1988 年、1995 年、2000 年和 2008 年。将土地利用类型进一步分为六大类:①耕地,包括水田和旱地;②林地;③草地;④水域,包括河流、湿地和沙滩;⑤城乡用地,包括城镇用地、农村居民点用地和其他建筑用地;⑥未利用土地。使用 ArcGIS 9.2 Desktop GIS 计算湖区内每一种土地利用类型的面积。耕地(包括水田和旱地)、林地、草地、水域、城乡用地(包括城镇用地、农村居民点用地和其他建筑用地)和未利用土地的百分比分别用 PC (PC-P 和 PC-D)、PF、PG、PW、PUR (PU、PR 和 POC)和 PUN 表示。

将获得的数据分为训练集和预测集:训练集用于模型的建立;测试集用于模型的验证。22 个湖泊流域的物理-化学变量、Chl *a* 和土地利用数据作为训练集,用于分析并建立多元线性回归模型。建立的回归模型用来证明物理-化学变量、Chl *a*和土地利用之间存在显著的相关关系。其中 5 个湖泊四个时期的数据作为测试集,用来验证模型的准确性并测试模型在时间尺度上的适用性。

3. 统计分析

本案例中主要采用统计(如皮尔逊相关系数分析和回归分析)和 GIS 分析两种方法,用来检验物理-化学变量、Chl *a* 与土地利用之间的关系并推断基准浓度。

皮尔逊相关系数分析首先对 22 个湖泊 2008 年数据中物理-化学变量、Chl *a*

与湖泊平均水深、土地利用之间的相关性进行分析，以解释湖泊平均水深和土地利用对水质变量的影响。采用土地利用与平均水深的比值作为预测变量建立最优的多元线性回归模型。所有可能的子集回归用 p 值作为指标来确定最优的拟合模型并控制增加的变量对模型的影响。5 个湖泊流域四个时期的数据用于验证最优模型的准确性。利用最优回归模型的截距推断在没有人类活动影响时物理-化学变量及 Chl *a* 的基准浓度。估计截距 95%的置信区间用来表征外推过程的变异性。在确定变量之间的统计相关性之前，利用 Shapiro-Wilk 检验来判断物理-化学变量、Chl *a* 与土地利用数据的正态性。所有研究的物理-化学变量和 Chl *a* 需要进行对数(以 10 为底)转化以满足数据的正态性假设，并确保不会产生截距低于 0 的数据分布(Dodds and Oakes, 2004)。

4. 云贵湖区湖泊营养物基准的确定

1) 物理-化学变量、Chl *a* 与土地利用之间的相关性分析

表 2-6 列出了采用皮尔逊相关性分析法得到的物理-化学变量、Chl *a* 与土地利用之间的相关性。从中可以看出 PUR (包括 PU 和 PR) 与 TN、Chl *a*、COD_{Cr}、COD_{Mn}、BOD_5变量之间存在显著的相关关系，表明居民居住区周围流出的废水是影响云贵高原湖区水质的主要污染来源。物理-化学变量、Chl *a* 与 PF、PG 之间的相关性并不显著($p>0.05$)，说明林地和草地面积的扩大不会使水质产生显著的变化。这主要是因为青草地能够过滤河流或溪流的径流污染(Gyawali et al.，2013)。

表 2-6 物理-化学变量、Chl *a* 与土地利用之间的相关性分析

变量	DEP	PC	PF	PG	PW	PUR	PUN	PC-P	PC-D	PU	PR	POC
TN	−0.379	0.317	−0.365	−0.287	−0.035	0.784**	−0.206	0.203	0.332	0.742**	0.568**	0.417
TP	−0.265	0.114	−0.17	0.015	−0.045	0.254	−0.149	0.006	0.189	0.208	0.166	0.638**
Chl *a*	−0.378	0.451	−0.486*	−0.305	−0.171	0.727**	−0.245	0.226	0.429	0.683**	0.540*	0.381
COD_{Cr}	−0.337	0.267	−0.383	−0.212	0.076	0.726**	−0.273	0.167	0.296	0.706**	0.478*	0.325
COD_{Mn}	−0.397	0.421	−0.412	−0.336	−0.035	0.759**	−0.167	0.282	0.43	0.724**	0.589**	0.231
NH_3-N	−0.215	0.023	−0.075	−0.143	0.11	0.235	−0.011	0.069	−0.002	0.186	0.18	0.544*
BOD_5	−0.345	0.309	−0.402	−0.064	−0.07	0.592**	−0.085	0.165	0.357	0.538**	0.465*	0.441*
EC	−0.095	0.246	−0.035	−0.279	−0.007	0.098	−0.213	0.383	0.106	−0.013	0.327	0.41

** 表示显著性水平为 0.01(双尾 t 检验)；* 表示显著性水平为 0.05(双尾 t 检验)。

另外，可以观察到该湖区物理-化学变量、Chl *a* 与耕地(包括水田和旱地)之间没有显著的相关性，说明耕地不会对水质指标(如 TN、TP)产生明显的影响。

这与之前的许多研究结果是相冲突的，许多研究表明湖泊流域中耕地的百分比预测水体中氮磷浓度的主要变量（Ferrier et al.，2001；Ahearn et al.，2005）。

同一时期，22个湖泊流域的土地利用百分比存在显著的空间差异性（如图2-17所示）。属都湖和碧塔湖流域主要的土地利用类型为林地和草地，这表明两个湖泊流域没有因人类活动而产生的污染。但是，青海湖、杞麓湖、浴仙湖、南湖和普者黑等湖泊流域具有较高比例的耕地，说明这些流域已经受到了密集农业用地的严重影响（Ahearn et al.，2005）。而湖泊流域具有高比例耕地并不总是会导致湖泊水质的恶化，如青海湖、浴仙湖和普者黑水质较好。

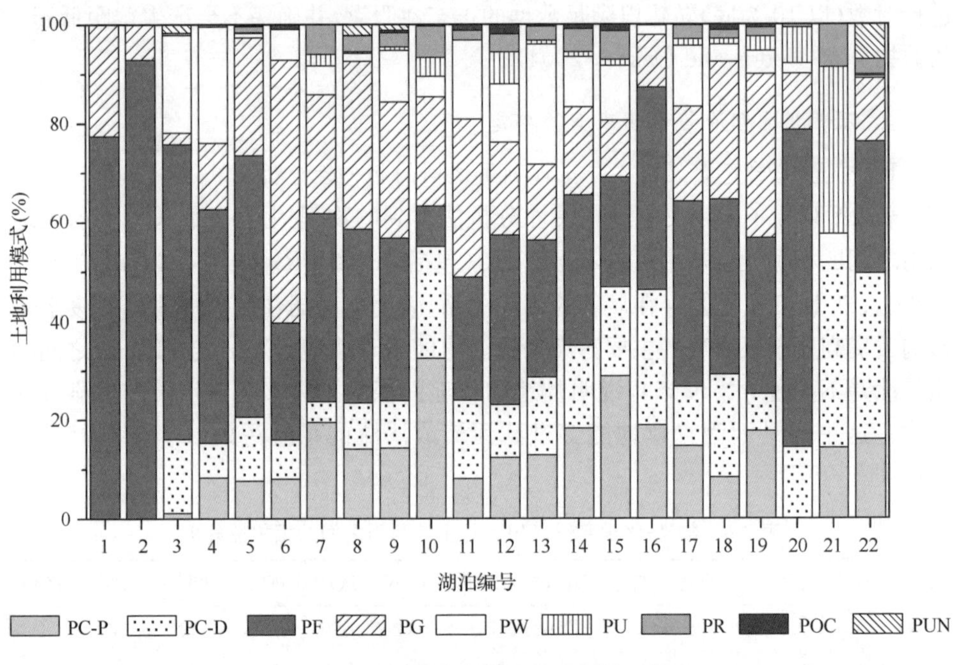

图 2-17　不同湖泊流域的土地利用百分比

湖泊编号对应名称见图 2-16

物理-化学变量、Chl *a* 与土地利用/DEP之间的相关性分析结果表明物理-化学变量、Chl *a* 与PC/DEP之间存在显著的正相关关系。物理-化学变量、Chl *a* 与PUR/DEP之间也存在强的相关关系，但在PUR除以DEP之后，TN、Chl *a*、COD_{Mn}、COD_{Cr}、BOD_5和PUR/DEP之间的相关性和显著性水平并没有显著的变化（Friedman检验，$p>0.05$）。结果表明湖泊深度是影响物理-化学变量、Chl *a* 与土地利用关系的因子。

注意到物理-化学变量、Chl *a* 与耕地、湖泊平均深度之间没有相关性（见表2-6），但是与两个参数的比值显著相关（见表2-7），这主要是因为湖泊深度在某种程度上会削弱耕地对水质的影响。云贵高原湖区湖泊的平均水深存在显著的不均匀性，来自耕地的肥料及土壤颗粒进入湖泊水体后会随着深度的增加而快速沉积到底泥中，这使得表层水的营养物浓度降低（Huo et al.，2012；Cardoso et al.，2007）。因此，为了在物理-化学变量、Chl *a* 与土地利用百分比之间建立可靠地相关关系，需要考虑 DEP 的影响。

表 2-7 物理-化学变量、Chl *a* 与土地利用/DEP 之间的相关性分析

变量	PC/DEP	PF/DEP	PG/DEP	PW/DEP	PUR/DEP	PUN/DEP	PC-P/DEP	PC-D/DEP	PU/DEP	PR/DEP	POC/DEP
TN	0.692**	0.128	0.158	0.804**	0.739**	−0.150	0.595**	0.672**	0.699**	0.760**	0.607**
TP	0.238	0.153	0.364	0.407	0.199	−0.107	0.194	0.24	0.162	0.224	0.793**
Chl *a*	0.732**	0.032	0.233	0.686**	0.695**	−0.235	0.738**	0.667**	0.655**	0.742**	0.581*
COD_{Cr}	0.638**	0.125	0.206	0.849**	0.700**	−0.214	0.537*	0.629**	0.672**	0.698**	0.485*
COD_{Mn}	0.813**	0.025	0.223	0.782**	0.753**	−0.15	0.838**	0.737**	0.711**	0.826**	0.428
NH_3-N	0.166	0.204	0.238	0.536*	0.157	0.006	0.24	0.107	0.115	0.208	0.794**
BOD_5	0.555**	0.135	0.277	0.587**	0.537**	−0.018	0.423*	0.571**	0.504*	0.554**	0.548**
EC	0.179	0.069	0.027	0.245	0.025	−0.182	0.369	0.078	−0.024	0.161	0.422

* * 表示显著性水平为 0.01（双尾 *t* 检验）；* 表示显著性水平为 0.05（双尾 *t* 检验）。

2）建立模型

利用 22 个湖泊流域在 2008 年的物理化学、Chl *a* 和土地利用/DEP 建立模型。在进行回归分析的过程中，采用向后和逐步回归法消除非显著的土地利用类型。通过模型之间相关性系数（R^2）的比较，关于物理-化学变量及 Chl *a* 的最优回归模型在表 2-8 中列出。分析结果显示回归方法不能很好地对 EC 进行预测，因为 EC 与土地利用/DEP 之间的相关关系不明显。这说明土地利用/DEP 不能作为推断 EC 值的预测变量。

如表 2-8 所示，除了 EC，云贵高原湖区所有研究的其他水质变量均与 POC/DEP 存在强的相关性，表明其他建筑用地周围的废水是引起水质污染主要来源。这是因为其他建筑用地的大部分面积工厂和道路，具有较高比例的不透水面。大量不透水面的存在可能会改变流域的水文和营养物分布，最终对水质产生较为显著的影响（Tu et al.，2007；Tu，2009）。PC/DEP 能够解释 Chl *a* 和大多数物理-化学变量（除 TN）的变异性。除此之外，土地利用类型对不同变量的影响也具有显著的不均匀性。TN、Chl *a*、COD_{Cr} 和 BOD_5 的回归分析表明 PR/DEP 也是这些参数主要的预测变量。

表 2-8 物理-化学变量和 Chl *a* 的最优回归模型

变量	最优回归模型	*N*	R^2	*F*	Sig.
TN	lgTN＝－0.444＋0.015 PF/DEP＋0.201 PR/DEP＋1.344 POC/DEP	21	0.786	22.033	0.000
TP	lgTP＝－1.705＋0.03 PC-D/DEP＋1.977 POC/DEP	21	0.712	23.541	0.000
Chl *a*	lgChl *a*＝0.493－0.034 PC/DEP＋0.083 PG/DEP＋0.454 PR/DEP＋1.247 POC/DEP	16	0.731	8.159	0.002
COD_{Cr}	$lgCOD_{Cr}$＝0.898＋0.072 PC-P/DEP＋0.095 PU/DEP－0.33 PR/DEP＋1.326 POC/DEP	20	0.449	3.256	0.039
COD_{Mn}	$lgCOD_{Mn}$＝0.368＋0.064 PC-P/DEP＋0.01 PU/DEP＋0.603 POC/DEP	19	0.633	9.200	0.009
NH_3-N	$lgNH_3$-N＝－0.895＋0.018 PF/DEP－0.042 PG/DEP＋0.055 PC-P/DEP＋1.291 POC/DEP	20	0.580	5.534	0.005
BOD_5	$lgBOD_5$＝0.26－0.018 PC-P/DEP＋0.025 PC-D/DEP＋0.018 PR/DEP＋0.938 POC/DEP	21	0.465	3.699	0.024
EC	lgEC＝2.518＋0.019 PC/DEP＋0.004 PF/DEP－0.017 PUR/DEP	18	0.108	0.608	0.620

3）验证模型

利用 5 个湖泊四个时期（1988 年、1995 年、2000 年和 2008 年）土地利用的数据对上述过程建立的最佳回归模型进行验证。图 2-18 是变量 TN、TP、Chl *a*、COD_{Cr}、COD_{Mn}、NH_3-N 和 BOD_5 的预测值和观察值的比较结果。从图中可以看出，由 22 个湖泊流域空间分布数据建立的模型具有很好的预测能力。以相关性系数（R^2）为评价指标，最优模型的预测变量可以解释所有水质变量（BOD_5 除外）超过 67％的变异性。它们的相关性系数分别为 0.975、0.678、0.970、0.820、0.814、0.872 和 0.565，可以推断回归模型的预测值与测量值之间有很好的一致性。

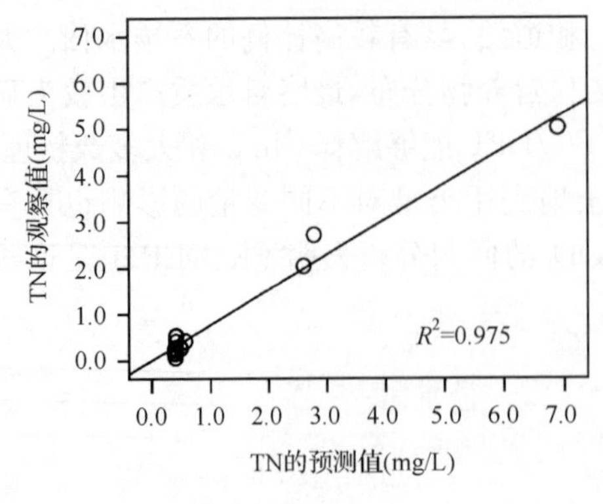

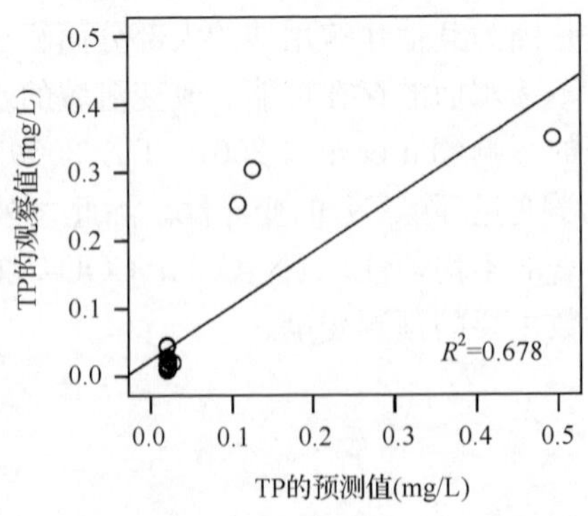

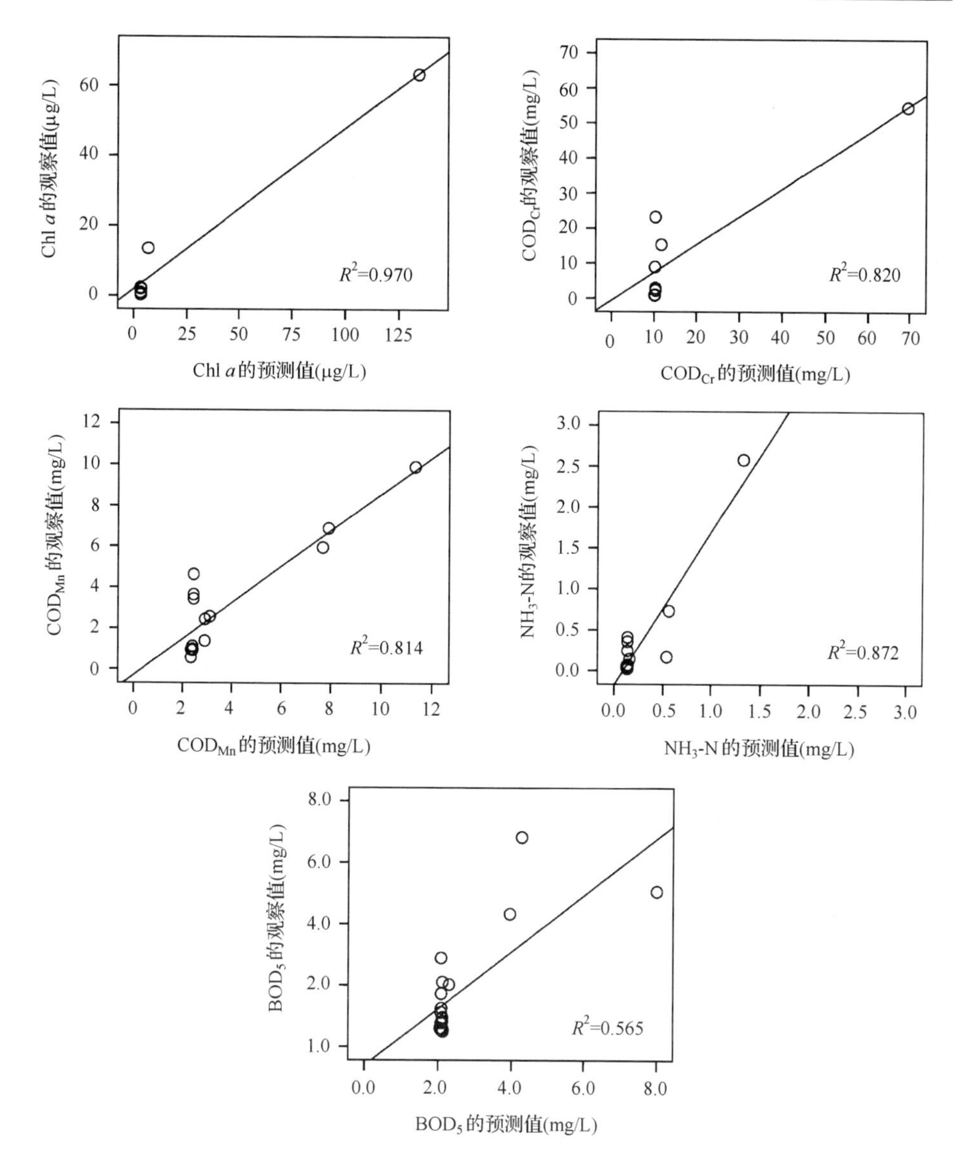

图 2-18　TN、TP、Chl *a*、COD_{Cr}、COD_{Mn}、NH_3-N 和 BOD_5 的预测值和观察值的比较

尽管这些回归模型都具有很好的预测能力，但是从预测值和观察值的比较中可以看出在这些模型中确实存在一定的系统误差。这有可能是因为除了土地利用类型和 DEP，其他因素（如土壤类型、土地管理模式等）没有在这些模型中进行相应的考虑。同时，土地利用类型的空间分布模型也有可能会对物理-化学变量、Chl *a*与土地利用之间的关系产生影响（Tu and Xia，2008）。例如，在相同的土地利用模式下，直接与湖泊相邻的耕地比之间具有林地缓冲区的耕地对水质的影响

更大(Miserendino et al.，2011)。

4) 确定物理-化学变量及 Chl *a* 的基准浓度

利用最优回归模型的截距来推断物理-化学变量及 Chl *a* 的基准浓度(表 2-9)。截距代表土地利用百分比为零时对应的预测浓度，可以用来表示没有人类活动影响下营养物及物理化学变量的背景浓度。基于回归模型计算预测值 95%的置信区间。TN 的基准值、置信区间上限及下限对应的浓度分别为 0.360 mg/L、0.258 mg/L 和 0.501 mg/L。表 2-9 列出了其他变量的基准值、置信区间上限及下限。回归模型的结果与其他统计学方法(参照湖泊法、湖泊群体分布法及三分法)进行了比较分析(Gibson et al.，2000；Huo et al.，2012，2013a，2013b)。Friedman 检验表明回归法与其他方法得到的结果之间存在显著差异($p<0.05$)。

表 2-9　估计基准浓度 95%置信区间及中值

变量	回归模型法			频数分布法		
	浓度	95%下限	95%上限	参照湖泊法	湖泊群体分布法	三分法
TN (mg/L)	0.360	0.258	0.501	0.175	0.370	0.210
TP (mg/L)	0.020	0.014	0.027	0.010	0.010	0.010
Chl *a* (μg/L)	3.11	1.41	6.86	2.20	2.00	1.59
COD_{Cr}(mg/L)	7.91	4.53	13.80	4.56	8.00	6.00
COD_{Mn}(mg/L)	2.33	1.67	3.25	0.96	2.14	1.52
NH_3-N (mg/L)	0.127	0.076	0.215	0.030	0.062	0.044
BOD_5(mg/L)	1.82	1.28	2.59	0.59	1.15	0.95
EC (μS/cm)	330	196	555	216	244	217

注：TN、TP 和 Chl *a* 频数分布法的结果参考文献(Huo at al.，2012)。

不同方法推断得到的基准结果存在一定程度的分歧，但每种方法都具有各自的优缺点。造成这一结果的一个限制是回归模型法不能够定量所有的人为影响，因为关于这些影响的数据是不容易获得的。例如，氮的大气沉降会对水质产生很大的影响，导致水体生物量及物理-化学参数的波动。不同土地利用类型中氮的释放形态和沉积量存在显著差异。在水田、林地和茶地分别观察到空气中含有高浓度的氨氮和亚硝态氮；不同土地利用类型中总氮的年沉降量排序为：林地>茶地>水田(Shen et al.，2013)。另外，畜牧养殖场和污水处理厂的点源排放也会导致水体中氮磷营养物及有机质的增加。因此，对大气氮沉降、动物养殖场及点源排放的考虑将会增加模型的准确性(Dodds and Oakes，2004)。

与频数分布法相比，回归模型不需要从参照湖泊或受影响较小的湖泊收集大量的数据。如果湖区中没有受影响较小的湖泊，回归模型法需要预测点远离构建模型的数据点。因此，当研究的湖泊区域具有相对连续的土地利用强度时，模型的准确性会大大提高(Dodds and Oakes，2004)。

该回归模型的建立有助于理解土地利用类型的改变对水质的影响，并为以保护水质为目的的营养物基准推断提供了方法支撑。这将有利于区域决策者评估湖泊水质随土地利用类型变化而改变的情况。使用最新的卫星图像，模型可以扩展到包含研究区域内更多更详细的土地利用和土壤分布信息以描述更加可靠的相关关系。这将有利于对湖滨缓冲带和最佳管理实践(如最小或免耕活动、降低肥料和农药的施用量等)的影响进行评估。

2.5　小　　结

综上所述，基于线性回归模型最终确定营养物基准之前，需要对评价的响应关系和由这些关系推断的基准值的科学合理性进行系统地评估。具体而言，就是要考虑评估的关系模型是否能够准确地代表压力和响应变量之间已知的相关关系，并考虑评价的关系模型是否能够形成充分精确的决策。

本章中建立的简单线性回归模型和多元线性回归模型利用压力变量和响应变量之间的相关关系来推断湖泊营养物基准。其中压力变量主要是与营养物相关的变量，而响应变量(如 Chl *a*)能够间接反映水体的使用功能。这两种模型通过 Chl *a*将营养物浓度和水体的使用功能连接起来，能够制定不同功能水体的营养物基准。而土地利用类型与营养物关系模型是利用人为土地利用类型不存在的情况下推断营养物浓度，并将此时的营养物浓度定义为没有人类活动干扰下的营养物基准值。采用此种方法确定的基准值与水体的使用功能无关。

在采用线性回归模型进行压力-响应关系分析的时候，要求压力变量与响应变量能够用线性关系表示。但是，生物响应与营养物浓度梯度之间的关系通常是很细微的，有时很难通过线性响应关系发现(Brian et al.，2013)；而生态变量对环境梯度的响应也会呈现出非线性、非正态和异质性等特点(Legendre P and Legendre L，1998)。因此，可以采用其他的不同的方法来建立压力-响应关系，并确定营养物基准。

参 考 文 献

国家环境保护局. 1989. 水和废水监测分析方法. 第 3 版. 北京：中国环境出版社.

国家环境保护总局. 2002. 水和废水监测分析方法. 第 4 版. 北京：中国环境出版社.

Ahearn D S，Sheibley R S，Dahlgren R A，et al. 2005. Land use and land cover influence on water quality in the last free-flowing river draining the western Sierra Nevada，California [J]. Journal of Hydrology，313：234-247.

Aichele S S. 2005. Effects of urban land-use change on streamflow and water quality in Oakland County，Michigan，1970—2003，as inferred from urban gradient and temporal analysis [R]. US Geological Survey Scientific Investigations Report 2005—5016：22.

Bahar M M，Ohmori H，Yamamuro M. 2008. Relationship between river water quality and land use in a small river basin running through the urbanizing area of Central Japan [J]. Limnology，9：19-26.

Brian E H，Scott T J，Scott D L. 2013. Sestonic chlorophyll-a shows hierarchical structure and thresholds with nutrients across the Red River Basin，USA [J]. Journal of Environmental Quality，42：437-445.

Cardoso A C，Solimini A，Premazzi G，et al. 2007. Phosphorus reference concentrations in European lakes [J]. Hydrobiologia，584：3-12.

Carvalho L，Solimini A，Phillips G，et al. 2008. Chlorophyll reference conditions for European lake types used for intercalibration of ecological status [J]. Aquatic Ecology，42：203-211.

Chen Y W，Fan C X，Teubner K，et al. 2003. Changes of nutrients and phytoplankton chlorophyll-a in a large shallow lake，Taihu，China：An 8-year investigation [J]. Hydrobiologia，506-509：273-279.

Conley D J，Paerl H W，Howarth R W，et al. 2009. Controlling eutrophication：Nitrogen and phosphorus [J]. Science，323：1014-1015.

Dillon P J，Rigler F H. 1974. The phosphorus-chlorophyll relationship in lakes. Limnology and Oceanography，19：767-773.

Dodds W K，Carney E，Angelo R T. 2006. Determining ecoregional reference conditions for nutrients，secchi depth and chlorophyll a in Kansas Lakes and Reservoirs [J]. Lake and Reservoir Management，22(2)：151-159.

Dodds W K，Oakes R M. 2004. A technique for establishing reference nutrient concentrations across watersheds affected by humans [J]. Limnology and Oceanography—Methods，2：333-341.

Dodds W K，Welch E B. 2000. Establishing nutrient criteria in streams [J]. Journal of the North American Benthological Society，19：186-196.

Dong X，Bennion H，Battarbee R，et al. 2008. Tracking eutrophication in Taihu Lake using the diatom record：potential and problems [J]. Journal of Paleolimnology，40(1)：413-429.

Ferrier R C，Edwards A C，Hirst D，et al. 2001. Water quality of Scottish rivers：spatial and temporal trends [J]. Science of the Total Environment，265：327-342.

Ficklin D L，Stewart I T，Maurer E P. 2013. Effects of projected climate change on the hydrology in the Mono Lake Basin，California [J]. Climatic Change，116(1)：111-131.

Gandhi B，Puneet S，Luke M，et al. 2008. Assessment of economic and water quality impacts of land use change using a simple bioeconomic model [J]. Environmental Management，42：122-131.

Gibson G，Carlson R，Simpson J，et al. 2000. Nutrient criteria technical guidance manual：Lakes and reservoirs (EPA-822-B-00-001) [M]. United States Environment Protection Agency，Washington DC.

Gyawali S，Techato K，Yuangyai C，et al. 2013. Assessment of relationship between land uses of riparian zone and water quality of river for sustainable development of river basin，A case study of U-Tapao river basin，Thailand [J]. Procedia Environmental Sciences，17：291-297.

Harrell Jr F E，Lee K L，Mark D B. 1996. Multivariable prognostic models：issues in developing models，evaluating assumptions and adequacy，and measuring and reducing errors. Statistics in Medicine，28：361-387.

Hawkins P C，Olson J R，Hill R A. 2010. The reference condition：predicting benchmarks for ecological and water-quality assessments [J]. Journal of the North American Benthological Society，29：312-343.

Heiskary S，Walker W W. 1988. Developing phosphorus criteria for Minnesota lakes. Lake and Reservoir Management，4：1-9.

Huo S L，Ma C Z，Xi B D，et al. 2013b. Defining reference nutrient concentrations in southeast eco-region lakes, China [J]. Clean-Soil, Air, Water. Article first published online: 18 NOV 2013, DOI: 10. 1002/clen. 201300202.

Huo S L, Ma C Z, Xi B D, et al. 2014. Lake ecoregions and nutrient criteria development in China [J]. Ecological Indicator, 46: 1-10.

Huo S L, Xi B D, Ma C Z, et al. 2013c. Stressor-response models: A practical application for the development of lake nutrient criteria in China [J]. Environmental Science & Technology, 47(21): 11922-11923.

Huo S L, Xi B D, Su J, et al. 2013a. Determining reference conditions for TN, TP, SD and Chl-a in eastern plain ecoregion lakes, China [J]. Journal of Environmental Sciences, 25(5): 1001-1006.

Huo S L, Zan F Y, Chen Q, et al. 2012. Determining reference conditions for nutrients, chlorophyll a and Secchi depth in Yungui Plateau ecoregion lakes, China [J]. Water and Environment Journal, 26: 324-334.

Izydorczyk K, Carpentier C, Mrówczyński J, et al. 2009. Establishment of an alert level framework for cyanobacteria in drinking water resources by using the algal online analyser for monitoring cyanobacterial chlorophyll a [J]. Water Research, 43: 989-996.

Kisand V, Nõges T. 2004. Abiotic and biotic factors regulating dynamics of bacterioplankton in a large shallow lake [J]. FEMS Microbiology Ecology, 50: 51-62.

Le C F, Li Y M, Zha Y, et al. 2009. A four-band semi-analytical model for estimating chlorophyll a in highly turbid lakes: The case of Taihu Lake, China [J]. Remote Sensing of Environment, 113: 1175-1182.

Legendre P, Legendre L. 1998. Numerical Ecology[M], 2nd ed. Amsterdam, The Netherlands: Elsevier.

Lewis W M. 2002. Yield of nitrogen from minimally disturbed watersheds of the United States [J]. Biogeochemistry, 57/58: 375-385.

Li R Q, Dong M, Zhao Y, et al. 2007. Assessment of water quality and identification of pollution sources of plateau lakes in Yunnan (China) [J]. Journal of Environment Quality, 36: 291-297.

Liu E F, Shen J, Zhang E L, et al. 2010. A geochemical record of recent anthropogenic nutrient loading and enhanced productivity in Lake Nansihu, China [J]. Journal of Paleolimnology, 44: 15-24.

Liu J, Storch H, Chen X, et al. 2005. Simulated and reconstructed winter temperature in the eastern China during the last millennium [J]. Chinese Science Bulletin, 50: 2872-2877.

Miserendino M L, Casaux R, Archangelsky M, et al. 2011. Assessing land-use effects on water quality, in-stream habitat, riparian ecosystems and biodiversity in Patagonian northwest streams [J]. Science of the Total Environment, 409: 612-624.

OECD. 1982. Eutrophication of Waters: Monitoring, Assessment and Control [M]. Paris: OECD: 154.

Pan B Z, Wang H J, Liang X M, et al. 2009. Factors influencing chlorophyll a concentration in the yangtze-connected lakes [J]. Fresenius Environmental Bulletin, 18(10):1894-1900.

Pei H, Liu Q, Hu W, et al. 2011. Phytoplankton community and the relationship with the environment in Nansi Lake, China [J]. International. Journal of Environment Research, 5(1): 167-176.

Rawson D S. 1952. Morphometry as a dominant factor in the productivity of large lakes [J]. Verhangen Interna-tional Verein Limnology, 12: 164-175.

Reckhow K H, Arhonditsis G B, Kenney M A, et al. 2005. A predictive approach to nutrient criteria. Environmental Science and Technology, 39: 2913-2919.

Shen J L, Li Y, Liu, X J, et al. 2013. Atmospheric dry and wet nitrogen deposition on three contrasting lan d use types of an agricultural catchment in subtropical central China [J]. Atmospheric Environment, 67: 415-424.

Sliva L, Williams D D. 2001. Buffer zone versus whole catchment approaches to studying land use impact on river water quality [J]. Water Research, 35(14): 3462-3472.

Soranno P A, Cheruvelil K S, Stevenson R J, et al. 2008. A framework for developing ecosystem-specific nutrient criteria: Integrating biological thresholds with predictive modeling [J]. Limnology and Oceanography, 53(2): 773-787.

Suplee M W, Varghese A, Cleland J. 2007. Developing nutrient criteria for streams: An evaluation of the frequency distribution method. Journal of the American Water Resources Association, 43: 453-472.

Tong S T Y, Chen W. 2002. Modeling the relationship between land use and surface water quality [J]. Journal of Environmental Management, 66: 377-393.

Tu J, Xia Z G, Clarke K C, et al, 2007. Impact of urban sprawl on water quality in eastern Massachusetts, USA [J]. Environmental Management, 40: 183-200.

Tu J, Xia Z G. 2008. Examining spatially varying relationships between land use and water quality using geographically weighted regression I: Model design and evaluation [J]. Science of the Total Environment, 407: 358-378.

Tu J. 2009. Combined impact of climate and land use changes on streamflow and water quality in eastern Massachusetts, USA [J]. Journal of Hydrology, 379: 268-283.

US EPA. 1985. Guidelines for Deriving Numerical National Water Quality Criteria for the Protection of Aquatic Organisms and their Uses. PB85-227049. National Technical Information Service. Springfield, VA. US EPA. 2006. Data Quality Assessment: Statistical Methods for Practitioners. United States Environmental Protection Agency, Office of Water, Washington, DC.

US EPA. 2010. Using Stressor-response Relationships to Derive Numeric Nutrient Criteria [M]. EPA-820-S-10-001. U. S. Environmental Protection Agency, Office of Water, Washington DC.

WHO(World Health Organization). 2001. Guidelines for Drinking-Water Quality[M]. 4th ed. Geneva: World Health Organization.

Xu C, Xiang D Y, Xu H D, et al. 2011. Nutrient dynamics linked to hydrological condition and anthropogenic nutrient loading in Chaohu Lake (southeast China) [J]. Hydrobiologia, 661: 223-234.

Xu Y, Wang G X, Yang W, et al. 2011. Dynamics of the water bloom-forming microcystis and its relationship with physico chemical factors in Lake Xuanwu (China) [J]. Environmental Science Pollution Research, 17: 1581-1590.

Zhang E L, Cao Y M, Langdon P R, et al. 2012. Alternate trajectories in historic trophic change from two lakes in the same catchment, Huayang Basin, middle reach of Yangtze River, China [J]. Journal of Paleolimnology, 48: 367-381.

Zhang E L, Liu E F, Jones R, et al. 2010. 150-year record of recent changes in human activity and eutrophication of Lake Wushan from the middle reach of the Yangtze River, China [J]. Journal of Limnology, 69(2): 235-241.

Zhang W W, Li H, Sun D F, et al. 2012. A statistical assessment of the impact of agricultural land use intensity on regional surface water quality at multiple scales [J]. International Journal of Environmental Research and Public Health, 9: 4170-4186.

Zurawell R W, Chen H R, Burke J M, et al. 2005. Hepatotoxic cyanobacteria: A review of the biological importance of microcystins in freshwater environments [J]. Journal of Toxicology and Environmental Health Part B, 8: 1-37.

第三章 基于线性回归模型建立我国湖泊营养物基准

3.1 引 言

氮磷等营养物在较低的浓度条件下不会对水生生物产生毒害作用(Lamon and Qian, 2008)。但是由于营养物的过度排放会导致藻类的大量生长,引起水华的发生,并最终导致水生生物的大量死亡,严重破坏水生态系统和水体使用功能(Liu et al., 2011)。基于营养物在湖泊中产生的生态效应是否危及水体指定用途提出了数值化营养物基准的概念,超过这一营养物基准,水生生态系统的质量、性质及存在状态会发生巨大的变化(US EPA, 1998)。因此,湖泊营养物基准是指对湖泊产生的生态效应不危及其水体功能或用途的营养物浓度或水平,能够体现受到人类开发活动影响程度最小的地表水状况。数值化基准是基于水质进行污染控制的基础,能够为评价指定用途的可达性及水质目标的实现进程提供重要的条件(US EPA, 1998,2000,2008)。

目前,许多国家和地区已经形成了相应的湖泊生态分区来制定区域化营养物基准,以满足湖泊管理的需求。地理分类(即区域化)的识别过程是层次聚类的一部分,其目的是将相似的湖泊聚集在一起(Gibson et al., 2000)。美国环境保护局(US EPA)根据影响营养物负荷的各种因素,如地貌、土壤、植被和土地利用等,将美国大陆划分为 14 个具有相似地理特征的生态集中区,并绘制了不同分辨率水平和集合体的美国生态区域图。在生态分区的基础上,US EPA 建议并制定了生态区域化的营养物基准值(Gibson et al, 2000; Omernik, 1987)。欧洲《水框架指南》(WFD)依据流域(如物种的地理特性、地质及海拔)和湖泊因素(湖泊深度、面积及水体色度)等地理学差异性对水体类型进行分类,并为不同的生态质量系统制定了适合的区域化参照状态(Cardoso et al., 2007; Carvalho et al., 2008)。

US EPA 建议采用三种科学合理的经验方法制定区域数字化营养物基准,这三种方法分别为:参照状态法、机理模型和压力-响应模型(US EPA, 2000; Gibson et al., 2000; US EPA, 2010)。在区域内受人类活动影响较小的湖泊不存在或存在较少,同时古湖沼学或历史数据不易获得的情况下,压力-响应分析是推断营养物基准的一种合适的方法(Bowman and Somers, et al., 2005; Stoddard et al., 2006; Huo et al., 2013)。

我国是一个湖泊众多的国家,这些湖泊在文化、生态、经济等方面发挥着重要的作用(金相灿 等，1990；Ma et al.，2011)。但是湖泊的分布极不平衡。东部平原湖区特别是长江中下游地区是中国最大的淡水湖群，青藏高原湖区也集中了大量的湖泊，但大多数属于内陆咸水湖。近30年来，伴随着经济和科学技术的飞速发展，人类活动的方式和强度对湖泊产生了越来越大的影响，湖泊出现了一系列的生态环境问题，如水质污染导致水环境恶化和富营养化，淤积围垦导致洪水威胁不断，萎缩咸化导致生态退化等(Ma et al.，2011,2010)。而《地表水环境质量标准》(GB 3838—2002)中关于营养物的标准不能反映全国湖泊的区域差异性，同时对差异明显的湖泊缺乏相应的分类指导。由于缺乏区域化营养物基准作为富营养化控制的科学基础，目前国家对湖泊富营养化的管理仍处于欠保护的状态(刘鸿亮，2011)。因此应该在考虑生态区差异性的基础上为不同地理环境和气候区的湖泊制定适宜的区域化营养物基准，以便更好地实现水质保护的目标。

本章评价了中国湖泊富营养化的状态及发展趋势，划分了湖泊营养物生态分区，分析了不同生态区湖泊营养物效应的差异性，确定不同湖泊生态区营养物基准浓度，对区域营养物进行讨论并提出相应的对策建议。

3.2 营养物生态分区

3.2.1 生态分区方法

生态分区被定义为一种生态系统区域的映射分类法，即生态系统中生物与环境的关系相近似的区域(Omernik，1987)。湖泊营养物生态分区实质上是辨别出自然和人类活动对营养物影响相似的区域(Gibson et al.，2000)。湖泊营养物生态区的划分是制定区域化营养物基准的关键步骤。我国地域辽阔、自然环境复杂、气候特点各异，区域分异明显。需要在考虑反映营养物效应的地理空间差异的基础上，建立更加有意义的营养物基准，以便更好地为科学研究和政策管理服务。

基于湖泊生态系统表现出的区域格局建立了营养物生态区划分方法，该格局能够反映出原因变量对营养物效应的空间变异性。采用影响区域湖泊营养物效应差异性的因素来划分国家湖泊营养物生态区，这些因素包括气候(如降水和温度)、地形(包括海拔和地貌)和湿润指数等指标。研究表明许多因素之间的相互关系能够加强特定区域的可分辨性，这有利于营养物生态区的划分(Omernik，1987)。湖泊的海拔高度与综合营养状态指数(TLI_C)之间存在显著的负相关关系(曹金玲等，2011)，说明海拔会对湖泊的营养物效应产生强烈的影响。这主要是因为随着海拔的升高，温度的显著降低会抑制藻类的生长，并最终有利于减轻湖泊的富营养程度。光照和适宜的温度是藻类生长所必需的条件；降水除对湖水具有一定的稀释作用外，同时也会携带大量的营养物质进水湖泊，为藻类的生长繁殖提供营养基础。

由于我国地域辽阔、自然环境复杂、气候特点各异，区域分异明显。分布在不同的自然地理区域内的湖泊，在成因、类型、演变过程、物理、化学、生物学特性以及营养物效应和富营养化表现形式等方面均存在着显著的地域性差异。湖泊生态系统的格局与结构取决于不同尺度上多种要素的综合影响。其中，自然要素是影响水生态系统格局与结构的主要控制因素。大量研究表明，流域自然影响要素主要包括气象、水文、地质、地形、土壤和植被等。气候、土壤和地形的影响推动了河道水文和河流地貌过程。这些过程又影响水质、水流形式、物理栖息地、食物和能量资源以及生物交互作用，这些因素综合起来影响着生物群落。这些因素中每一个的作用都很可能随生态区的不同而变化。

根据各态遍历假说和稳态转换理论，初级生产力和营养输入的响应关系可用营养利用效率加以表征，营养物基准可由相对较大的空间范围内同类湖泊在大体相同时间获得的数据综合而成。

因此，湖泊营养物生态分区要充分考虑流域水生态系统具有空间尺度特性，以及系统结构和功能具有的等级层次性。在宏观尺度上，流域的气候、地貌、地质和土地利用等要素决定着河流湖泊的水文、地球化学等过程；在小尺度上，这种过程又决定着河流湖泊的基底类型、水沙特性、物理及化学特征。这些物理化学特性又影响着生物的生存条件与分布特征。宏观尺度上的影响因素作用范围大，长期稳定，包括区域地质和气候之类的自然特征（气候、地貌、土壤和植被类型），以及人类的长期的土地利用方式。中微观尺度的影响是不稳定的，而且作用范围小，在短期内（数年或者数十年）内影响水生态系统的特征；这些小尺度的影响因素受到大尺度影响因素的制约。

湖泊营养物生态分区是以湖泊流域内不同尺度的湖泊生态系统及其营养物影响因素为研究对象，应用空间自相关、生态格局与尺度等原理与方法，在湖泊区域差异性调查的基础上，综合运用数据融合技术、“3S”技术、多变量空间数据叠加等技术，对湖泊及其周围陆地系统进行区域分类，其目的是反映湖泊营养物在不同空间尺度下的分布格局。与一般意义上的生态分区和水文分区等自然地理分区不同，湖泊营养物生态分区过程需更多考虑自然因素与湖泊营养物之间的因果关系，力图通过不同尺度下的地形、气候、水文以及地貌类型等原因要素来反映湖泊营养物的基本特征。

一级分区采用“自上而下”原则，利用主导因素叠置法，以地貌类型和水热条件指标为主导因素，分别采用地貌类型＋气候带（纬向、经向）的空间叠置方法进行一级分区进行划分。采用高空间分辨率的本底数据，利用抽样分析与空间统计分析相结合的方法，对各指标数据进行空间化并导入 ArcGIS 平台中，生成湖泊营养物生态分区专题图（图 3-1）。在相同的概化水平上对降水、温度、海拔、地貌及湿润指数专题图进行编辑，用于我国湖泊营养物生态区的划分。

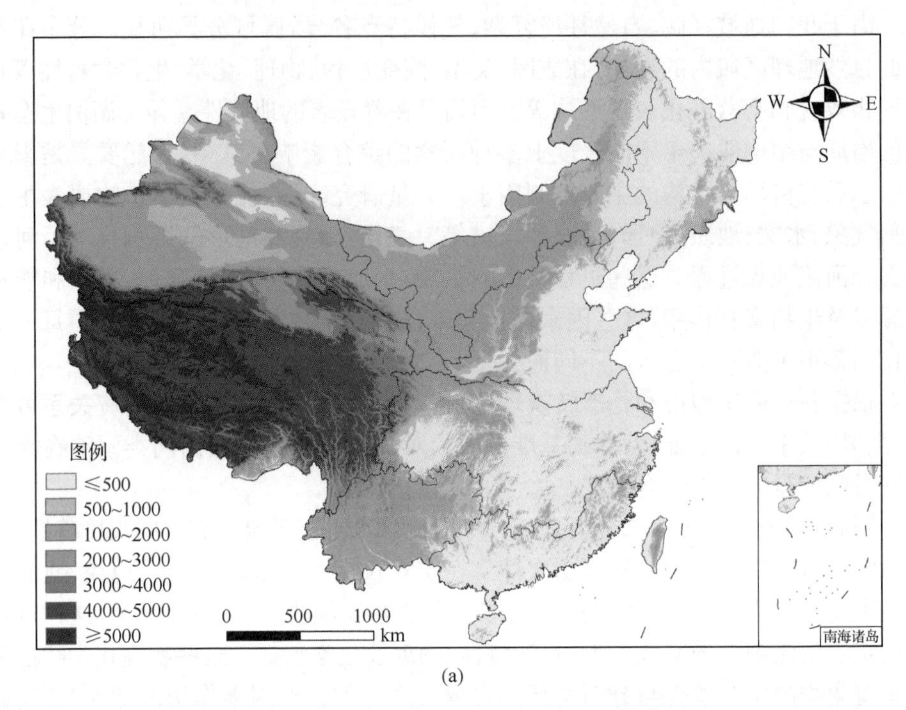
N
W
E
S
图例
≤500
500~1000
1000~2000
2000~3000
3000~4000
4000~5000
≥5000
0
500
1000
km
南海诸岛

(a)

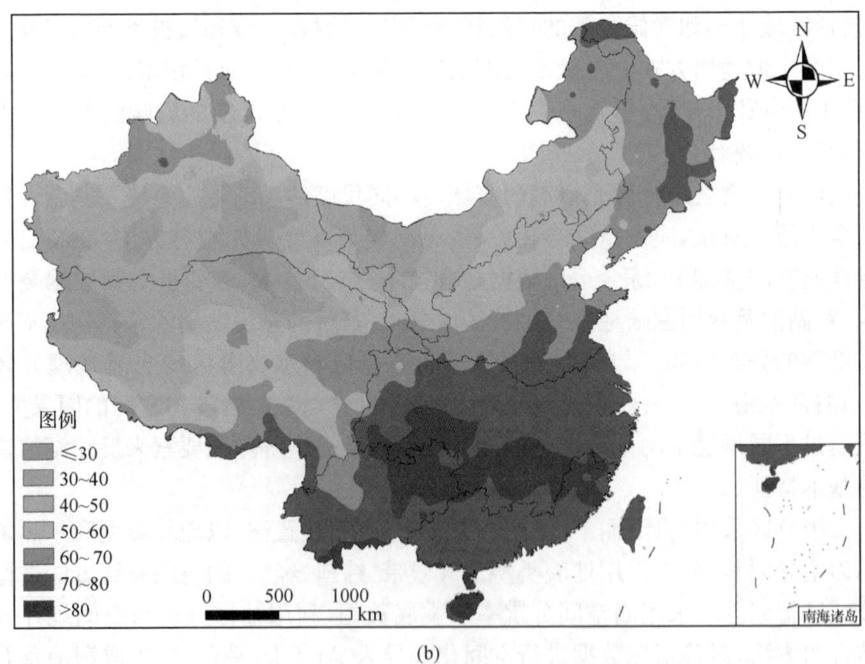
N
W
E
S
图例
≤30
30~40
40~50
50~60
60~ 70
70~80
>80
0
500
1000
km
南海诸岛

(b)

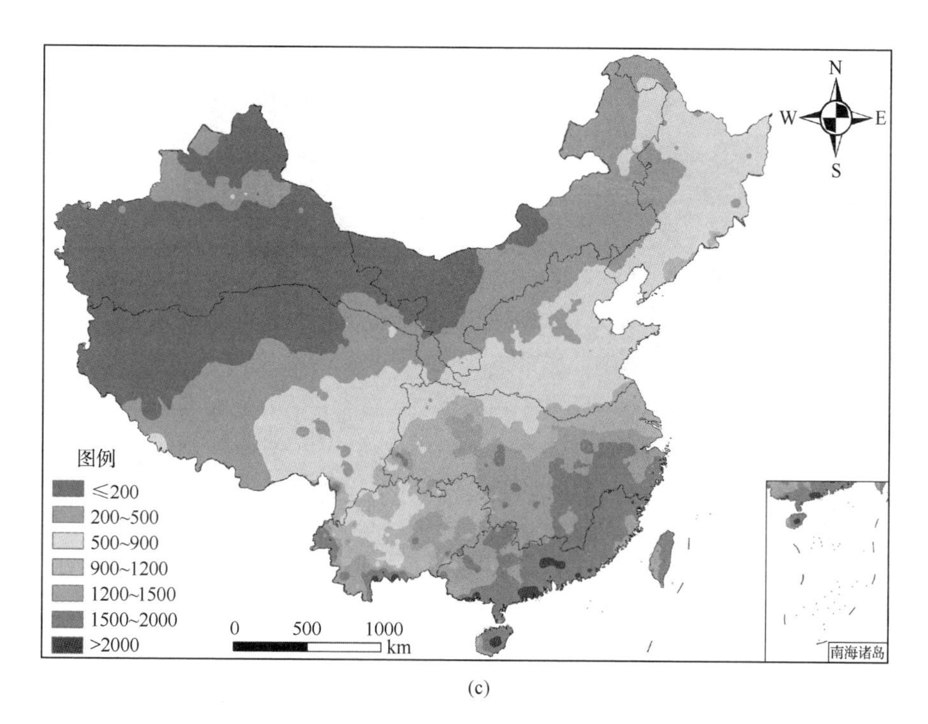
N
W
E
S
图例
≤200
200~500
500~900
900~1200
1200~1500
1500~2000
>2000
0
500
1000
km
南海诸岛

(c)

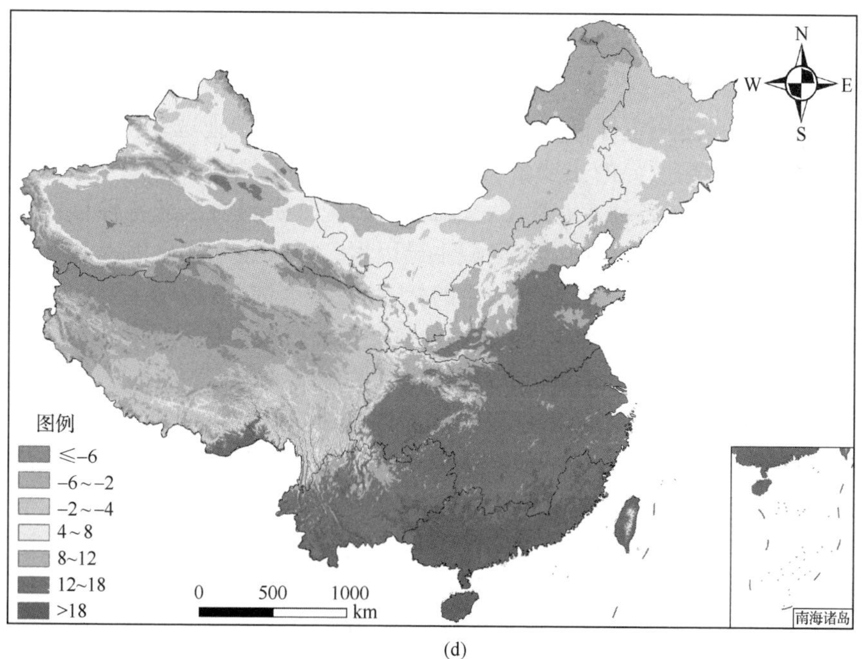
N
W
E
S
图例
≤-6
-6~-2
-2~-4
4~8
8~12
12~18
>18
0
500
1000
km
南海诸岛

(d)

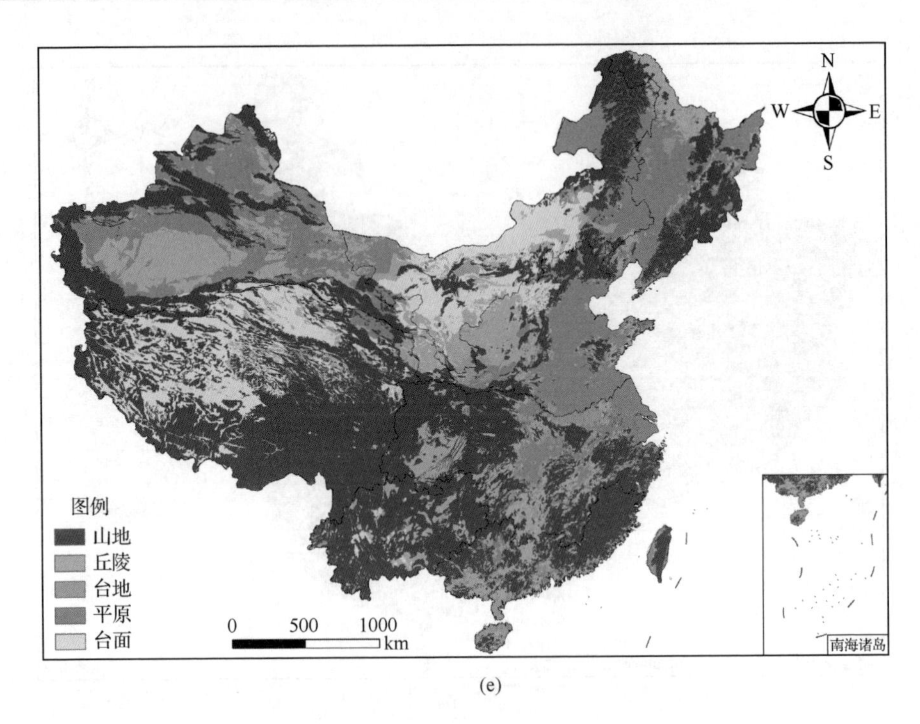

(e)

图 3-1　中国专题图

(a)海拔;(b)湿润指数;(c)降水;(d)年均气温;(e)地形地貌

本图另见书末彩图

在此基础上,运用主导标志法,通过综合分析选取反映地域分异主导因素的标志或指标,作为划定区界的主要依据。在进行一级分区时按照统一的指标划分。运用地理相关法通过各种专业地图、文献资料和统计资料对区域各种自然要素之间的关系进行相关分析,进而确定区域主导因素。反映这一主导因素的不仅仅是某一主要标志,而往往是一组相互联系的标志和指标,因此,运用主要标志或指标(如气候指标)划分区界时还需要考虑其他自然环境要素和指标(如地貌等)对区界进行订正。最终,结合专家判断,最终确定区划的边界。

首先,对五个重要的专题图进行分析,识别出具有相似降水、年均气温、海拔、地貌及湿润指数的区域。其次,借助 ArcGIS 软件的空间分析功能,对湖泊营养物生态分区专题图进行空间叠置分析(如图 3-2),估计每个专题图的概化水平。最后,以相重合的网格界限或它们之间的平均位置作为区域单位的界限。运用叠置法进行区划,并非是机械地搬用空间图层,而是要在充分分析比较各要素空间特征基础上依据主导因素来确定区域单位的界限,为湖泊营养物生态分区提供科学合理的依据。

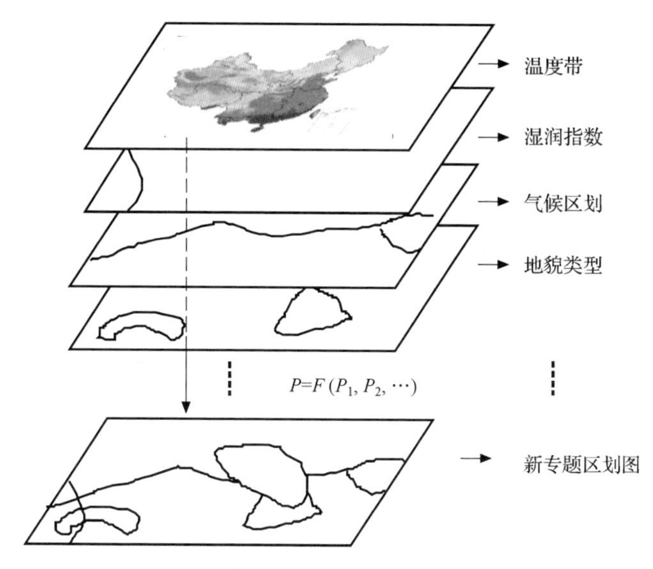

图 3-2　专题图叠置形成新专题图方法

3.2.2　湖泊营养物生态区

在主导因素叠置法和融合的基础上，考虑我国水资源三级分区的边界以及省级行政界限，将全国划分为八个湖泊营养物生态区(图 3-3)。湖泊营养物生态区

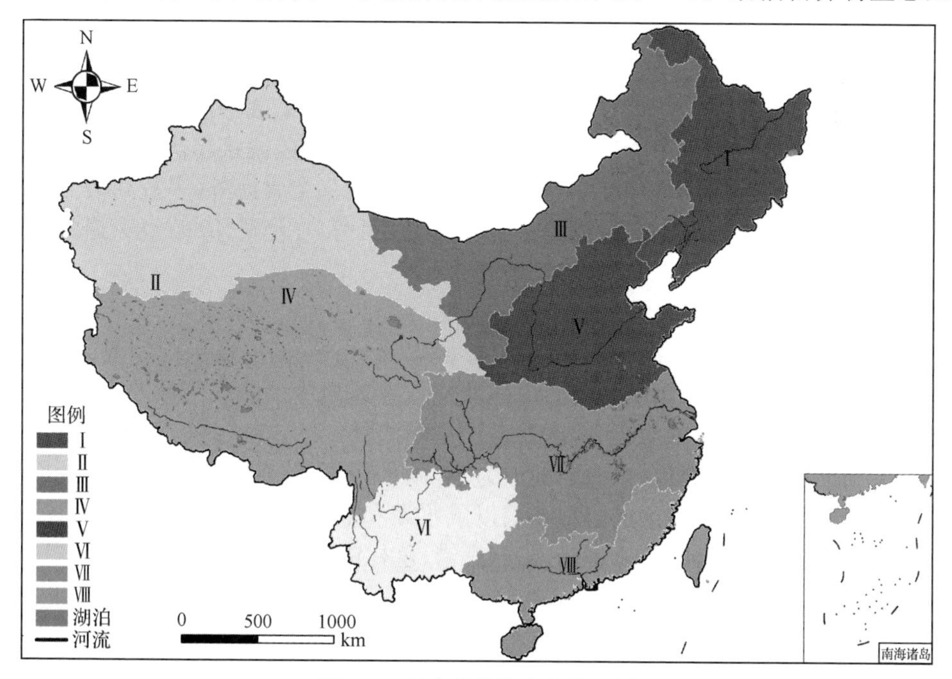

图 3-3　国家营养物生态分区图

刻画了每个生态区的主要特征，评价了每个专题图的精度和整体性，并有助于理解专题图之间区域内部显著的相互关系（Omernik，1987）。

Ⅰ东北湖泊生态区

本区位于东北地区，地处温带湿润、亚湿润季风型大陆气候区，≥10℃积温在1600～3200℃，北部部分地区甚至不足1600℃。夏短而温凉多雨，6～9月份的降水量约占全年降水量的70%～80%，汛期入湖水量颇丰，湖泊水位高涨，冬季寒冷多雪，湖泊水位低枯，湖泊封冻期较长。地貌包括山地和平原区，在平原地区有大片湖泊湿地分布，成因多与地壳沉陷、地势低洼、排水不畅和河流的摆动等原因有关，湖泊水浅而小，富含营养盐类，沉积有大量的有机质和腐殖质；在山区分布的湖泊成因多与火山活动关系密切。湖泊总面积约3900 km^2，主要包括兴凯湖、镜泊湖、松花湖、库尔滨水库等湖泊水库。

Ⅱ甘新湖泊生态区

该区包括新疆维吾尔自治区和甘肃省的大部分区域，地处内陆，气候干旱，降水稀少，地表径流补给不丰，超过湖水的补给量。地貌以波状起伏的高原或山地与盆地相间分布的地形结构为特征，一些大中型湖泊往往成为内陆盆地水系的汇聚区，并易发育成闭流类的咸水湖或盐湖。该区的湖泊主要包括博斯腾湖、喀纳斯湖、阿拉库里湖、艾比湖等。

Ⅲ宁蒙湖泊生态区

该区包括内蒙古自治区和宁夏回族自治区的全部区域，属中温带大陆性季风气候区，年干燥度系数为1.6～3.5，为亚干旱气候区。地貌以波状起伏的高原或山地与盆地相间分布的地形结构为主，除黄河河套地区的乌梁素海外，多数湖泊为内陆湖，湖泊较多咸水湖或微咸湖。湖泊主要包括乌梁素海、呼伦湖、岱海、达莱诺尔等。

Ⅳ青藏湖泊生态区

该区位于青藏高原，海拔多在3000～4000 m上下，湖泊成因类型复杂多样，但大多是发育在一些和山脉平行的山间盆地或谷地之中。该区气候严寒而干旱，冬季湖泊冰封期较长，降水稀少，冰雪融水是湖泊补给的主要形式，年内水位变幅较小。湖泊深居高原腹地，以内陆湖泊为主，湖水较深，除黄河、雅鲁藏布江、长江水系的河源区湖泊外，该区的多数湖泊以咸水湖和盐湖为主。该区的主要湖泊有青海湖、鄂陵湖、纳木错、羊卓雍错、当惹雍错、色林错等。

Ⅴ华北湖泊生态区

该区范围主要为黄河、淮河及海河中下游平原区，地处暖温带亚湿润大陆性季风气候区，≥10℃积温在 3900～5500℃，年降水量在 450～800 mm。湖泊的形成和发展与河流水系的演变有密切关系，在季风气候的支配下，降水分配不均，变率大，湖泊水情变化显著，水位的年内与年际有时相差较大。本区的主要湖泊有白洋淀、密云水库、南四湖等。

Ⅵ云贵湖泊生态区

纬度较低，属亚热带印度洋季风气候，光照充足，干湿季节转换明显，湖泊水位随降水量的季节变化而变化。湖水清澈，矿化度不高，多为吞吐型淡水湖，冬季亦无冰情出现。湖泊的空间格局受构造和水系控制，区内一些大的湖泊都分布在断层带或各大水系的分水岭地带，湖泊换水周期长，生态系统较脆弱。本区的主要湖泊有滇池、抚仙湖、洱海、程海等。

Ⅶ中东部湖泊生态区

该区分布在华中，以长江中下游、大运河沿岸地区湖泊为主，是我国湖泊分布密度最大的地区之一。该区濒临海洋，气候温暖湿润，水热条件优越，水系发达，河湖关系密切，湖泊的水源补给较丰。湖泊多是由构造运动和河流冲淤作用形成的外流湖，由于长期泥沙淤积，面积缩小，湖床被抬高，普遍呈浅水湖泊的特点，平均水深 2 m 左右，且降水分配不均，水位的年内与年际有时相差较大。湖泊多地势低平，水流缓慢，富含营养物质，气候温暖，光照充足，有利于藻类繁殖，且人类活动强度大，污水排放量大。该区的主要湖泊有太湖、鄱阳湖、洞庭湖、洪泽湖、巢湖、淀山湖等。

Ⅷ东南湖泊生态区

该区主要包括台湾、福建、广东、广西、海南等省(区)，以亚热带季风气候为主，广东、广西南部和海南均为热带季雨林气候。终年高温，年平均气温在 22℃以上，年降水量大，旱雨季明显，盛行热带气旋。地形特点以丘陵和山地为主，珠三角和西江沿岸平原是主要平原地区。福建、海南多山，海岸线漫长，区域内湖泊分布极不平衡，多为小型湖泊，湖泊水力停留时间短，在全国湖泊中所占比例极小。

不同湖泊生态区的主要特征总结如表 3-1 所示。

表 3-1　不同湖泊生态区的描述

湖泊生态区	气候	地貌类型	湖泊特征	不同变量 TSI 关系
东北	温带湿润、亚湿润季风型大陆气候区	山地和平原	小型浅水湖，含高浓度的有机质，季节性差异显著	TSI(SD)＞TSI(TP)＞TSI(Chl *a*)
甘新	温带暖温带干旱大陆性气候	高原、山地和盆地	中-大型深水、内陆湖，高盐度	TSI(SD)＞TSI (TP)＞TSI(Chl *a*)

续表

湖泊生态区	气候	地貌类型	湖泊特征	不同变量 TSI 关系
宁蒙	温带干旱大陆性季风气候	高原、山地和盆地	内陆湖，高盐度，主要为草型湖泊	TSI(SD)＞TSI(TP)＞TSI(Chl a)
华北	暖温带亚湿润大陆性季风气候	平原	湖泊水情变化显著	TSI(TP)＞TSI(SD)＞TSI(Chl a)
云贵	亚热带湿润季风气候	高原	主要为深水湖，换水周期长	TSI(SD)＞TSI(TP)＞TSI(Chl a)
中东部	亚热带湿润季风气候	平原	大型浅水湖，高悬浮物	TSI(TP)＝TSI(SD)＞TSI(Chl a)
东南	热带湿润季风气候	丘陵、山地和平原	小型浅水湖，换水周期短	TSI(TP)＝TSI(SD)＞TSI(Chl a)

采用 TN 与 TP 的比值来判别限制藻类生长的主要营养物质(Smith et al., 1997)。若 TN/TP 的值小于 7,表明湖泊处于氮限制状态;若 TN/TP 的值大于 10,说明湖泊处于磷限制状态;若 TN/TP 的值介于 7 和 10 之间,说明湖泊同时受到氮和磷两种营养物的限制(US EPA, 2000)。分析结果表明七个湖泊生态区中大多数湖泊的 TN/TP 值大于 10,说明这些湖泊大多数处于磷限制状态。本研究中对七个湖泊生态区进行分析并制定营养物基准(青藏高原湖泊生态区由于水质较好及部分数据缺失,不在本研究范围之内)。

3.3 数据来源和数据质量控制

收集的全国湖泊的数据主要来源于相关环境部门和科研机构,包括各省环境监测站的监测网络和课题组的调查数据,共计 177 个湖泊和水库 1988～2010 年的数据。监测指标包括作为压力变量的 TN、TP 和作为响应变量的 Chl a。这些指标均采用国家规定的标准测定方法(国家环境保护总局, 2002)进行监测。

为解决氮磷等营养物污染,采用线性回归模型法来评价、解释并推断七个湖泊生态区的数值化营养物基准。线性回归模型法包括简单线性回归模型和多元线性回归模型。

简单线性回归模型是响应变量与单一解释性变量(TN 或 TP)建立的压力响应模型。在给定的 Chl a 阈值条件下,根据可利用数据建立的回归模型,推断得到 TP 或 TN 的浓度范围,并拟定此浓度范围为研究区域营养物的基准范围。为了保证结果的可靠性,至少需要 20 个独立的样本对回归曲线进行拟合(US EPA, 2010)。多元线性回归模型是简单线性回归模型的延伸,是响应变量与两个或两个以上预测变量建立的压力-响应关系。除营养物之外的其他环境变量也对响应关系产生影响或不同的营养物对响应变量同时存在响应的情况下,采用多元线性回归模型可以得到更好的结果。

本章选择 TN 和 TP 为模型的压力变量，Chl *a* 为对应的生物响应指标，采用湖泊的年均值并利用线性回归模型构建合适的压力-响应模型。为了使数据满足正态分布，在进行分析之前，所有变量的数值都进行以 10 为底的对数转换（Tamhane and Dunlop，2000）。

3.4　我国湖泊富营养化状态及发展趋势

1958～1987 年开展的第一次全国湖泊资源调查结果表明：全国共有 2759 个面积大于 1.0 km^2 的天然湖泊，总面积达到 91 020 km^2（金相灿 等，1990）。但现在，我国境内天然湖泊的总面积已经锐减到了 81 415 km^2（>1.0 km^2），其中有 60 个新形成的湖泊，131 个新发现的湖泊，还有 243 个湖泊已经消失（Ma et al.，2010）。污水排放和农业活动导致的营养物的过度输入已经造成了湖泊严重的富营养化。富营养化这一长期存在的问题是造成现阶段中国湖泊面积显著降低的主要原因。富营养化的发生会造成水体中溶解氧的降低，严重影响水体的娱乐功能和饮用水功能，并最终造成夏季蓝藻水华频发。2010 年全国湖泊调查采用标准的野外分析方法和数据表格，并遵循严格的质量控制协议对 31 个省级行政单位的 177 个湖泊进行了调查。采用一系列物理、化学及生物指标评价了生物完整性、营养状态、娱乐价值及主要的压力指标。这些指标影响着湖泊的生物质量并代表了水资源质量的重要方面。根据综合营养状态评价指数（TLIc），所有调查的湖泊中有 3%处于贫营养状态，45%处于中营养状态，31%处于轻富营养状态，16%处于中富营养状态，还有 5%为重富营养状态（图 3-4）。这说明全国有超过一半的湖泊面临着不同程度的富营养化的威胁，在长江中下游地区浅水湖的富营养化现象更加严重。

3.5　生态分区湖泊营养物效应

表 3-2 列出了七个湖泊生态区中 Chl *a*/TP 和 Chl *a*/TN 统计学特征。东北湖泊生态区对应的 Chl *a*/TP 和 Chl *a*/TN 值较低，这说明营养物转化为藻类生物量的效率较低。根据透明度（SD）、TP 和 Chl *a* 分别计算出的各项营养状态指数（TSI）显示，TSI（SD）远远大于 TSI（Chl *a*），TSI（TP）的值介于两者之间[即 TSI（SD）>TSI（TP）>TSI（Chl *a*），如表 3-1 所示]。该生态区的大部分湖泊分布在林地和草地附近，水体中富含大量的营养盐，沉积物中含有大量的有机质和腐殖质（金相灿 等，1990；Ma et al.，2011），这都显著增加了水体中的溶解性色度。这是影响该生态区水体透明度并抑制藻类生长的主要原因（Carlson，1977；Carlson and Havens，2005）。同时高纬度造成的低温也可能是藻类对营养物响应水平较低的原因。

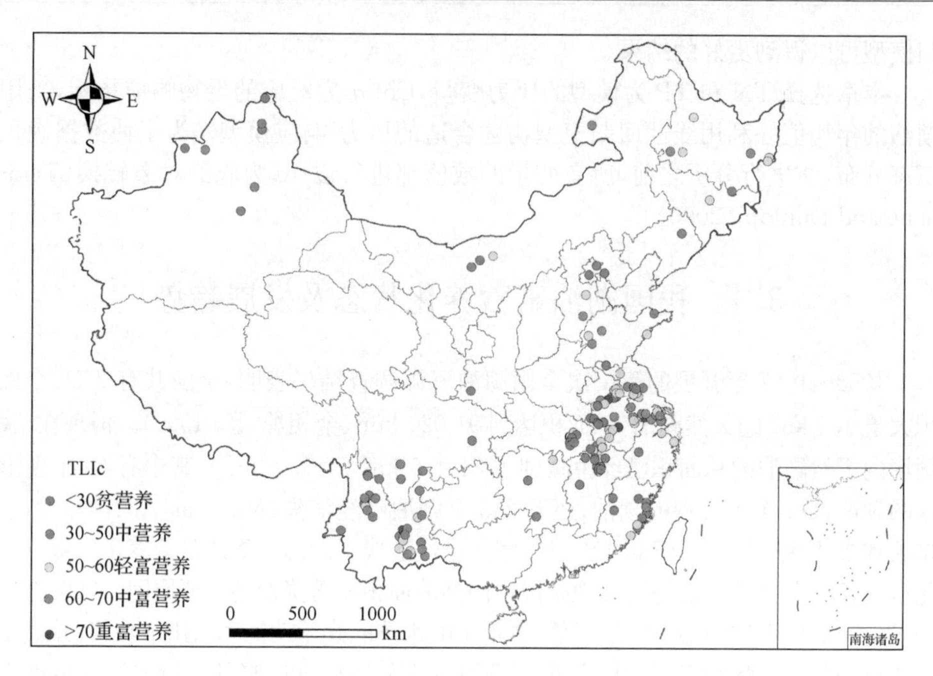

图 3-4 中国湖泊营养状态分布图

表 3-2 七个湖泊生态区 Chl *a*/TP 和 Chl *a*/TN 的统计结果

参数	湖泊生态区						
	东北	甘新	宁蒙	华北	云贵	中东部	东南
Chl *a*/TP							
均值	0.097	0.139	0.036	0.217	0.334	0.146	0.188
中值	0.050	0.122	0.024	0.181	0.273	0.124	0.145
最小值	0.005	0.021	0.002	0.025	0.018	0.002	0.007
最大值	0.352	0.339	0.234	0.903	1.105	0.525	0.726
下四分位	0.030	0.092	0.016	0.049	0.154	0.070	0.080
上四分位	0.154	0.192	0.032	0.282	0.442	0.195	0.250
标准误差	0.023	0.017	0.004	0.027	0.023	0.009	0.017
Chl *a*/TN							
均值	0.005	0.007	0.003	0.006	0.014	0.011	0.009
中值	0.003	0.004	0.002	0.003	0.012	0.008	0.007
最小值	0.0003	0.0007	0.0004	0.0000	0.0003	0.0002	0.0010
最大值	0.021	0.021	0.026	0.050	0.042	0.044	0.039
下四分位	0.002	0.003	0.001	0.002	0.008	0.004	0.002
上四分位	0.008	0.008	0.004	0.006	0.017	0.014	0.002
标准误差	0.0014	0.0013	0.0003	0.0002	0.0009	0.0007	0.0008

甘新湖泊生态区对应的 Chl *a*/TP 和 Chl *a*/TN 值高于东北湖泊生态区，主要是因为该区日照充分，有利于藻类的生长。宁蒙湖泊生态区虽日照充足，但其大部分湖泊为藻型湖泊，因此其 Chl *a*/TP 和 Chl *a*/TN 的值在所有生态区中是最低的。甘新和宁蒙湖泊生态区的 TSI(TP)的值介于 TSI(SD)和 TSI(Chl *a*)之间[即 TSI(SD)>TSI(TP)>TSI(Chl *a*)]，主要是因为不含磷的悬浮颗粒物会在炎热而干燥的季节大量积聚，这使水体的透明度显著下降。

华北湖泊生态区大多数湖泊为浅水湖，易受到强烈光照的影响(Carvalho et al.，2008)，具有相对较大的 Chl *a*/TP (0.217)和 Chl *a*/TN (0.006)。TSI(SD)的值大于 TSI (Chl *a*)，不同变量 TSI 值的大小顺序为 TSI(TP)>TSI(SD)>TSI(Chl *a*)，浮游动物的捕食作用可能会降低小颗粒物的含量，使含磷大颗粒物滞留在水体中(Carlson and Havens，2005)。这种效应产生的原因是：该生态区位于大陆性季风气候区，并且大多数的湖泊为浅水湖，可能会发生不均匀降水和沉积物的再悬浮。可以考虑通过对浮游动物的生物操纵(即增加大型浮游动物的生物量)来控制该生态区的藻类水华。

云贵湖泊对应的 Chl *a*/TP 和 Chl *a*/TN 值最高，说明该湖区藻类对氮磷的利用效率最高。这种现象的产生是由多种因素造成的，尤其是该湖区充足的阳光和适宜的温度(Huo et al.，2012)。同时，TSI(SD)>TSI(Chl *a*)，这说明该湖区中的 SD 不能用来作为与藻类水华有关的水体功能损害的指示性指标(Carlson and Havens，2005)。因为该生态区由很多深水湖组成，除藻类 Chl *a* 之外，悬浮颗粒物也会对水体的透明度产生影响。

分析表明中东部湖泊生态区的 Chl *a*/TP 和 Chl *a*/TN 值低于云贵湖泊生态区。中东部湖泊生态区分布在长江中下游地区，处于亚热带湿润季风气候区，大多数湖泊为浅水湖且光照充足，这都有利于藻类的生长繁殖(Huo et al.，2013)。然而，强烈的人类活动对生态区产生了显著的影响，大量的生活污水直接排入水体中，使水体中悬浮颗粒物的浓度显著增加。除此之外，中东部湖泊生态区的沉积物易在底栖大型无脊椎动物、风等其他外部因素的扰动下发生再悬浮(Vaughn and Hakenkamp，2001；Chung et al.，2009；Huang and Liu，2009)。因此，湖水中含有高浓度的悬浮颗粒物，抑制了藻类对营养物的有效利用。东南湖泊生态区比中东部湖泊生态区具有更高的 Chl *a*/TP 值，主要是因为该生态区具有更充足的光照和低浓度的悬浮颗粒物。中东部湖泊生态区中 TSI(TP)和 TSI(SD)的值相等，且均大于 TSI(Chl *a*)[即 TSI(TP)=TSI(SD)>TSI(Chl *a*)]，说明悬浮颗粒物中含有磷但不含 Chl *a*，且水体中磷的浓度和透明度之间具有良好的相关关系。同时非藻类颗粒物对光的衰减产生影响，因此 SD 不能作为藻类水华的指示指标。东南湖泊生态区也存在类似的趋势。

在研究的七个湖泊生态区中，SD 不能作为与富营养化相关藻类生长的响应变量，因为除藻类生物量之外，水体的透明度还容易受到光照、溶解性色度、悬浮颗粒物及有机物含量等因素的影响。因此，采用 Chl *a* 为响应变量，营养物浓度（如 TP、TN）为压力变量来建立压力-响应模型。同时，以上研究表明不同湖泊生态区的营养物效应存在显著差异，有必要分区制定营养物基准。

3.6 生态分区湖泊营养物基准的建立

利用湖泊现有的大量数据，评价压力指标（如原因变量 TP 和 TN）和响应指标（如生物指标 Chl *a*）之间的响应关系并采用线性回归模型建立压力-响应模型。所采用的响应指标应与水体指定用途存在直接或间接的相关性。依据给定的生物响应变量的阈值，通过压力-响应模型推断营养物基准。湖泊中 Chl *a* 浓度与藻类生物量之间存在显著的相关性（US EPA，2000；Gibson et al.，2000），通常作为响应变量。Chl *a* 通常会随着 TP 浓度的下降而降低。先前的研究表明 Chl *a* 与藻毒素之间存在显著的正相关关系（Izydorczyk et al.，2009；Song et al.，2007；Ye et al.，2009），因此可以用 Chl *a* 来评价细胞内藻毒素的含量（Fastner et al.，1999；Lindholm and Meriluoto，1991）。藻类水华产生的藻毒素严重威胁了水生态系统的服务功能，包括饮用水供应、水生生物生长和娱乐用水（Song et al.，2007）。世界卫生组织（WHO，2003）建议将饮用水中藻毒素的参考值定为 1 μg/L 以保护人体健康。德国进行的一项研究表明藻毒素与 Chl *a* 的比值大约在 0.1～0.5 的范围内，最大值为 1～2（Meriluoto and Spoof，2008）。因此，为了保证饮用水供应的安全，Chl *a* 的基准浓度应定义在 2～10 μg/L 的范围以下。本研究将 2 μg/L、5 μg/L 和 10 μg/L 定为 Chl *a* 合理的基准浓度，能够保证饮用水功能的实现，并有利于防止湖泊欠保护和过保护现象的发生。

对 TN/TP 值的分析表明，所有研究的生态区湖泊为磷限制型湖泊，说明磷是限制藻类生长的主要营养物。但有些研究表明在某些内陆湖中氮也同样会限制藻类的生长（William et al.，2011）。因此，基于以上考虑，在研究的七个湖泊生态区分别建立 lgChl *a*- lgTP 和 lgChl *a*- lgTN 的简单线性回归模型（由于缺乏监测数据，青藏高原湖泊生态区在本研究中不予考虑）。

利用七个生态区湖泊监测指标 Chl *a*、TP 和 TN 的年均值分别建立关于 lgChl *a*-lgTP 和 lgChl *a*-lgTN 的简单线性回归模型，建立的模型如图 3-5 和表 3-3 所示。同时，对建立的每个模型中预测值的残差正态图及残差与预测值的关系图进行了分析，如图 3-6 和图 3-7 所示。从图 3-6 和图 3-7 可以看出，不同湖泊生态区建立的 lgChl *a* 对 lgTP 和 lg TN 模型的残差均符合正态分布，且 lgChl *a* 对应的残差值分别分布在常数范围之内。这说明建立的简单线性回归模型能够满足线性和方差齐次的假设且具有良好的拟合效果，可以采用建立的模型推断营养物基准，并采用 90%置信区间估计均值固有的不确定性。从图 3-5 和表 3-3 中可以看出，在所有研究的生态区中 lgChl *a* 与 lgTP 之间都存在显著的正相关关系（$p<0.001$），

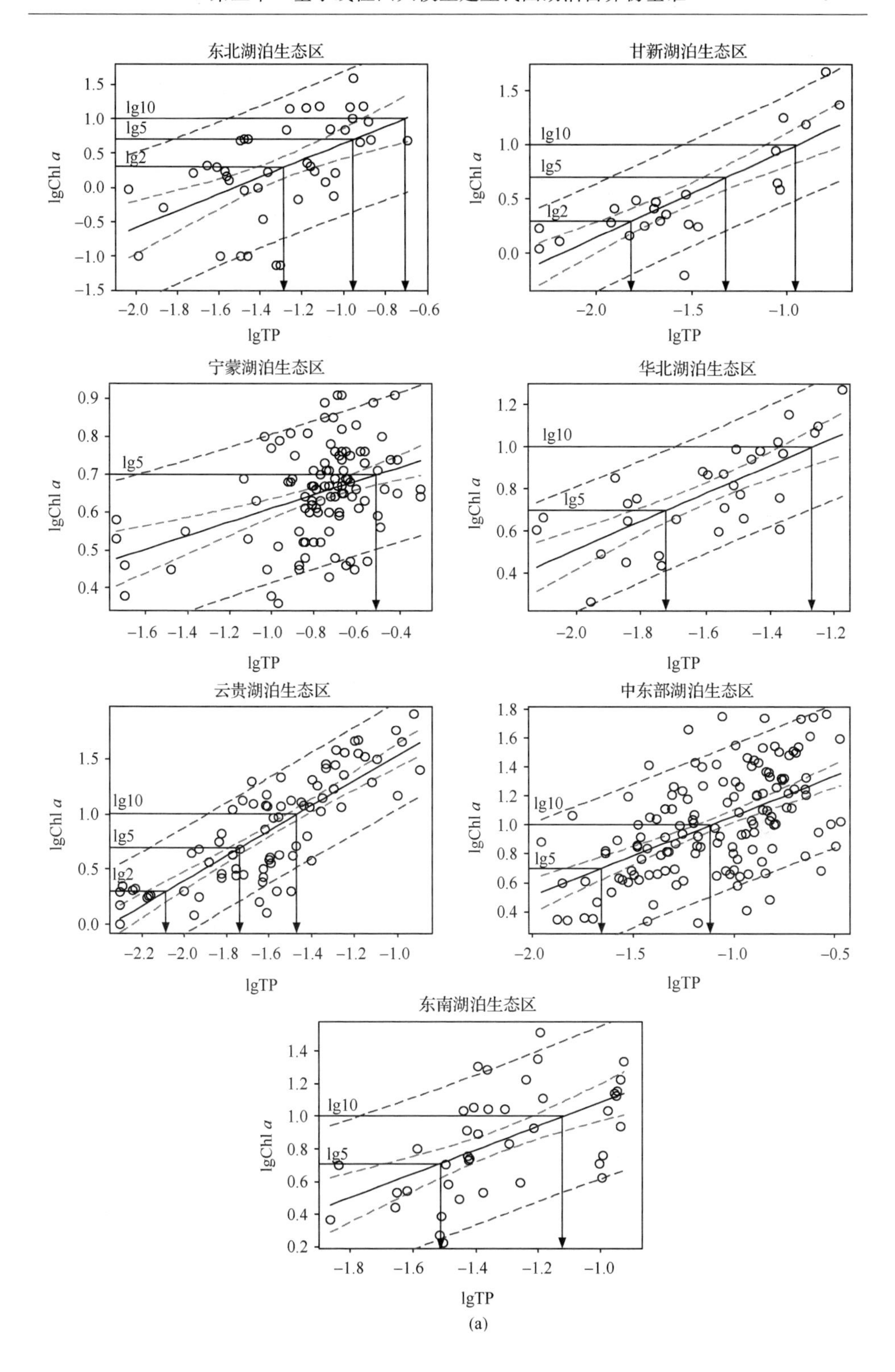
东北湖泊生态区
甘新湖泊生态区
宁蒙湖泊生态区
华北湖泊生态区
云贵湖泊生态区
中东部湖泊生态区
东南湖泊生态区
lg10
lg5
lg2
lgChl a
lgTP

(a)

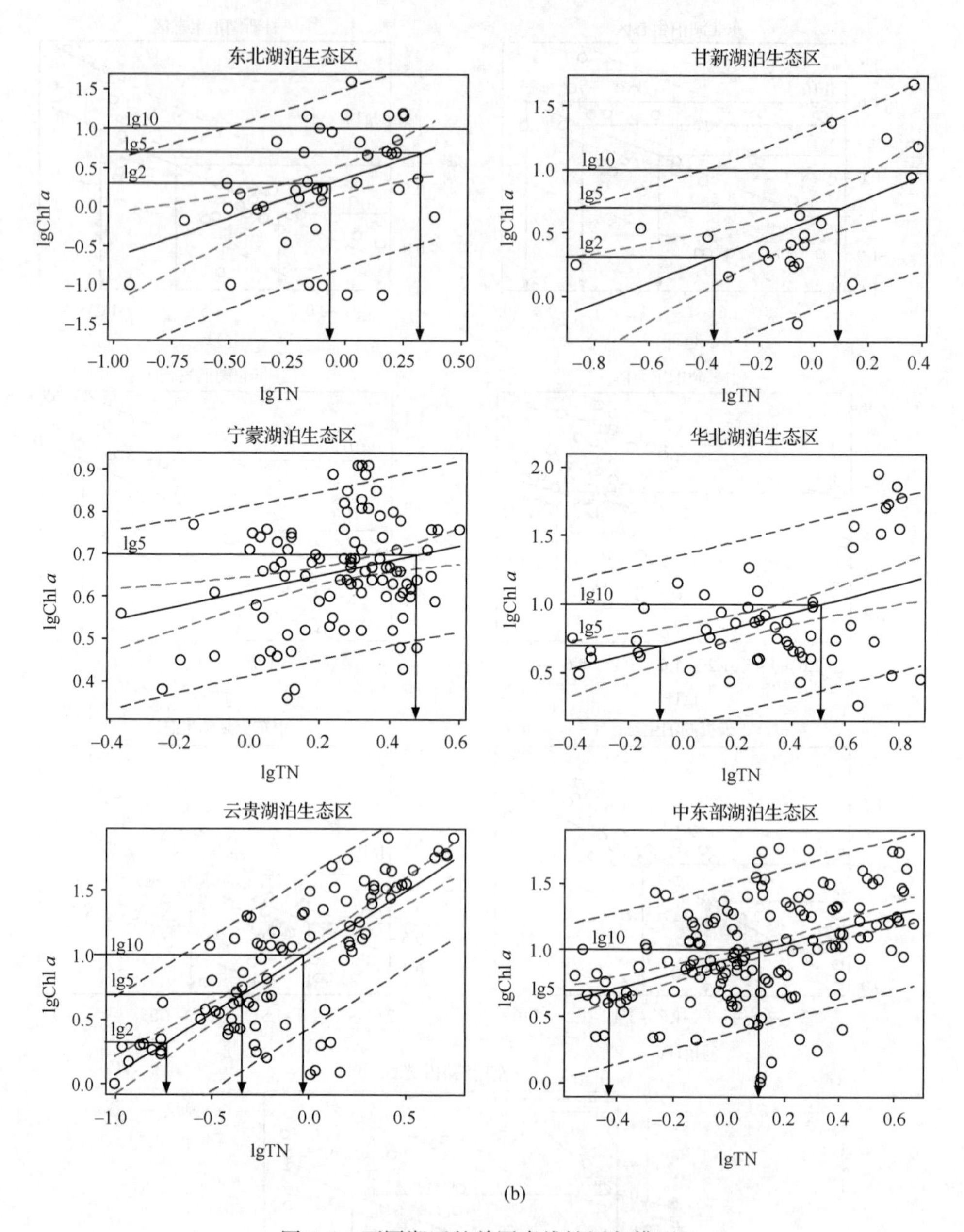

(b)

图 3-5　不同湖区的单因素线性回归模型

(a)lgChl a 与 lgTP 响应关系；(b)lgChl a 与 lgTN 响应关系

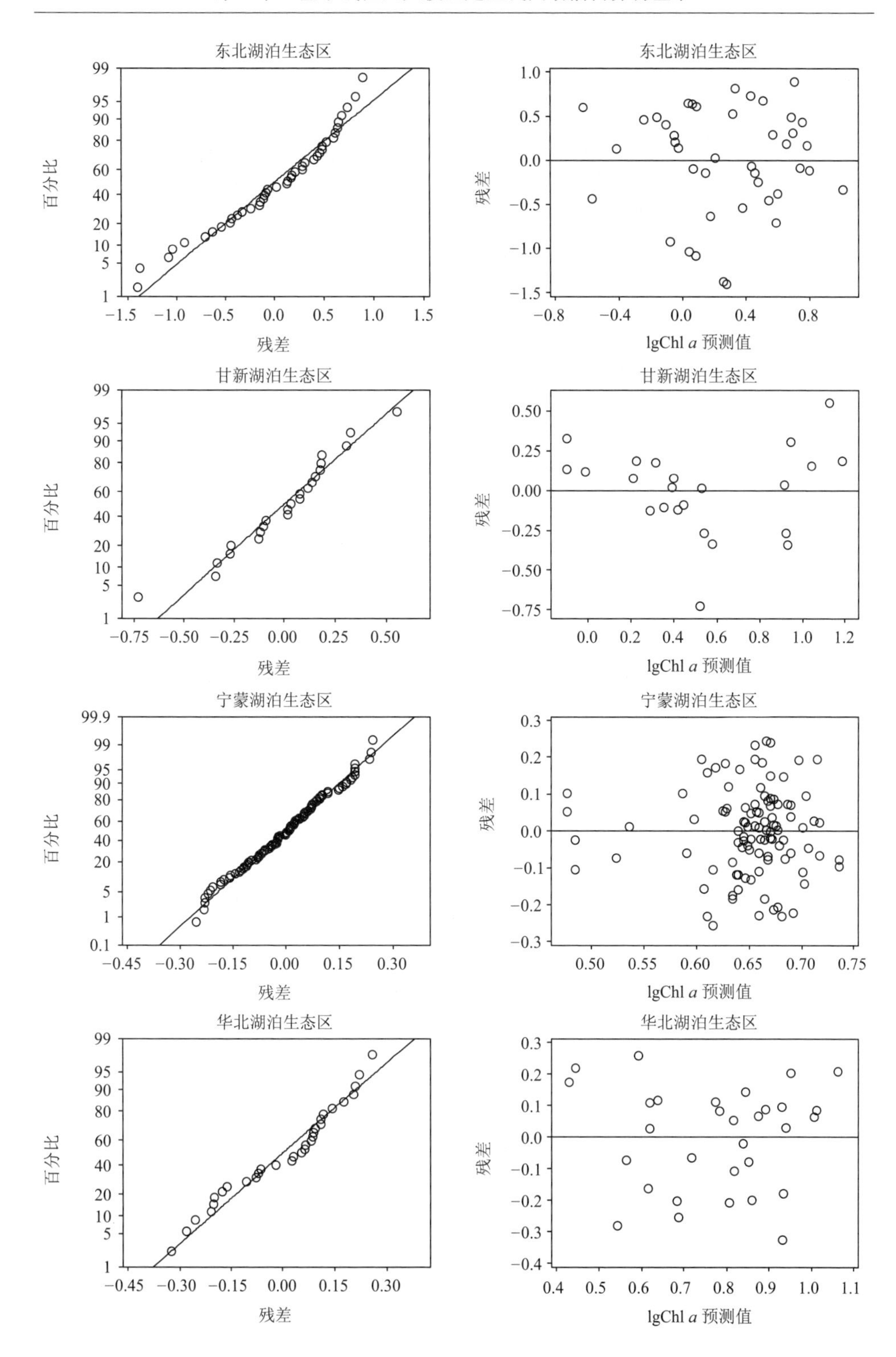
东北湖泊生态区
百分比
残差
东北湖泊生态区
残差
lgChl a 预测值
甘新湖泊生态区
百分比
残差
甘新湖泊生态区
残差
lgChl a 预测值
宁蒙湖泊生态区
百分比
残差
宁蒙湖泊生态区
残差
lgChl a 预测值
华北湖泊生态区
百分比
残差
华北湖泊生态区
残差
lgChl a 预测值

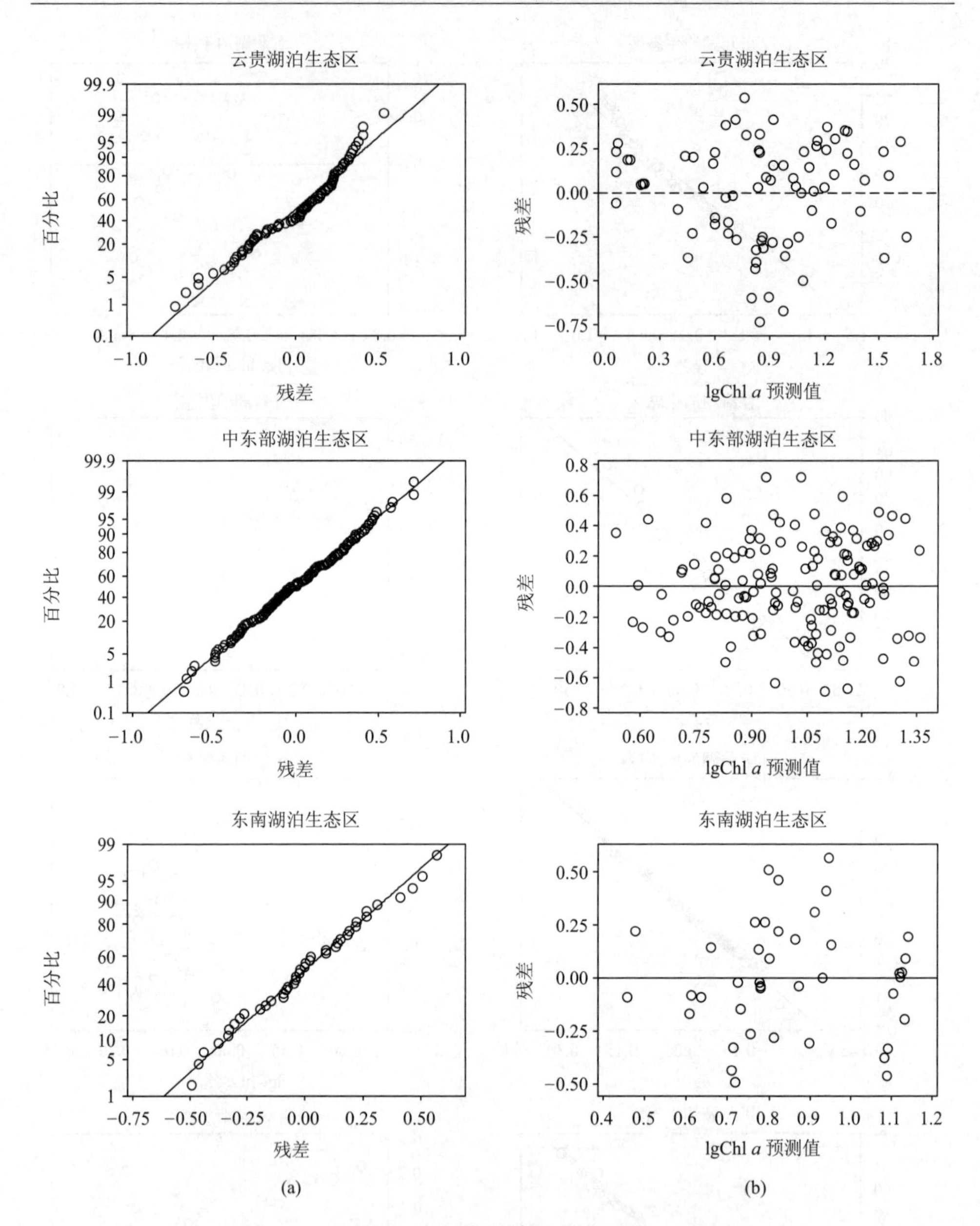

图 3-6　不同湖区建立的模型中
lgChl *a* 对 lgTP 的残差正态图(a)及 lgChl *a*-lgTP 中残差与预测值的关系(b)

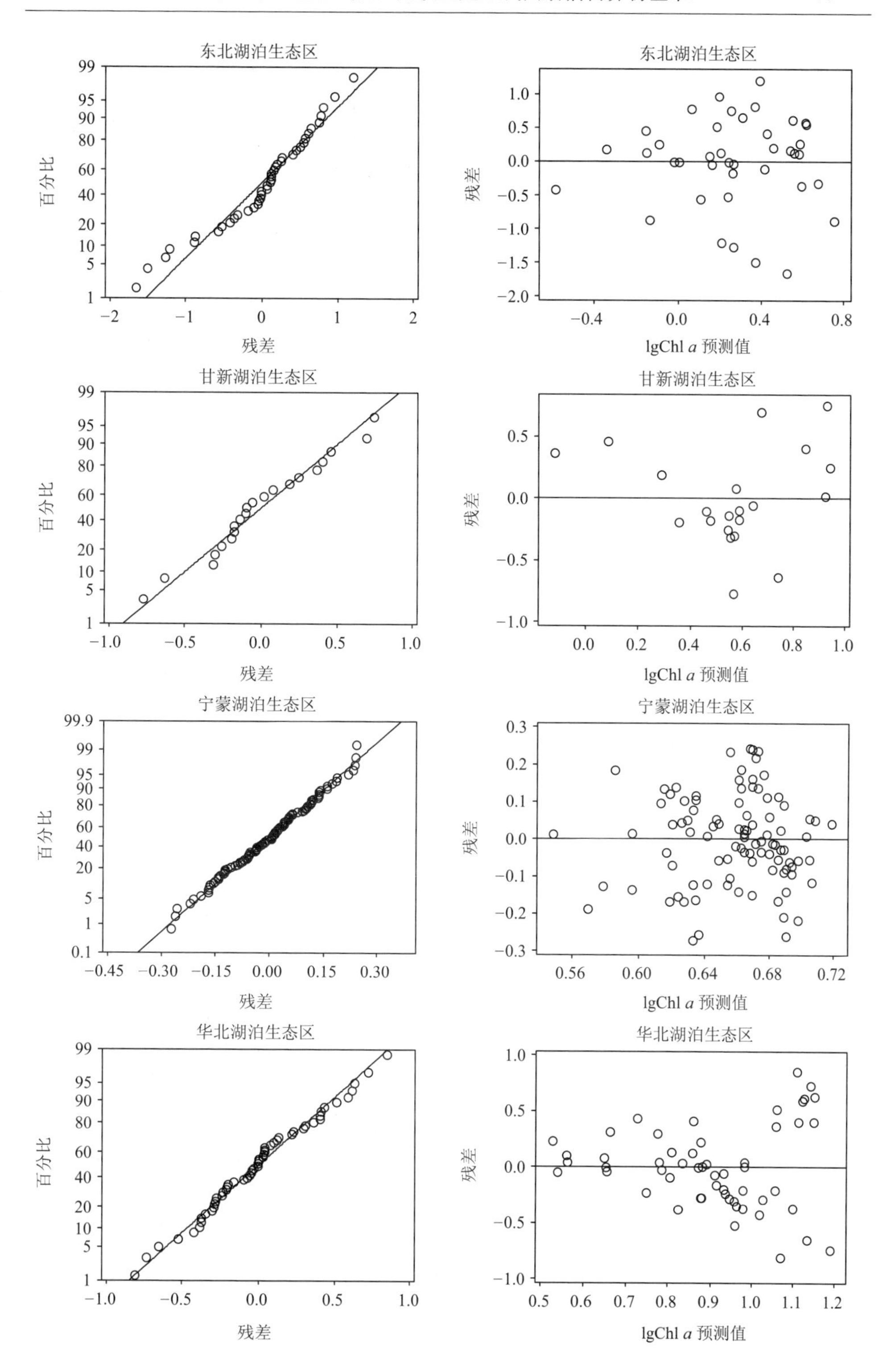
东北湖泊生态区
百分比
残差
残差
lgChl a 预测值
甘新湖泊生态区
宁蒙湖泊生态区
华北湖泊生态区

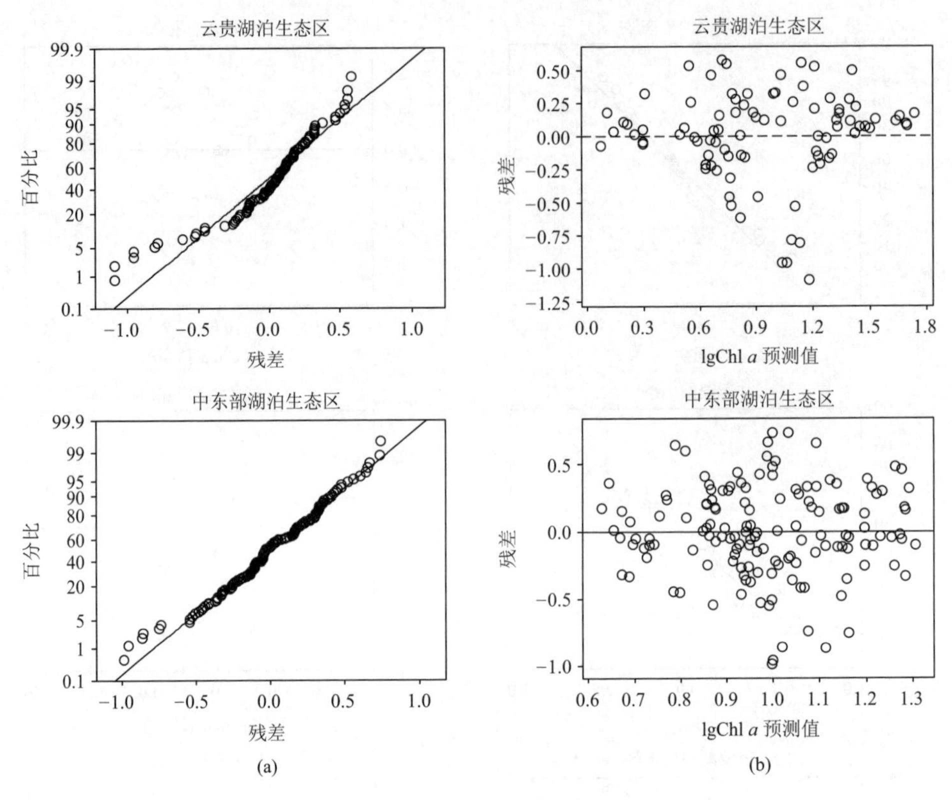

图 3-7 不同湖区建立的模型中

lgChl *a* 对 lgTN 的残差正态图(a)及 lgChl *a*-lgTN 中残差与预测值的关系(b)

这表明 lgTP 的降低将导致 lgChl *a* 响应值的显著下降。但对 lgChl *a* 与 lgTN 的关系来说,并不是在所有的生态区中都存在良好的相关性。在建立的响应关系中,东南生态区得到 lgTN 对应的 p 值大于 0.05,说明该生态区的 lgTN 不能合理解释 lgChl *a* 的变化规律。同时,可以看出对同一个生态区,lgChl *a*-lgTP 之间的相关性显著高于 lgChl *a*-lgTN 之间的相关性,这一现象可以用磷限制型湖泊来解释。在研究的生态区中,云贵湖泊生态区存在最强的 lgTP 与 lgChl *a* 压力-响应关系,主要是因为该生态区的大部分湖泊为深水湖,具有较长的水力停留时间和充足的阳光,lgChl *a* 对 lgTP 的相关性更明显。

表 3-3 不同湖泊生态区单因素和多因素线性回归模型的结果 (TP、TN 的单位:mg/L)

参数	系数	p	R^2	N	变量	预测范围 Chl *a*=2 μg/L	预测范围 Chl *a*=5 μg/L	预测范围 Chl *a*=10 μg/L
东北湖泊生态区								
截距(b)	1.862	<0.001**	0.293	41	TP	0.053±0.021	0.111±0.032	0.197±0.074
lgTP	1.220	<0.001**						

续表

参数	系数	p	R^2	N	变量	预测范围 Chl a=2 μg/L	预测范围 Chl a=5 μg/L	预测范围 Chl a=10 μg/L
东北湖泊生态区								
截距(b)	0.366	0.002**	0.166	40	TN	0.863±0.640	2.139±0.838	4.213±2.122
lgTN	1.015	0.008**						
截距(b)	1.694	0.001**	0.321	40				
lgTP	1.076	0.005**			—	—	—	—
lgTN	0.345	0.398			—	—	—	—
甘新湖泊生态区								
截距(b)	1.769	<0.001**	0.660	22	TP	0.016±0.005	0.048±0.022	0.113±0.036
lgTP	0.812	<0.001**						
截距(b)	0.620	<0.001**	0.310	20	TN	0.421±0.293	1.236±0.415	2.810±1.203
lgTN	0.847	0.009**						
截距(b)	1.773	<0.001**	0.699	20				
lgTP	0.817	<0.001**			—	—	—	—
lgTN	0.283	0.231			—	—	—	—
宁蒙湖泊生态区								
截距(b)	0.791	<0.001**	0.148	102	TP	0.002	0.309±0.203	14.279
lgTP	0.181	<0.001**						
截距(b)	0.613	<0.001**	0.069	99	TN	0.016	3.063±0.783	162.715
lgTN	0.175	0.008**						
截距(b)	0.756	<0.001**	0.176	98				
lgTP	0.159	0.001**			—	—	—	—
lgTN	0.095	0.16			—	—	—	—
华北湖泊生态区								
截距(b)	1.844	<0.001**	0.516	30	TP	0.005	0.019±0.004	0.054
lgTP	0.666	<0.001**						
截距(b)	0.736	<0.001**	0.184	53	TN	0.143	0.846±0.473	3.251
lgTN	0.515	<0.001**						
截距(b)	1.992	<0.001**	0.625	30				
lgTP	0.727	<0.001**			—	—	—	—
lgTN	−0.229	0.018			—	—	—	—

续表

参数	系数	p	R^2	N	变量	预测范围 Chl a=2 μg/L	预测范围 Chl a=5 μg/L	预测范围 Chl a=10 μg/L
云贵湖泊生态区								
截距(b)	2.670	<0.001**	0.656	78	TP	0.008±0.002	0.018±0.003	0.034±0.004
lgTP	1.137	<0.001**						
截距(b)	1.027	<0.001**	0.567	90	TN	0.173±0.049	0.453±0.078	0.937±0.159
lgTN	0.954	<0.001**						
截距(b)	2.056	<0.001**	0.806	64				
lgTP	0.673	<0.001**			TP	0.010	—	—
lgTN	0.478	<0.001**			TN	0.140	—	—
中东部湖泊生态区								
截距(b)	1.616	<0.001**	0.292	141	TP	—	0.022±0.007	0.076±0.012
lgTP	0.552	<0.001**						
截距(b)	0.934	<0.001**	0.198	146	TN	0.073	0.374±0.139	1.314±0.304
lgTN	0.555	<0.001**						
截距(b)	1.425	<0.001**	0.333	138				
lgTP	0.396	<0.001**			TP	—	0.023	—
lgTN	0.264	0.019*			TN	—	0.500	—
东南湖泊生态区								
截距(b)	1.810	<0.001**	0.326	40	TP	0.008±0.006	0.029±0.010	0.076±0.039
lgTP	0.725	<0.001**						
截距(b)	0.827	<0.001**	0	41	TN	—	—	—
lgTN	−0.011	0.96						
截距(b)	1.933	<0.001**	0.38	40				
lgTP	0.791	<0.001**			—	—	—	—
lgTN	−0.282	0.078			—	—	—	—

** 表示显著性水平为 0.01(双尾 t 检验)；* 表示显著性水平为 0.05(双尾 t 检验)。

表 3-3 列出了 lgChl a-lgTP 和 lgChl a-lgTN 简单线性回归模型的评估系数和截距，这也证实了不同生态区的 lgChl a-lgTP 和 lgChl a-lgTN 响应模型之间存在显著的差异性。从 lgChl a 与 lgTP 之间的压力-响应关系可以看出，东北和云贵湖泊生态区得到 lgTP 的斜率最高，说明随着 lgTP 浓度的升高，这些生态区的 lgChl a 浓度也将明显升高。宁蒙湖泊生态区对应的 lgTP 的斜率最低，主要是因为该生态区大部分湖泊为草型湖，并具有较高的盐度，这会抑制藻类的生长。在

lgChl *a*-lgTN 简单线性模型中也发现了相似的规律。

表 3-3 也揭示出 Chl *a* 与营养物之间存在非线性关系。对 Chl *a*-营养物响应关系进行求导分析表明云贵湖泊生态区中 Chl *a* 对 TP 或 TN 的平均响应效应最高,而后依次是华北、东南、中东部、甘新和东北湖泊生态区。宁蒙湖泊生态区中 Chl *a* 对 TP 或 TN 的响应效应最低。以上得到的结果与表 3-2 中对 Chl *a*/TP 和 Chl *a*/TN 分析结果是一致的。

在相同的响应阈值(Chl *a*=2 μg/L, 5 μg/L, 10 μg/L)条件下,采用简单线性回归模型推断得到 TP 和 TN 的基准浓度,如表 3-3 所示。结果表明,lgChl *a* 与 lgTP(或与 lgTN)之间的响应关系并不是恒定的,而是在其他因素的影响下不断变化的。从表 3-3 中可以看出,为了将各个生态区湖泊的 lgChl *a* 的值降低到相同的水平,东南湖泊生态区需要削减的 lgTP 和 lgTN 的浓度最低,说明东南生态区具有最高的输出/输入值。宁蒙湖泊生态区的营养物浓度在不同的响应梯度下变化程度最高:在 Chl *a* 值为 2 μg/L 时,该生态区推断得到的营养物浓度最低,但是当 Chl *a* 的浓度变为 10 μg/L 时,简单线性模型推断得到的营养物浓度显著增加。这主要是因为宁蒙湖泊生态区大多数湖泊为高盐度的草型湖,对藻类的生长具有显著的抑制作用。因此大量营养物浓度的升高不会造成浮游植物的大量繁殖,浮游植物对营养物响应的敏感性较低。因此,采用压力-响应关系模型来推断宁蒙湖泊生态区的营养物基准可能存在很强的不确定性。

为了确定满足不同湖泊生态区现状的 Chl *a* 基准阈值,对不同生态区水质较好的深水湖和水库对应的 Chl *a* 浓度进行了分析。在东北、甘新、华北、云贵、中东部和东南湖泊生态区选择的水质较好的湖泊或水库分别为:镜泊湖、博斯腾湖、门楼水库、抚仙湖、洞庭湖和安砂水库。分析表明,镜泊湖、博斯腾湖和抚仙湖 Chl *a* 的大多数监测浓度不超过 2 μg/L,比例分别为 92.7%、53.8%和 58.6%。门楼水库、洞庭湖和安砂水库 Chl *a* 的大多数监测浓度不超过 5 μg/L,比例分别为 77.8%、95.7%和 81.0%,如图 3-8 所示。

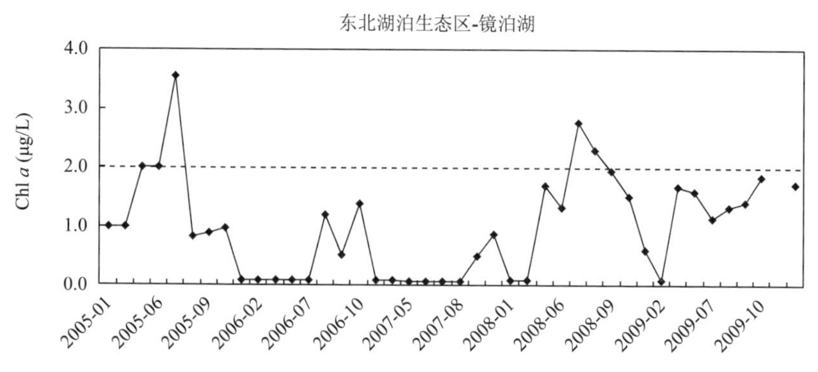

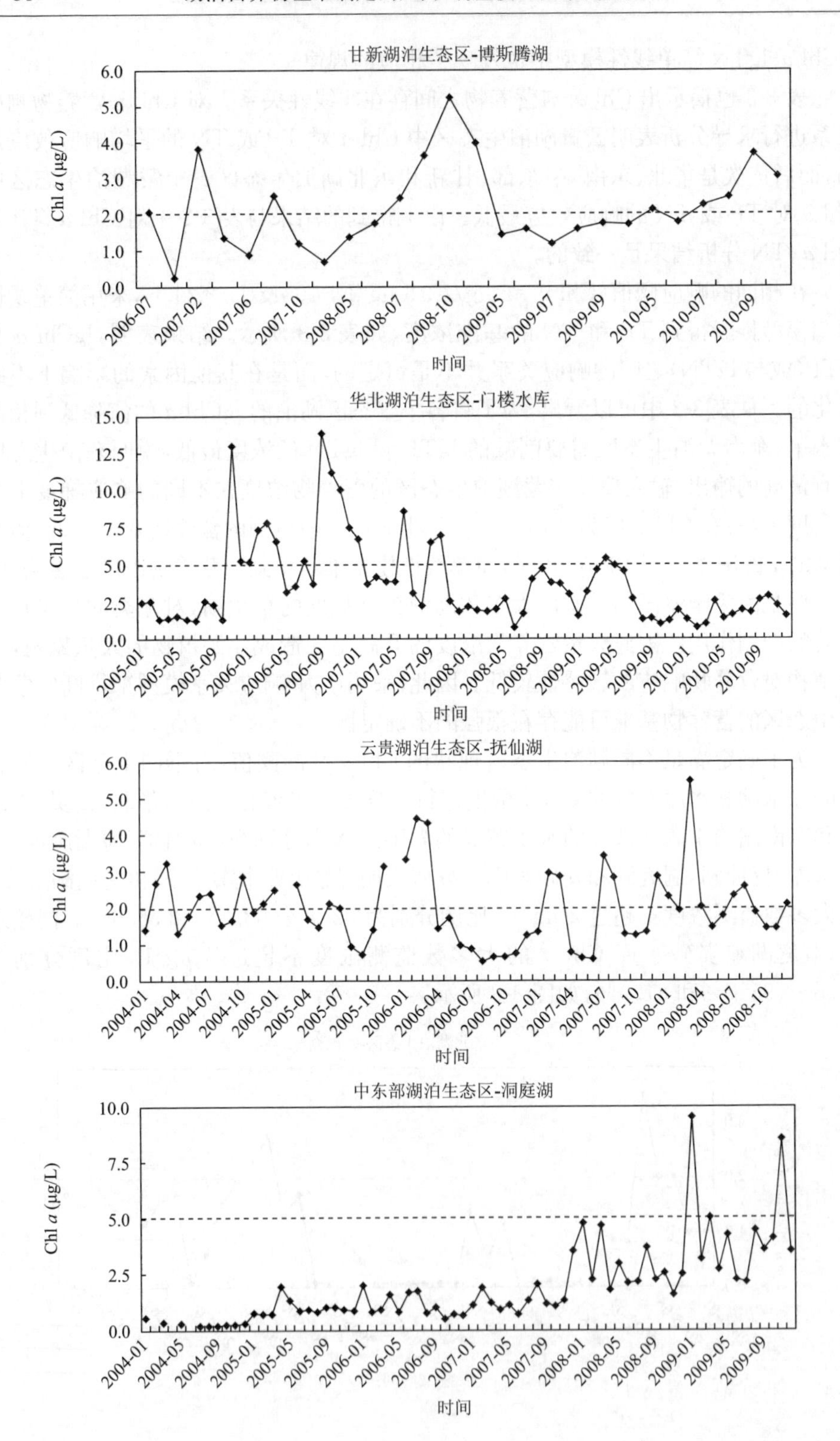
甘新湖泊生态区-博斯腾湖
Chl a (μg/L)
6.0
5.0
4.0
3.0
2.0
1.0
0.0
2006-07
2007-02
2007-06
2007-10
2008-05
2008-07
2008-10
2009-05
2009-07
2009-09
2010-05
2010-07
2010-09
时间
华北湖泊生态区-门楼水库
Chl a (μg/L)
15.0
12.5
10.0
7.5
5.0
2.5
0.0
2005-01
2005-05
2005-09
2006-01
2006-05
2006-09
2007-01
2007-05
2007-09
2008-01
2008-05
2008-09
2009-01
2009-05
2009-09
2010-01
2010-05
2010-09
时间
云贵湖泊生态区-抚仙湖
Chl a (μg/L)
6.0
5.0
4.0
3.0
2.0
1.0
0.0
2004-01
2004-04
2004-07
2004-10
2005-01
2005-04
2005-07
2005-10
2006-01
2006-04
2006-07
2006-10
2007-01
2007-04
2007-07
2007-10
2008-01
2008-04
2008-07
2008-10
时间
中东部湖泊生态区-洞庭湖
Chl a (μg/L)
10.0
7.5
5.0
2.5
0.0
2004-01
2004-05
2004-09
2005-01
2005-05
2005-09
2006-01
2006-05
2006-09
2007-01
2007-05
2007-09
2008-01
2008-05
2008-09
2009-01
2009-05
2009-09
时间

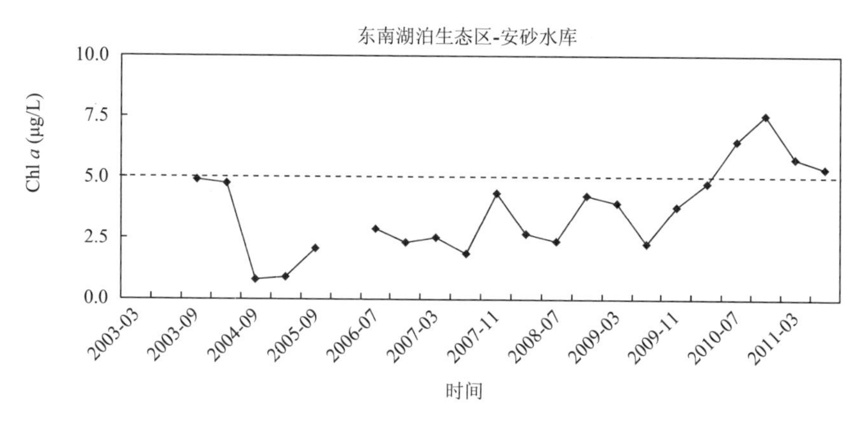

图 3-8　不同湖区选择湖泊 Chl *a* 随时间的变化趋势

选择水质较好的深水湖和水库来对 Chl *a* 响应阈值进行分析能够很好地预防水体欠保护或过保护的现象。因此，将东北、甘新及云贵湖泊生态区的 Chl *a* 响应阈值设定为 2 μg/L；华北、中东部和东南湖泊生态区 Chl *a* 响应阈值设定为 5 μg/L。由压力-响应模型推断得到六个湖泊生态区的营养物基准如表 3-3 所示。

与此同时，采用 lgTN 和 lgTP 同时作为压力变量在不同生态区建立关于 lgChl *a* 的多元线性回归模型。在所有湖泊生态区建立的多元线性回归模型中仅有云贵和中东部湖泊生态区建立的多元回归模型能够准确预测生态区未来的状态（$p<0.001$，表 3-3，图 3-9）。结果表明两个预测变量与 Chl *a* 浓度具有显著的相关性，且模型分别解释了两个生态区湖泊变异性的 80.6%和 33.3%。为了得到想要的 Chl *a* 基准浓度，需要指定对应 TN 和 TP 的浓度。为了使云贵湖泊生态区平均的 Chl *a* 浓度维持在 2 μg/L，指定 TP 的参照浓度为 0.010 mg/L，则可以推断 TN

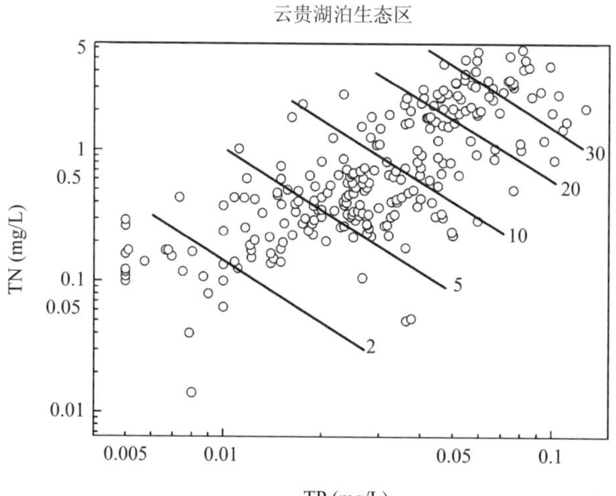

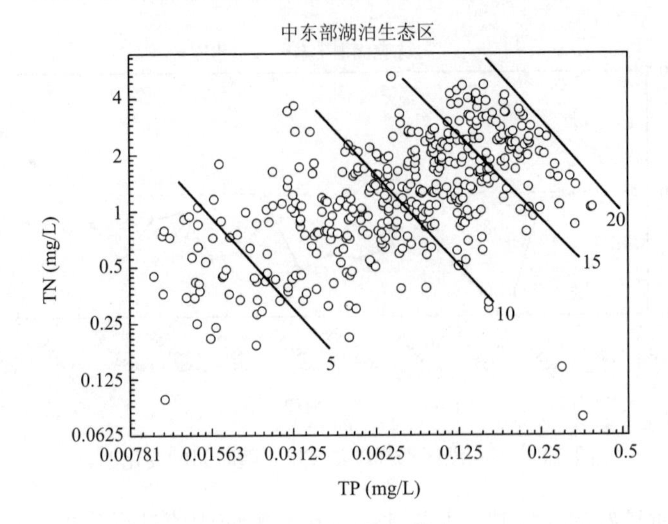

图 3-9 云贵和中东部湖泊生态区中 TP 和 TN 与 Chl *a* 的模拟关系

圆圈表示年均 TN 和 TP 的观察值；等高线表示特定 TN 和 TP 对应的 Chl *a* 的预测值

的基准浓度为 0.140 mg/L。如果将中东部湖泊生态区 TN 的浓度设定为 0.5 mg/L，则为了使其 Chl *a* 的平均浓度维持在 5 μg/L，推断得到 TP 的基准浓度大约为 0.023 mg/L。因此要保持平均 Chl *a* 的基准浓度不变，较低的 TN 浓度值需要较高的 TP 与之相对应。

对云贵和中东部湖泊生态区建立的压力响应关系表明磷氮两种元素都会对藻类的生长产生重要影响(Räike et al.，2003)。与单独降低其中一种营养物的浓度相比，将两种营养物的浓度同时降低会造成更多藻类的死亡。多元回归模型获得的营养物基准浓度在简单线性回归模型得到的浓度范围内，因此，将简单线性回归模型得到的营养物浓度范围作为各个湖泊生态区的营养物基准浓度范围。得到的营养物基准范围为：东北湖泊生态区为 TP(0.053±0.021)mg/L，TN(0.863±0.64) mg/L；甘新湖泊生态区为 TP(0.016±0.005)mg/L，TN(0.421±0.293)mg/L；华北湖泊生态区为 TP(0.019±0.0039)mg/L，TN(0.846±0.473)mg/L；云贵湖泊生态区为 TP(0.008±0.0018)mg/L，TN(0.173±0.049)mg/L；中东部湖泊生态区为 TP(0.022±0.007)mg/L，TN(0.374±0.139)mg/L；东南湖泊生态区为 TP(0.029±0.010)mg/L。

3.7 讨　论

以上研究结果表明，不同湖泊生态区的营养物基准存在显著差异。在 Chl *a* 响应阈值条件相同的情况下，东北湖泊生态区对应的 TP 和 TN 的基准值最大，而云贵湖泊生态区得到的基准值浓度最低。表明在缺乏人类活动影响的情况下，除了氮磷营养物之外的其他因素(如盐度、光照、水文和湖泊深度等)也会对藻类的生长产生促进或抑制作用。这一研究结果进一步证明了制定区域化营养物基准是科学合理地建立水质标准的核心内容。

根据湖泊生态区的大量数据,应该采用适当的合理的方法确定科学可靠的湖泊营养物基准。当区域内水质普遍恶化且存在充足的数据能够量化变量之间相关关系的条件下,压力-响应关系法是一种统计上科学合理的确定营养物基准的方法(Dodds et al., 2006)。生态区营养物基准的制定将为国家水质标准的制定和实施提供必要的技术支撑,避免我国湖泊欠保护和过保护现象的发生。通过营养物基准与湖泊实际水质状态的比较,湖泊管理者能够快速识别出处于富营养状态的湖泊、水库,及水体污染的程度。另外,管理者也可以利用建立的压力-响应模型确定与超过给定 Chl *a* 标准可接受的概率(即不能达到营养物基准的风险)相关的压力(营养物)水平。

不考虑经济和社会的发展,给出了不同湖泊生态区营养物基准浓度的可达性(表 3-4)。从表 3-4 中可以看出,东南、东北和甘新湖泊生态区中湖泊低于 TP 基准上限的概率较高,表明在这些生态区中较大数量的湖泊能够满足 TP 的基准值,生态保护和氮磷营养物削减是控制该生态区湖泊水质恶化的主要方法。云贵湖泊生态区中满足 TP 和 TN 基准值的湖泊百分比最低,表明该生态区的湖泊水质恶化严重,应该采取营养物削减措施来修复恶化的水质。华北和中东部湖泊生态区应该采用生态修复和营养物削减的方法来防止水体的持续恶化。尽管湖泊需要优先保护,但应该意识到保护和修复是同样重要的(Wang et al., 2010)。营养物基准的合理制定为水质保护提供了一个基础。

表 3-4　不同生态区湖泊 TN、TP 和 Chl *a* 满足基准的百分比

湖泊生态区	≤Chl *a* 基准(%)	≤TP 基准(%)			≤TN 基准(%)		
		≤下限	≤中值	≤上限	≤下限	≤中值	≤上限
东北	22.20	11.10	11.10	44.40	0.00	22.20	66.60
甘新	14.29	28.57	28.57	42.86	0.00	14.29	14.29
华北	28.57	14.29	14.29	21.43	0.00	21.43	35.71
云贵	14.29	7.14	7.14	7.14	2.38	4.76	4.76
中东部	20.00	6.67	14.44	21.11	0.00	7.78	17.78
东南	18.18	0.00	9.09	54.55	—	—	—

3.8 小　结

本章采用线性回归模型建立全国七大湖泊生态区的压力-响应关系模型,并根据给定的响应变量的基准值推断得到各个湖泊生态区的营养物基准值。响应变量给定基准值的确定应该与水体的使用功能相联系，可以根据不同的水体使用功能推断得到不同的营养物基准，有利于对不同湖泊生态区水体进行分级分类保护。

参考文献

曹金玲，许其功，席北斗，等. 2011. 第二阶梯湖泊富营养化自然地理因素及效应［J］. 中国环境科学，31(11)：1849-1855.

国家环境保护总局. 2002. 水和废水监测分析方法[M]. 第4版. 北京：中国环境科学出版社.

国家环境保护总局，国家质量监督检疫总局. 2002. 地表水环境质量标准[M]. GB 3838—2002. 北京：中国标准出版社.

金相灿，刘鸿亮，屠清瑛，等. 1990. 中国湖泊富营养化［M］. 北京：中国环境科学出版社：121-133.

刘鸿亮. 2011. 湖泊富营养化控制［M］. 北京：中国环境科学出版社.

Bowman M F, Somers K M. 2005. Considerations when using the reference condition approach for bioassessment of freshwater ecosystems [J]. Water Quality Research Journal of Canada, 40: 347-360.

Cardoso A C, Solimini A, Premazzi G, et al. 2007. Phosphorus reference concentrations in European lakes [J]. Hydrobiologia, 584: 3-12.

Carlson R E. 1977. A trophic state index for lakes [J]. Limnology and Oceanography, 22: 361-369.

Carlson R E, Havens K E. 2005. Simple graphical methods for the interpretation of relationships between trophic state variables [J]. Lake and Reservoir Management, 21(1): 107-118.

Carvalho L, Solimini A, Phillips G, et al. 2008. Chlorophyll reference conditions for European lake types used for intercalibration of ecological status [J]. Aquatic Ecology, 42: 203-211.

Chung E G, Bombardelli F A, Schladow S G. 2009. Modeling linkages between sediment resuspension and water quality in a shallow, eutrophic, wind-exposed lake [J]. Ecological Modelling, 220 (9-10): 1251-1265.

Dodds W K, Carney E, Angelo R T. 2006. Determining ecoregional reference conditions for nutrients, Secchi depth and chlorophyll a in Kansas lakes and reservoirs [J]. Lake and Reservoir Management, 22: 151-159.

Fastner J, Neumann U, Wirsing B, et al. 1999. Microcystins (hepatotoxic heptapeptides) in German fresh water bodies [J]. Environmental Toxicology, 14(1): 13-22.

Gibson G, Carlson R, Simpson J, et al. 2000. Nutrient criteria technical guidance manual: Lakes and reservoirs [M]. EPA-822-B-00-001. United States Environment Protection Agency: Washington DC.

Huang P S, Liu Z W. 2009. The effect of wave-reduction engineering on sediment resuspension in a large, shallow, eutrophic lake (Lake Taihu)[J]. Ecological Engineering, 35(1): 1619-1623.

Huo S L, Xi B D, Ma C Z et al. 2013. Stressor-response models: A practical application for the development of lake nutrient criteria in China [J]. Environmental Science & Technology, 47: 11922-11923.

Huo S L, Zan F Y, Chen Q, et al. 2012. Determining reference conditions for nutrients, chlorophyll a and Secchi depth in Yungui Plateau ecoregion lakes, China [J]. Water and Environment Journal, 26: 324-334.

Huo S L, Xi B D, Su J, et al. 2013. Determining reference conditions for TN, TP, SD and Chl-a in eastern plain ecoregion lakes, China [J]. Journal of Environmental Sciences, 25(5): 1001-1006.

Izydorczyk K, Carpentier C, Mrówczyński J, et al. 2009. Establishment of an Alert Level Framework for cyanobacteria in drinking water resources by using the Algae Online Analyser for monitoring cyanobacterial chlorophyll a [J]. Water Research, 43: 989-996.

Lamon E C, Qian S S. 2008. Regional scale stressor-response models in aquatic ecosystems [J]. Journal of the American Water Resources Association, 44: 771-781.

Lindholm T, Meriluoto J A O. 1991. Recurrent depth maxima of the hepatotoxic cyanobacterium *Oscillatoria agardhii* [J]. Canadian Journal of Fisheries and Aquatic Sciences, 48: 1629-1634.

Liu Y, Chen W, Li D, et al. 2011. Cyanobacteria-/cyanotoxin-contaminations and eutrophication status before Wuxi Drinking Water Crisis in Lake Taihu, China [J]. Journal of Environmental Sciences, 23(4): 575-581.

Ma R H, Duan H T, Hu C M et al. 2010. A half-century of changes in China's lakes: Global warming or human influence? [J]. Geophysical Research Letters, 37: L24106.

Ma R H, Yang G S, Duan H T et al. 2011. China's lakes at present: Number, area and spatial distribution [J]. China Earth Science, 54 (2): 283-289.

Meriluoto J A O, Spoof L E M. 2008. Cyanotoxins: Sampling, sample processing and toxin uptake [J]. Advances in Clinical and Experimental Medicine, 619: 483-499.

Omernik J M. 1987. Ecoregions of the conterminous United States [J]. Annals of the Association of American Geographers, 77(1): 118-125.

Räike A, Pietilainen O P, Rekolainen S, et al. 2003. Trends of phosphorus, nitrogen and chlorophyll a concentrations in Finnish rivers and lakes in 1975-2000 [J]. Science of the Total Environment, 310: 47-59.

Smith R A, Schwartz G E, Alexander R B. 1997. Regional interpretation of water quality monitoring data [J]. Water Research, 33: 2781-2798.

Song L R, Chen W, Peng L, et al. 2007. Distribution and bioaccumulation of microcystins in water columns: A systematic investigation into the environmental fate and the risks associated with microcystins in Meiliang Bay, Lake Taihu [J]. Water Research, 41: 2853-2864.

Stoddard J L, Larsen D P, Hawkins C P, et al. 2006. Setting expectations for ecological condition of running waters: The concept of reference condition [J]. Ecological Applications, 16: 1267-1276.

Suplee M W, Varghese A, Cleland J. 2007. Developing nutrient criteria for streams: An evaluation of the frequency distribution method [J]. Journal of the American Water Resources Association, 43: 453-472.

Tamhane A C, Dunlop D D. 2000. Statistics and Data Analysis from Elementary to Intermediate [M]. Prentice Hall: 214-219.

US EPA. 1998. National Strategy for the Development of Regional Nutrient Criteria [M]. EPA-822-R-98-002. U. S. Environmental Protection Agency, Office of Water, Washington DC.

US EPA. 2000. Nutrient Criteria Technical Guidance Manual Rivers and Streams [M]. EPA-822-B-00-002. U. S. Environmental Protection Agency, Office of Water, Washington DC.

US EPA. 2006. Data Quality Assessment: Statistical Methods for Practitioners [M]. United States Environmental Protection Agency, Office of Water, Washington, DC.

US EPA. 2008. Nutrient Criteria Technical Guidance Manual: Wetlands [M]. EPA-822-B-08-001. U. S. Environmental Protection Agency, Office of Water, Washington DC.

US EPA. 2010. Using Stressor-response Relationships to Derive Numeric Nutrient Criteria [M]. EPA-820-S-10-001. U. S. Environmental Protection Agency, Office of Water, Washington DC.

Vaughn C C, Hakenkamp C C. 2001. The functional role of burrowing bivalves in freshwater ecosystems [J]. Freshwater Biology, 46(11): 1431-1446.

Wang X, Shang S, Qu Z, et al. 2010. Simulated wetland conservation restoration effects on water quantity and quality at watershed scale [J]. Journal of Environmental Management, 91(7): 1511-1525.

WHO. 2003. Cyanobacterial toxins: Microcystin-LR in drinking-water [M]. Background document for preparation of WHO Guidelines for drinking-water quality, Geneva, World Health Organization.

William M L, Wayne A W, Hans W P. 2011. Rationale for control of anthropogenic nitrogen and phosphorus to reduce eutrophication of inland waters [J]. Environmental Science & Technology, 45 (24): 10300-10305.

Ye W, Liu X L, Tan J, et al. 2009. Diversity and dynamics of microcystin-producing cyanobacteria in China's third largest lake, Lake Taihu [J]. Harmful Algae, 8: 637-644.

第四章　分类回归树模型建立湖泊营养物基准

4.1　引　　言

生态数据通常是多维的，解释变量之间具有复杂的相互作用关系并可能呈非线性。响应变量和解释变量之间可能存在许多缺失值或奇异值。传统的统计方法在分析这些数据时遇到了挑战，尤其是线性统计方法，比如线性回归模型，不足以揭示更复杂的过程透露出的关系。对于这些数据，需要更灵活和稳健的分析方法，处理非线性关系、高阶相关性和缺失值，同时要求方法必须简单易于理解并给出合理的结果解释(De'ath and Fabricius, 2000)。

分类回归树(CART)分析是解决响应变量和解释变量之间非线性、分层及高阶关系的有效方法(De'ath and Fabricius, 2000)，并能测定导致生态发生变化的数字化数值(Qian et al., 2003)。CART 分析是一种二元递归分解法，可以产生基于树的模型。这种方法对许多探索性的环境与生态学研究颇具吸引力，因为它具有既能处理连续变量又能处理离散变量的能力，可以模拟预测变量之间的相互作用并具有层次结构的特点(Qian and Anderson, 1999; Qian, 2009)。分类和回归树是分析复杂生态数据的理想工具。它是一种非参数化的分类及回归技术，不需要预先设定因变量和自变量之间的关系(Qian and Anderson, 1999)，而是根据因变量，利用递归划分法，将由自变量定义的空间划分为尽可能同质的类别。每一次划分都由自变量的一次最佳划分值来完成，将数据分成两部分，重复此过程，直到数据不可再分。回归树不需要经典回归中的诸如独立性、正态性、线性或者光滑性等假设，无论自变量是数据变量还是定性变量都同样适用，它需要更多的数据来保证结果合理。分类回归树可以防止由于训练样本存在噪声和数据缺失引起的精度降低。

本章在参考相关文献的基础上，详细介绍了分类回归树模型的基本原理、主要特点及实现过程，并利用分类回归树模型的层次结构来识别对响应变量浓度变化做出重要贡献的预测变量。在此基础上对云贵等全国湖泊生态区的营养物基准进行分析研究，以期为制定以区域为基础的科学合理的数字化湖泊营养物基准提供支持。

4.2　分类回归树模型

分类回归树模型是一种非参数的模拟方法，可以揭示响应变量与一系列压力变量之间复杂的相互作用关系，并具有既能处理连续型变量又能处理离散变量的能力。分类回归树模型的基本理论是构建一个二元递归分解，根据压力变量在分组后表现出响应变量的最大降低目标变量的分布或变异性，将压力变量分成两个独立的节点(或子组)。每个节点又根据其他变量分成两个子节点，直到形成一组按照某种标准节点无法再分的终节点(叶子)(终节点最少5个数据)。通常采用交叉验证的方法选择最佳分类回归树模型，以便使模型的预测误差最低。

目标变量可以是离散型变量(分类树)也可以是连续的数值型变量(回归树)，而相应的压力变量也可以是离散型或连续型变量。因此，分类回归树可以将目标变量和不同压力变量之间的复杂关系联系起来，以便对它们进行更加清楚、更加简单地解释和定量比较。当目标变量为离散的分类类别值时称为分类树；当目标变量为连续值时称为回归树。CART不仅具有分类和回归的能力，同样也是一种决定属性变量相对重要性的方法。每一个变量在CART树结构中都有一个重要性得分，这个得分表示变量贯穿树频率和适合为首要的或者代替分类器的重要性。此外，分类回归树模型不需要预先假设响应变量和预测变量之间的关系。因此，分类回归树模型既可以处理具有高偏移或多模式的数值型数据，也可以处理有序或无序的分类预测数据。这可以缩短分析时间，减少判断变量是否为正态分布及进行相应转化的时间。因此，该算法具有以下优点：①结构清晰，易于理解；②实现简单，运行速度快，准确性高；③可以有效地处理大量数据和高维数据；④可以处理非线性关系；⑤对输入数据没有任何统计分布要求；⑥输入数据可以是连续变量也可以是离散值；⑦包容数据的缺失和错误；⑧可以给出测试变量的重要性(Breiman et al., 1984; Yohannes and Hoddinott, 1999)。

分类回归树算法包括四个基本步骤。第一步是数的构建，主要采用节点的二元递归分类法构建树。基于节点和成本决策矩阵中出现的训练数据集类的分布，将每个生成的节点分配为一个预测类。无论节点是否随后被分成子节点，预测类都要分配给每个节点。第二步是停止树的构建过程。这一阶段产生"最大"的树，可能包含训练数据集中过拟合的信息。第三步是树的剪枝阶段，通过对增加的重要节点的修剪生成一系列越来越简单的树。第四步是最优树的选择，在一系列剪枝过程中选择拟合训练数据集信息但不存在过拟合的最优树模型。下面对每一步进行详细讨论(Vayssières et al., 2000; Lewis, 2000)。

4.2.1　树的构建及基尼系数

分类回归树的构建开始于根节点，根节点包含训练数据集的全部信息。在根节点的基础上，分类回归树模型找到最有可能的变量将此节点分为两个子节点。为了找到最佳的分类变量，该模型会检查所有可能的分类变量(又叫分类器)，和用于分类节点的变量的所有最有可能的值。通常选择两个子节点中平均"纯度"最大的分类器作为最佳选择。分类回归树在生长过程中，采用经济学领域中的基尼(Gini)系数作为选择最佳测试变量和分割阈值的准则。基尼系数是一种针对纯度分裂方法，它适用于类别、二进制、连续数值等类型的字段，定义如下：

假设集合 T 包含 M 个类别的记录，则基尼系数为：

$$\mathrm{Gini}(t)=1-\sum_{j=1}^{M}p^2(j|t)$$

式中，$p(j|t)=\dfrac{n_j(t)}{n(t)}$，$\sum_{j=1}^{M}p(j|t)=1$。其中，$p(j|t)$ 为从训练样本集中随机抽取的一个样本，表示当某一测试变量值为 t 时属于第 j 类的概率；$n_j(t)$ 为训练样本中该测试变量值为 t 时属于第 j 类的样本数；$n(t)$ 为训练样本中该测试变量值为 t 的样本数，j 为类别树。当 $\mathrm{Gini}(t)$ 最小为 0 时，即在此节点处所有记录都属于同一类别，表示能得到最多的有用信息；当此节点中的所有记录对于类别字段来讲均匀分布时，$\mathrm{Gini}(t)$ 最大，表示能得到最少的有用信息。如果集合分成 k 个部分，那么进行这个分割的 Gini 就是：

$$\mathrm{Gini}_{\mathrm{split}}(t)=\sum_{i=1}^{k}\frac{n_i}{n}\mathrm{Gini}(i)$$

式中，k 为子节点的个数；n_i 为在子节点 i 处的记录数；n 为在节点 p 处的记录数。因此基尼指数的基本思想就是：对于每个属性都要遍历所有可行的分割方法后，能提供最小的 $\mathrm{Gini}_{\mathrm{split}}$ 就被选择作为此节点处分裂的标准。无论对于根节点还是子节点都采用同样的方法。

CART 选择具有最小 Gini 值的属性作为测试属性，Gini 值越小，样本的纯净度越高，划分效果越好。

若将 T 划分为两个子集 T_1 和 T_2，则

$$\mathrm{Gini}(T_1,T_2)=\frac{|T_1|}{T}\mathrm{Gini}(T_1)+\frac{|T_2|}{T}\mathrm{Gini}(T_2)$$

CART 法在建树时，不管节点 N 是否将被划分，均给 N 标记相应的类，方法是判断如下的不等式：$\dfrac{C(j|i)\Pi(i)N_i(t)}{C(i|j)\Pi(j)N_j(t)}>\dfrac{N_i}{N_j}$，若对除 i 以外所有类 j 都成立，则将 N 标记为类 i。其中，$\Pi(i)$ 为类 i 的先验概率；N_i 为训练集中类 i 的数量；$N_i(t)$ 为节点 N 样本中类 i 的数量；$C(j|i)$ 为将 i 错误分类为 j 的代价。

由于 CART 算法采用二分递归划分方法，即在分支节点上进行布尔测试，判断条件为真的划归左分支，否则划归右分支，最终形成一棵二叉决策树，因此不易产生数据碎片，精确度往往高于多叉树。

每个节点，尤其是跟节点均被指定为一个预测类。这是非常必要的，因为没有办法知道在树构建的过程中哪些节点最终会被修剪后成为终节点。每个节点制定的预测类主要取决于三个因素：①假定未来数据集内每个类的先验概率；②决策损

失或成本矩阵；③训练集中每个输出结果的项目组成以每个节点为终点。这种节点类赋值的方法可以确保与训练数据集相似的未来数据集树中，有一个最小的预期平均决策成本，使每个输出结果的概率与假设的先验概率相似。

对每个节点，能够最好的分类节点的变量是主要的"分类器"，其能够使得到子节点的纯度最高。对于主分类器缺失的单个观察值，这个观察值不会被舍弃，而是寻找另一个可以替代的分类器。因此，该程序在处理缺失值的时候能够最大限度地利用可利用的信息。在具有合理质量的数据中，所有的观察值均可以用于数据分析。这是此方法与其他传统的多元回归模型相比的一大优点，在传统方法中缺少任何一个预测变量的观察值通常都被舍弃。

4.2.2　树的停止

树的构建过程会按照上述步骤进行直到不可能再继续。CART 算法在满足下述条件之一时停止建树：①子节点中的样本数为 1 或者样本属于同一类；②每个子节点中所有观察值预测变量的分布一致，不可能再进行分裂；③决策树高度到达用户设置的某个阈值。

构建的"最大"的树通常存在过拟合的现象。也就是说，最大的树能够表现训练集数据的每一个特性，但大多数特性在未来的独立组中有可能是不会发生的。后面的分类与前面的分类相比更有可能代表过拟合的现象。分类回归树模型的主要突破点是意识到在树的构建过程中没有办法知道树何时停止，而树的不同部分可能需要的分类深度显著不同。

4.2.3　分类回归树的剪枝

按照上述过程生成的完整分类回归树往往会出现过拟合的现象，这是因为完整的分类树结构对训练样本特征的描述过于精确，包含了噪声信息，失去了一般代表性而无法对新数据进行准确分类。当决策树复杂度超过一定程度后，随着复杂度的提高，测试集的分类精确度反而会降低。因此，建立的决策树不宜太复杂，有必要对树的结构进行修剪。给树剪枝的目的就是剪掉"弱枝"，即在验证数据上错误分类率较高的树枝；为数剪枝会增加训练数据上的错误分类率，但精简的树会提高新记录的预测能力；剪掉的是最没有预测能力的枝。通常采用事前剪枝和事后剪枝两种方法。

(1) 事前剪枝：该方法在产生完全拟合整个训练集的完全增长的决策树前就停止决策树的生长。一旦停止剪枝，当前节点就成为一个叶节点，其可能包含多个不同类别的训练样本，判定标准有重要性检验和信息增益。此外，若在一个节点上划分样本集时，会导致节点中样本数少于指定的阈值，也会停止分支。确定一个合理的阈值常常比较困难。阈值过大会导致决策树过于简单化，阈值过小又会导致多余树枝无法修剪。

(2) 事后剪枝：它允许决策树充分生长然后修剪掉多余的树枝。被修剪的节点就成为一个叶节点，并将其标记为它所包含样本中类别个数最多的类别。常用的事后剪枝方法有最小期望误判成本(ECM)和最小描述长度(minimum description length，DML)。

与事前剪枝相比，事后剪枝倾向于产生更好的结果，因为其根据完全增长的决策树做出剪枝决策，事前剪枝则可能过早终止决策树的生长。但是，对于事后剪枝，当子树被剪掉后，生长完全决策树浪费了额外的开销。

分类回归树是事后剪枝的过程。在分类回归树中可以使用的后剪枝方法有多种，如代价复杂性剪枝、最小误差剪枝、悲观误差剪枝等。这里我们主要介绍代价复杂性剪枝法(cost-complexity pruning)。

这种方法主要依靠复杂参数 α，剪枝过程中 α 逐渐增大。从终节点开始，如果预测误分类成本中产生的改变小于第 α 次树变化的复杂性，则删除该子节点。因此，α 表示一个分类必须要增加到整个树的额外精度，以保证额外的复杂性。随着 α 的增加，越来越多的节点被剪掉，最终形成越来越简单的分类回归树。

这个方法需要测试数据集，以 t 根节点的子树 T 代价复杂性定义如下：

$$R_{\alpha}(T_t)=R(T_t)+\alpha N_T$$

式中，$R(T_t)$ 表示代价，它是子树 T 的所有叶子节点对整体数据分类错误数总和；N_T 表示复杂性，它是子树 T 的叶子数量；参数 α 是非负的，是每个额外叶子的代价。

当子树 T 被剪枝为叶子后，它的代价复杂性为：

$$R_{\alpha}(t)=R(t)+\alpha$$

当 α 足够小，$R_{\alpha}(t)$ 比 $R_{\alpha}(T_t)$ 大，因为 $R_{\alpha}(t)$ 一直比 $R_{\alpha}(T_t)$ 大。当 α 的值增长到临界值时，$R_{\alpha}(T_t)$ 比 $R_{\alpha}(t)$ 大，因为 αN_T 将占主导地位。那么就剪枝，因为它的代价复杂性变小了。为了找到这个临界值，使 $R_{\alpha}(T_t)=R_{\alpha}(t)$ 来求得 α。那么：

$$\alpha=\frac{R(t)-R(T_t)}{N_T-1}$$

这个算法首先计算每个内部节点的 α，有最小 α 的分枝被剪枝，产生第一个剪枝后的树。如果有多个分枝是最小的，它们都被剪枝。接着，以剪枝后的树，继续计算 α，再剪枝。这个过程将产生一系列更小的树。每一个产生的子树在规模方面是最优的。那就是没有其他同样大小的子树比从这个过程获的子树有更低的错误率。

这些子树产生后，用它们对测试数据集进行分类。理想情况，选择剪枝的树是最低的错误率的那棵树。但是在很多情况下测试错误曲线非常平整，那么选择树是任意的。Breiman 等提出了 1－SE 准则来选择测试错误率在最小标准错误率内的最小树。标准错误的计算是基于假设错误分类数服从二项分布。假如有一个 n 个数据的测试集，e^* 是测试错误数最小的，标准错误 e^* 为

$$\mathrm{SE}(e^*)=\sqrt{\frac{e^*(n-e^*)}{n}}$$

4.2.4 最优树的选择

与形成的其他数相比，最大的树总是具有较高的拟合训练数据集的精度。关于原始训练数据集最大树的性能，被称为“再替代成本”，通常会极大地过高估计从相似群体获得的独立数据集的树的性能。这主要是因为最大树拟合了训练数据集的特性和噪声，这些特性和噪声在具有相同模式的不同数据集中可能是不存在的。选择最终模型的目的就是找到正确的复杂参数 α，使训练数据集的信息得到充分拟合但不会过拟合。通常情况下，需要一组独立的数据集来得到 α 值，而是用交叉验证的方法可以避免这一问题。

交叉验证法是一种用于验证模型构建过程的高强度的计算方法，它不需要新的或独立的数据集。分类回归树算法采用交叉验证的方法求解最佳的分类回归树模型，即将数据集随机分成 K 个集合(假定每个集合的数据分布近似或相同)，一个集合作为独立的测试集，其余 $K-1$ 个集合合并后作为训练集，如此循环交替进行验证。这有 K 种组合方案，分别对应 K 次完整的建树剪枝过程，以及生成的 K 个不同的“最佳树模型”。事实表明，K 个“最佳模型”的平均性能与由整个训练集得出的原始模型在独立测试集上的性能非常接近，因此该方法可避免独立测试集的使用。交叉验证方法的优点是使用尽可能多的训练记录，此外，检验集之间是互斥的，并且有效地覆盖了整个数据集；缺点是整个过程重复多次，计算得开销很大。此外，由于每个检验集只有一个记录，性能估计量的方差偏高。

采用 R 3.1.0 软件中的 RPART library 建立相应的分类回归树模型，具体的实现步骤参见附录 4.1。

4.3 分类回归树模型确定云贵湖泊生态区营养物基准的案例研究

4.3.1 数据的来源和数据质量控制

收集的云贵湖泊生态区的数据主要来源于相关环境部门和科研机构，包括云南省和贵州省环境监测站的监测网络和课题组的调查数据，共计 30 多个湖泊和水库 1994～2010 年的数据。监测指标包括电导率(EC)，作为压力变量的 TN、TP、NH_3-N 和作为响应变量的 Chl a。这些指标均采用国家规定的标准测定方法

(GB 3838—2002)进行监测。选取研究时间间隔内每年至少采样三次的湖泊作为研究对象,并对给定湖泊的数据进行年均值处理。编辑的每个数据监测点至少可获得一个 Chl *a* 监测值,共计有 60 个独立的监测点。

4.3.2　分类回归树模型确定云贵湖泊生态区营养物基准

以云贵湖泊生态区为研究对象,采用 TP、TN、NH_3-N 和 EC 为分类回归树潜在的预测变量,确定影响响应变量波动性的重要预测因素。分类回归树分析结果表明营养物与 Chl *a* 之间存在明显的分层结构(如图 4-1 所示)。从图中可以看出,并不是所有选择的预测变量都包含在生成的分类回归树模型中,如 EC。分类回归树模型的这一特性在某些问题中或许是不令人满意的。但是,在探索性研究中,这一特征可以作为分类回归树模型选择重要变量的一种方式。也就是说,在树结构中并不包含所有候选的预测变量,这对解释响应变量变异性是非常重要的(Qian and Anderson, 1999)。利用树结构模型,可以识别预测响应变量的重要变

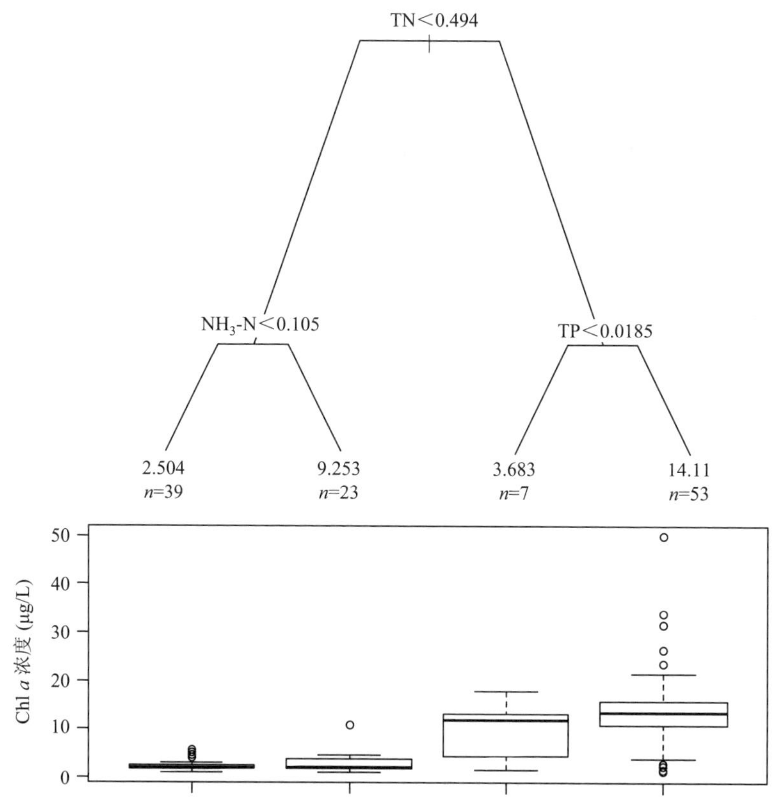

图 4-1　云贵湖泊生态区 Chl *a* 对 TP、TN 的分类回归树模型及相应分类 Chl *a* 的箱图

Chl *a* 的箱图按类别中 Chl *a* 平均值从小到大排序

量(树结构顶端的少数变量)。TN($R^2_{lgTP\text{-}lgChl\,a}$=0.272)是影响 Chl *a* 浓度的主要预测变量;而数据以 TN 为 0.494 mg/L 为分界线分类后,NH_3-N 和 TP 也分别成为分枝中影响 Chl *a* 浓度的主要变量。在 TN 浓度小于 0.494 mg/L 的数据点,NH_3-N(0.105 mg/L, R^2=0.274)是分枝中影响 Chl *a* 浓度的主要变量;而在 TN 浓度大于 0.494 mg/L 的数据点,TP(0.018 mg/L, R^2=0.119)则是影响 Chl *a* 浓度的主要变量。与 TP、TN 和 NH_3-N 相比,EC 在分类回归树中不是影响 Chl *a* 浓度变化的主要变量。

在最终的分类回归树模型中仅包含前三个节点,这说明进一步的分类将不会降低模型的相对预测误差或提高模型的预测相关性系数。

分类回归树累积解释了 Chl *a* 变异性的 66.5%,并将数据明显分为 4 组:①当 TN 和 NH_3-N 的浓度分别低于 0.494 mg/L 和 0.105 mg/L 时,Chl *a* 的平均浓度将低于 2.50 μg/L;②当 TN 的浓度高于 0.494 mg/L,但 TP 的浓度低于 0.0185 mg/L 时,Chl *a* 的平均浓度将低于 3.68 μg/L;③当 TN 的浓度低于 0.494 mg/L,但 NH_3-N 的浓度高于 0.105 mg/L 时,Chl *a* 的平均浓度将接近 10 μg/L;④当 TN 和 TP 的浓度分别大于 0.494 mg/L 和 0.018 mg/L 时,Chl *a* 的平均浓度将达到 14.11 μg/L。

从节点前后变量之间的相关性分析可以看出,节点前后营养物与 Chl *a* 之间的压力-响应关系发生了显著的改变。在 TN 的浓度小于 0.494 mg/L 的情况下,当 NH_3-N 的浓度低于 0.105 mg/L 时,NH_3-N 与 Chl *a* 之间存在显著的相关关系(R^2=0.160,p<0.05)。从图 4-2(a)中可以看出,随着 NH_3-N 浓度的增加,Chl *a* 浓度也显著增加了。而当 NH_3-N 的浓度增加到大于 0.105 mg/L 时,NH_3-N 与 Chl *a* 之间的相关性显著降低(R^2=0.016,p>0.05)。在 TN 的浓度高于 0.494mg/L 的数据点,TP 转变为影响 Chl *a* 浓度的主要变量。当 TP 的浓度高于 0.0185 mg/L 时,TP 与 Chl *a* 之间显著相关(R^2=0.456, p<0.05),表明藻类将

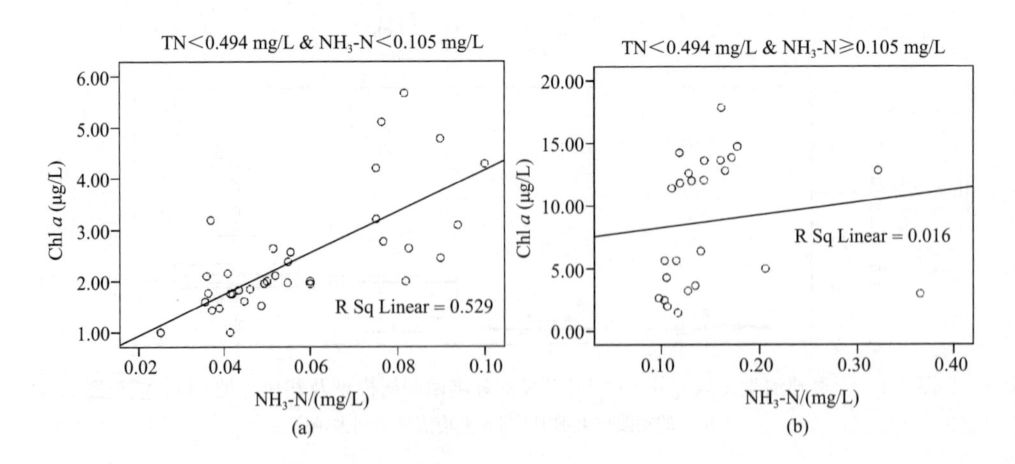

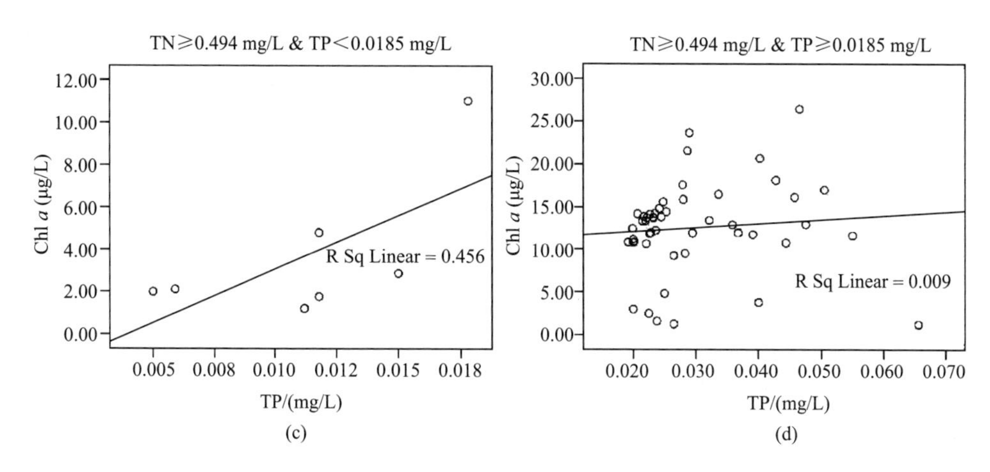

图 4-2 节点前后 Chl *a* 与营养物变量之前的相关性

随着 TP 浓度的增加而大量生长繁殖。而当 TP 的浓度不断增加到超过 0.0185 mg/L 时,TP 与 Chl *a* 之间的相关性也会显著下降($R^2=0.009$, $p>0.05$),甚至不存在相关性。这进一步表明营养物对 Chl *a* 的生态效应在节点前后发生了显著的改变,此节点对应的营养物浓度可以作为生物响应的阈值。

4.3.3 讨论

与未分类数据相比,采用分类回归模型对数据进行分类之后营养物与 Chl *a* 之间的响应关系发生了显著的变化。在低营养物压力水平下,随着营养物浓度的升高藻类生物量(Chl *a* 浓度)显著增加(如图 4-2 中 NH_3-N 与 Chl *a* 的响应关系)。但是在较高的营养物压力水平下,它们之间的响应关系则显著下降,甚至不响应。这说明在不同的压力水平下,营养物与 Chl *a* 之间的相关关系存在显著的差异。

分类回归树分析表明 Chl *a* 与 TN、TP、NH_3-N 之间存在层次结构关系,由层次结构中推断得到的信息有利于云贵湖泊生态区营养物基准的制定。例如,在 TN 浓度低于 0.494 mg/L 的条件下,至少有 10 个点的 Chl *a* 浓度超过 6 μg/L[如图 4-2(a)(b)],而这 10 个点对应的 NH_3-N 浓度均超过 0.105 mg/L[如图 4-2(b)]。因此利用分类回归树模型的层次结构对大数据集进行解释将为营养物基准的制定提供技术支持(Brian et al., 2013)。

4.4 分类回归树模型确定全国湖泊营养物基准的案例研究

4.4.1 数据的来源和数据质量控制

收集的全国七个湖泊生态区的数据主要来源于相关环境部门和科研机构,包括各省环境监测站的监测网络和课题组的调查数据，共计 177 个湖泊和水库的数据。监测指标包括作为压力变量的 TN、TP 和作为响应变量的 Chl *a*。最终得到的数据是不均匀的，因为有些湖泊 20 年来每月都采样，而某些湖泊每年仅采样一次或三次。本研究中，选取研究时间间隔内每年至少采样三次的湖泊作为研究对象，并对给定湖泊的数据进行年均值处理。将 4～9 月 TP、TN 和 Chl *a* 的观察值作为春夏季数据集来表示季节性效应。编辑的每个数据监测点至少可获得一个 Chl *a* 监测值。这些指标均采用国家规定的标准测定方法 GB 3838—2002 进行测定。

4.4.2　分类回归树模型确定生态区湖泊营养物基准

采用 CART 模型确定七个湖泊生态区中与响应变量相关的重要变量。Chl *a* 的浓度作为每个模型中的响应变量，TP 和 TN 的测量浓度为模型的预测变量。首先选择的变量通常是最重要的或者是对 Chl *a* 的浓度产生重大影响的变量。对 4～9 月的数据进行分析，以评价季节对变量重要性的影响。交叉验证模拟了模型的预测性，根据该预测性选择最终模型，并用图将分类回归树结构展示出来。CART 分析的结果表明在所有研究的湖泊生态区中营养物和 Chl *a* 之间存在分层结构(如图 4-3 所示)。采用 Chl *a* 浓度的标准误差(SE)作为数据离散型的量度。

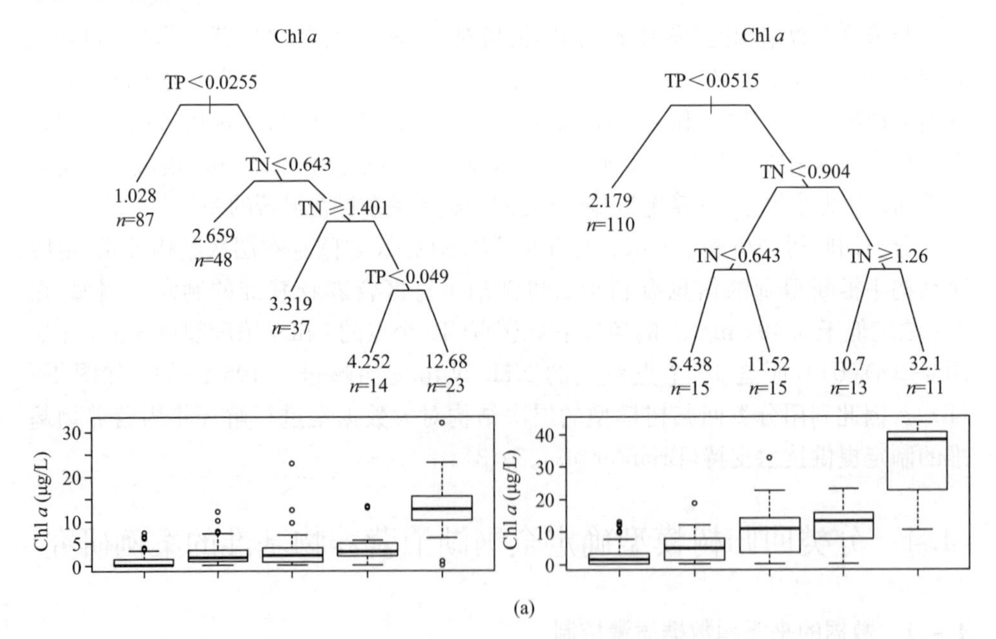

(a)

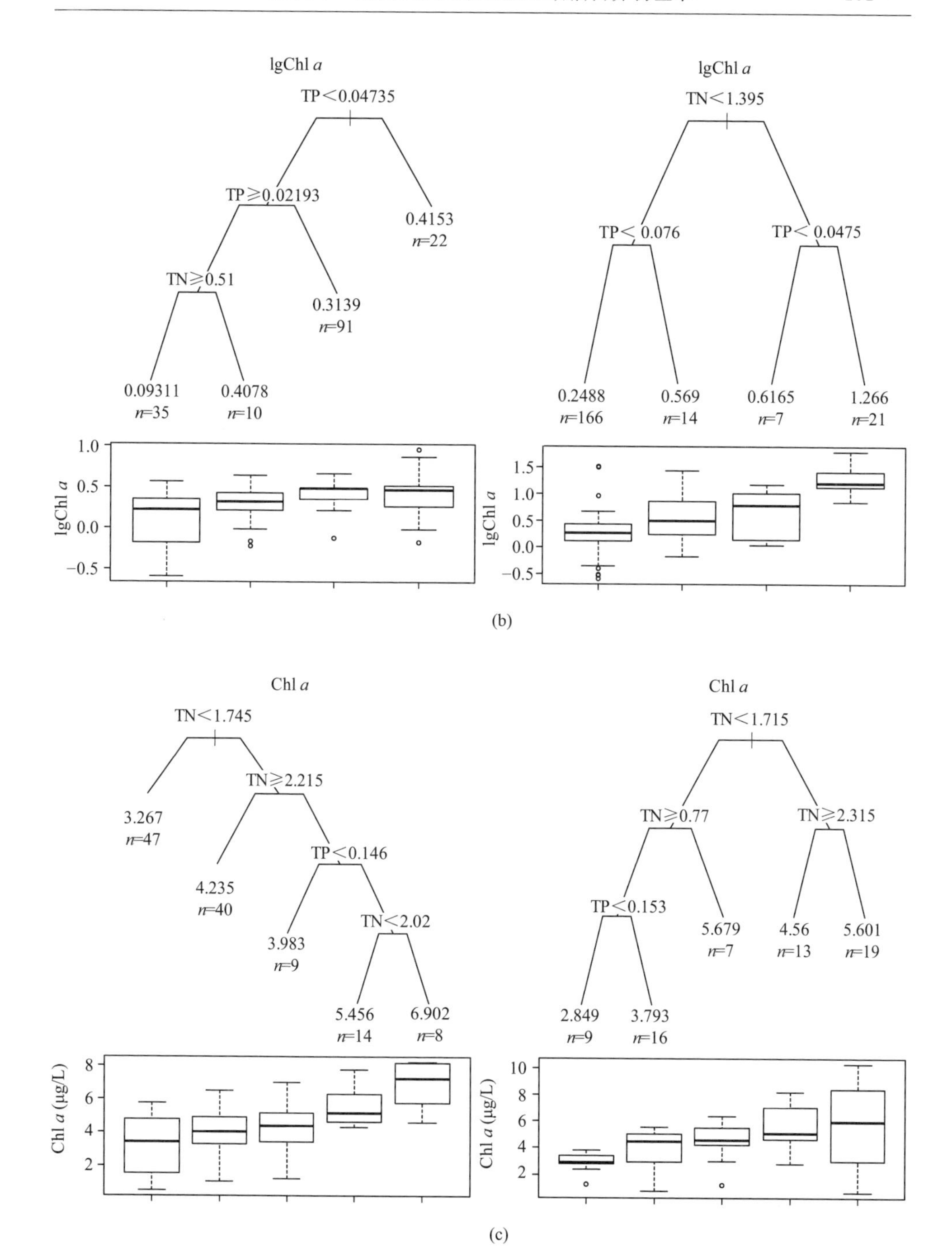
lgChl a
TP＜0.04735
TP≥0.02193
0.4153
n=22
TN≥0.51
0.3139
n=91
0.09311
n=35
0.4078
n=10
lgChl a
1.0
0.5
0.0
−0.5
lgChl a
TN＜1.395
TP＜0.076
TP＜0.0475
0.2488
n=166
0.569
n=14
0.6165
n=7
1.266
n=21
lgChl a
1.5
1.0
0.5
0.0
−0.5
Chl a
TN＜1.745
TN≥2.215
3.267
n=47
TP＜0.146
4.235
n=40
TN＜2.02
3.983
n=9
5.456
n=14
6.902
n=8
Chl a (μg/L)
8
6
4
2
Chl a
TN＜1.715
TN≥0.77
TN≥2.315
TP＜0.153
5.679
n=7
4.56
n=13
5.601
n=19
2.849
n=9
3.793
n=16
Chl a (μg/L)
10
8
6
4
2
(b)

(c)

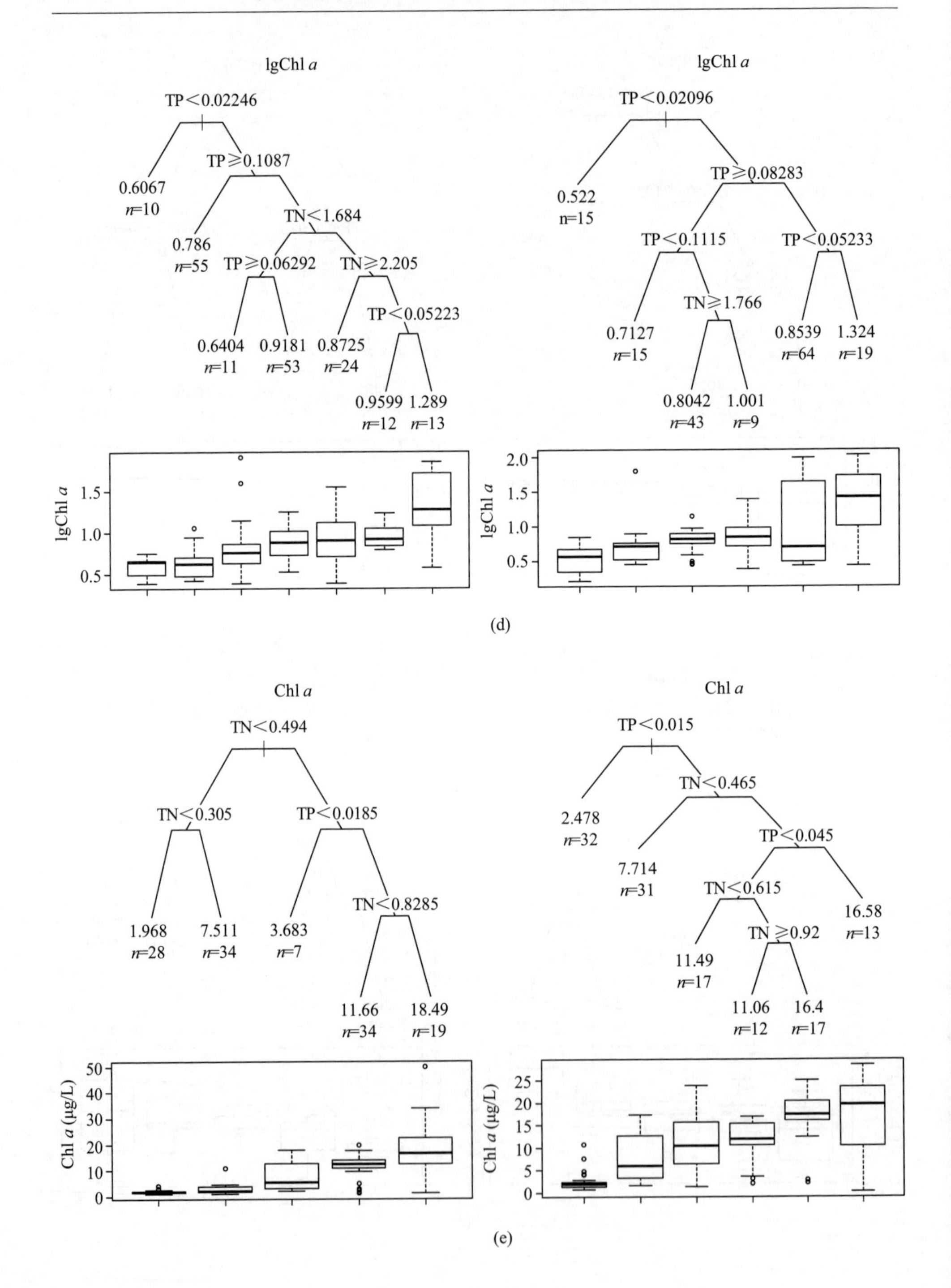
lgChl a
TP＜0.02246
TP≥0.1087
0.6067
n=10
TN＜1.684
0.786
n=55
TP≥0.06292
TN≥2.205
TP＜0.05223
0.6404
n=11
0.9181
n=53
0.8725
n=24
0.9599
n=12
1.289
n=13
lgChl a
TP＜0.02096
TP≥0.08283
0.522
n=15
TP＜0.1115
TP＜0.05233
TN≥1.766
0.7127
n=15
0.8539
n=64
1.324
n=19
0.8042
n=43
1.001
n=9
lgChl a
Chl a
TN＜0.494
TN＜0.305
TP＜0.0185
TN＜0.8285
1.968
n=28
7.511
n=34
3.683
n=7
11.66
n=34
18.49
n=19
Chl a
TP＜0.015
TN＜0.465
2.478
n=32
TP＜0.045
7.714
n=31
TN＜0.615
16.58
n=13
TN≥0.92
11.49
n=17
11.06
n=12
16.4
n=17
Chl a (μg/L)

(d)

(e)

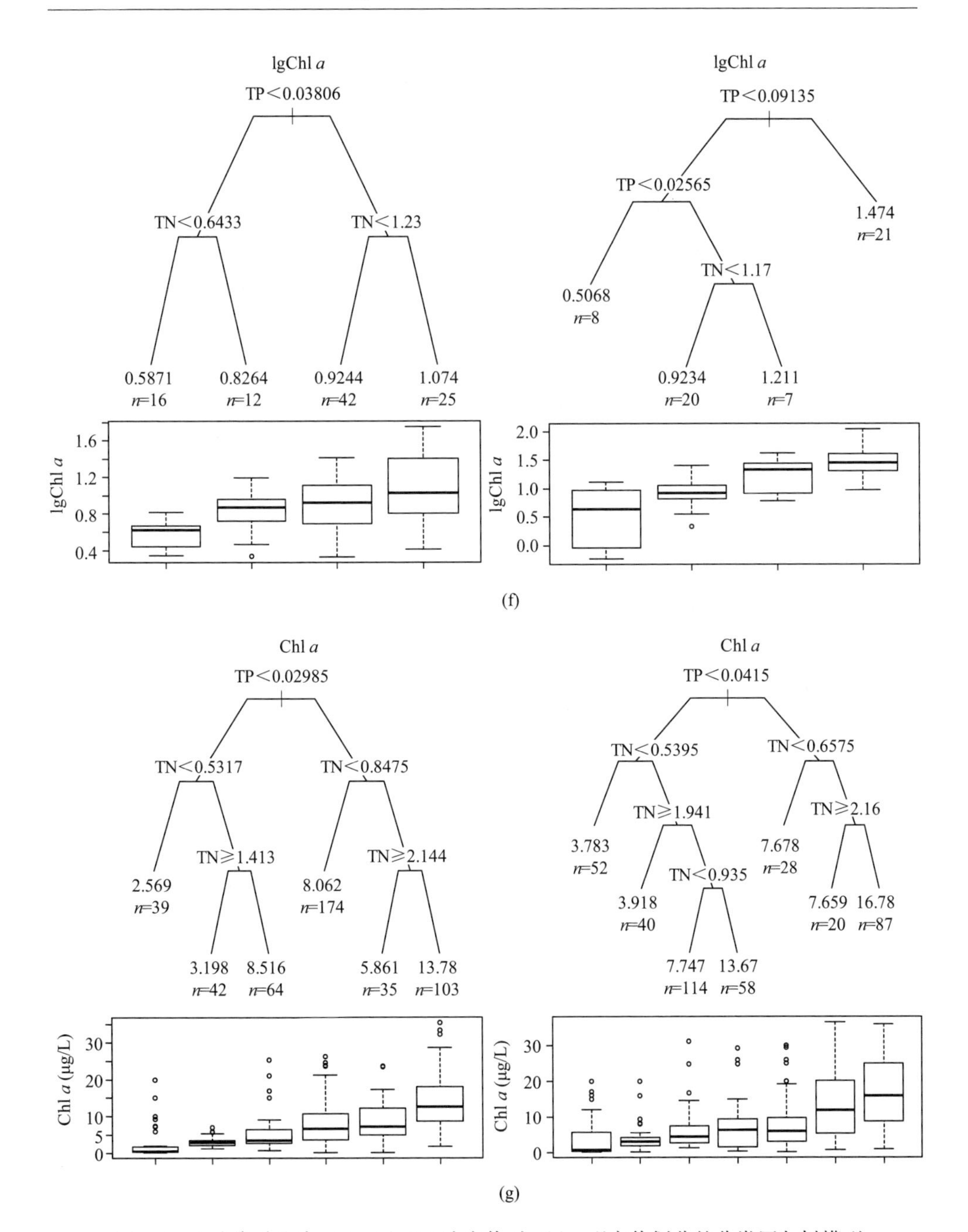

图 4-3 七个湖泊生态区 TN 和 TP 浓度值对 Chl *a* 观察值划分的分类回归树模型

箱图代表每个终端节点 Chl *a*(或 lgChl *a*)的浓度分布，按分类数据中平均 Chl a 浓度从小到大排列；左边的图形代表年均值数据分析结果；右边的图形代表春夏季数据的分析结果；(a~g)代表不同的湖泊生态区：(a)东北；(b)甘新；(c)宁蒙；(d)华北；(e)云贵；(f)中东部；(g)东南

从图 4-3(a)中可以看出,TP 是影响东北湖泊生态区 Chl *a* 浓度变化的重要预测变量。当 TP 的浓度小于 0.026 mg/L 时,Chl *a* 的平均浓度为 1.028 μg/L(其对应的标准误差 SE 为 1.484);而当 TP 的浓度大于等于 0.026 mg/L 时,Chl *a* 的平均浓度为 4.931 μg/L(SE 为 5.807)。数据以 TP 为 0.026 mg/L 为分界线分类后,TN 也成为分支中影响 Chl *a* 浓度的主要变量。接下来第三、四个分枝对应的变量分别为 TN 和 TP。最终形成的模型包含前四个分枝的基础,说明对模型的进一步分枝将不会降低模型相对的预测误差或提高模型相应的预测能力(Qian and Anderson, 1999)。在其他的湖泊生态区也可以找到类似的规律。

从图 4-3 中可以看出,不同湖泊生态区影响 Chl *a* 浓度的主要变量存在显著差异。依据年均统计数据,TP 是东北、甘新、华北、中东部和东南湖泊生态区的重要影响的预测变量;而影响宁蒙和云贵湖泊生态区的主要预测变量是 TN。同时,也可以看出不同湖泊生态区的营养物阈值也存在明显的区域差异性。云贵湖泊生态区 TP 的阈值是最低的,之后依次为华北、东北、东南、中东部和甘新湖泊生态区。宁蒙湖泊生态区的 TP 阈值浓度最高,几乎比其他湖区高出一个数量级,主要是因为宁蒙湖区多数湖泊为高盐度草型湖,会显著抑制藻类的生长。因此,营养物的大量输入不会造成浮游植物的大量繁殖(TP 浓度低于 0.146 mg/L 时对应的 Chl *a* 平均浓度仅有 3.395 μg/L)。采用年平均数据得到不同生态区营养物节点浓度的范围为:TP 0.018~0.146 mg/L;TN 0.494~1.745 mg/L。

生态区湖泊营养物和 Chl *a* 浓度也呈现明显的季节性差异(Suplee et al., 2007)。因此,制定生态区营养物基准需要考虑这些变量的季节性波动。采用 4~9 月的数据进行分类回归树分析,可以看出影响新疆湖泊生态区 Chl *a* 浓度变化的决定性变量转变为 TN,而影响云贵湖泊生态区的决定性变量转变为 TP。结果表明在大多数湖泊生态区中氮或磷对 Chl *a* 的限制作用是相对稳定的,但是在甘新和云贵湖泊生态区,氮或磷的限制受到季节变化的影响。同时,可以看出对于具有相同重要预测变量的湖泊生态区,采用 4~9 月数据得到的营养物阈值浓度都普遍高于采用年均值数据得到的营养物阈值浓度(除了云贵湖区的 TP、TN,华北湖区的 TP 和宁蒙湖区的 TN)。这主要是由 4~9 月湖泊复杂环境因素(如水量的增加、水质恶化和温度升高)的波动造成的。这些因素会改变营养物与藻类生长繁殖之间的响应关系。因此,在制定营养物基准时,需要综合考虑湖泊区域差异性和季节波动的影响。采用 4~9 月数据得到不同生态区营养物节点浓度的范围为:TP 0.015~0.153 mg/L;TN 0.465~1.766 mg/L。

分类回归树模型虽然不能对 Chl *a* 的浓度进行准确的预测,但是这些模型为水质管理提供了有价值的信息。图 4-3(e)中东部湖泊生态区左侧的图形可以看出,在高 TP 和高 TN 浓度的情况下,Chl *a* 的浓度存在较高的波动。因此需要对中东部湖泊生态区 TP 和 TN 浓度进行同时控制以对湖泊水质进行有效管理。

4.4.3　讨论

采用分类回归树模型对七个湖泊生态区现场调查的年均值数据和 4～9 月数据进行定量营养物阈值分析。研究结果表明不同湖泊生态区的营养物基准存在显著的差异性，这说明在没有人类活动影响的情况下，除 TP 和 TN 之外的环境因素(如盐度、光照、温度、水的色度和悬浮颗粒等)会对藻类的生长繁殖起促进或抑制作用。盐度会影响细胞的分散能力、代谢速率及聚合能力(Wong and Chang, 2000)。盐度的变化会抑制藻类的光合作用进而影响藻类的生长(Vincent, 2001)，如甘新和宁蒙湖泊生态区。光照和温度的增加通常会促进浮游植物的大量繁殖直到光照和温度增加到最佳的藻类生长条件(Lee et al., 1978)，如云贵湖泊生态区。湖泊中水的色度会影响光合作用对光的利用效率，而与氮磷浓度同时增加的悬浮颗粒物也会降低光的可利用效率(US EPA, 2010)，如东北和中东部湖泊生态区。这表明营养物与 Chl *a* 之间的相关关系容易受到环境因素的影响，因此，在以后进行分类回归树模型分析的时候应对这些因素进行识别或包含这些因素进行相应的分析。同时也说明制定单独的一个国家营养物基准是不合理的，分区制定营养物基准才是确定科学合理水质标准的关键考虑。

4.5　小　　结

分类回归树模型可以用来分析不同因素(如营养物、环境及湖泊类型等)对响应变量 Chl *a* 的影响，并用于探索在不同的响应变量浓度水平下这些因素的重要性。分类回归树模型能够对响应变量波动具有重大贡献的预测变量进行识别，是分析复杂生态学数据的有力工具。该模型可以使用不同类型的数据作为响应变量和预测变量，能够交互式地探索、描述及预测数据，可以用简单的图形解释与作用关系相关的复杂结果。在采用分类回归树模型确定湖泊营养物基准阈值的过程中，不需要假定响应变量的基准值。分类回归树模型表明 Chl *a* 与 TN、TP 的响应关系之间存在层次结构，这种层次结构中获得的信息将有利于湖泊营养物基准的制定。因此，使用分类回归树模型的层次结构作为解释大型数据的工具对营养物基准制定的过程有很大的促进作用。

参考文献

Breiman L, Friedman J H, Olshen R, et al. 1984. Classification and Regression Trees [M]. London, UK: Wadsworth Statistics/Probability, Chapman & Hall/CRC.

Brian E H, Scott T J, Scott D L. 2013. Sestonic chlorophyll-a shows hierarchical structure and thresholds with nutrients across the Red River Basin, USA [J]. Journal of Environmental Quality, 42: 437-445.

De'ath G, Fabricius K E. 2000. Classification and regression trees: a powerful yet simple technique for ecological data analysis [J]. Ecology, 81(11): 3178-3192.

Lee G F, Rast W, Jones R A. 1978. Eutrophication of water bodies: Insights for an age old problem [J]. Environmental Science & Technology, 12: 900-908.

Lewis R J. 2000. An Introduction to Classification and Regression Tree (CART) Analysis [R]. At the 2000 Annual Meeting of the Society for Academic Emergency Medicine in San Francisco, California.

Qian S S. 2009. Environmental and Ecological Statistics with R [M]. London, British: Chapman & Hall/CRC.

Qian S S, Anderson C W. 1999. Exploring factors controlling the variability of pesticide concentrations in the willamette river basin using treebased models [J]. Environmental Science & Technology, 33: 3332-3340.

Qian S S, King R S, Richardson C J. 2003. Two methods for the detection of environmental thresholds [J]. Ecology Modelling, 166: 87-97.

Suplee M W, Varghese A, Cleland J. 2007. Developing nutrient criteria for streams: An evaluation of the frequency distribution method [J]. Journal of the American Water Resources Association, 43: 453-472.

US EPA. 2010. Using Stressor-response Relationships to Derive Numeric Nutrient Criteria [M]. EPA-820-S-10-001. U. S. Environmental Protection Agency, Office of Water, Washington DC.

Vayssières M P, Plant R E, Allen-Diaz B H. 2000. Classification trees: An alternative non-parametric approach for predicting species distributions [J]. Journal of Vegetation Science, 11: 679-694.

Vincent W J. 2001. Nutrient partitioning in the upper Canning River, Western Australia, and implications for the control of cyanobacterial blooms using salinity [J]. Ecological Engineering, 16(3): 359-371.

Wong S L, Chang J. 2000. Salinity and light effects on growth, photosynthesis, and respiration of Grateloupia filicina (Rhodophyta) [J]. Aquaculture, 182(3-4): 387-395.

Yohannes Y, Hoddinott J. 1999. Classification and Regression Tree: An Introduction [M]. Washington, D. C., US: International Food Policy Research Institute.

附录 4.1 分类回归树模型实现的 R 语言代码

```
#分类回归分析
dongbu<- read.csv("东部平原湖区.csv")#不同湖泊生态区数据导入
library(rpart)
diuron.rpart <- rpart(lgChla ~TN + TP,data = dongbu)
plot(diuron.rpart,margin = 0.1)
text(diuron.rpart,cex = 0.5)
printcp(diuron.rpart)
plotcp(diuron.rpart)
diuron.rpart.prune<-prune(diuron.rpart,cp = 0.036)#剪枝
nf<- layout(matrix(c(1,2), nrow = 2,ncol = 1),1,c(2,1))
```

```
par(mar = c(0,4,1,2))
plot(diuron. rpart. prune, uniform = T, compress = F,branch = 0. 4,margin = 0. 1)
text(diuron. rpart. prune,pretty = T,use. n = T)
title(main = "lgChla")
par(mar = c(0. 5,4,0. 5,2))
boxplot(split(predict(diuron. rpart. prune) + resid(diuron. rpart. prune),round(pre-
dict(diuron. rpart. prune),digits = 4)), ylab = "lgChla",xlab = "")
```

第五章 拐点分析法建立湖泊营养物基准

5.1 引 言

由于环境条件的改变会引起物种组成的变化，生态学家长期认为不同物种的相对丰度是评价生态系统功能的重要量度。例如，营养物的供应从轻度增加到中度等人类扰动都会改变固着生物的相对丰度(Pan et al.，2000)。在与人为活动相关的密集压力条件下，生物群落结构和功能的改变时有发生，这将导致生态系统中生态功能的全部或部分中断或损失。人为富营养化、有害物质的引入等人为干扰已经引起水生态系统和陆地生态系统结构和功能的改变。研究表明许多生态功能的表征因素如营养物循环、能量流动和演替都因人为压力的加剧而受到了严重的破坏。过度的营养物富集会导致敏感和原著的藻类群落被外来的不受欢迎的物种完全替代，这将会改变能量由初级生产者向较高营养级消费者传递的路径并减少水生态系统中“食物链”的长度(Qian et al.，2004)。因此，物种组成及相对丰度的改变通常用来作为环境状态恶化的指标或早期预警标志。

对生态系统与这些人为干扰之间响应关系的研究具有重要的管理意义，比如在特定地理区域制定相应的水质或排放标准。确定环境基准通常采用的方法是评价选择的物种、群落或生态系统属性随环境状态梯度的改变(Karr and Chu，1997)。生态学家可以使用这些方法定量环境阈值，该环境阈值是非常重要的环境变量，因为生态属性通常随环境状态梯度的改变表现出很微小的变化，直到达到一个临界环境值或阈值(Richardson and Qian，1999)。因此，对剂量-响应关系的定量描述将有利于数值化环境基准的制定工作(Suter，1993；US EPA，1998)。

许多传统的统计学方法不适合阈值的识别，也不能充分地评价预测关系中的不确定性。大多数方法需要参数假设(如正态性、线性)，而生态学数据很少能够满足这些假设。而且与环境梯度相关的生态响应数据通常是非线性、非正态和异质性的(Legendre P and Legendre L，1998)。因此，建议采用两种统计学方法沿着环境梯度对拐点进行检测并确定湖泊营养物基准阈值，即非参数拐点分析及贝叶斯拐点分析。第一种方法是一种非参数方法，目的是找到能够导致响应变量方差最大限度降低的突变点；第二种方法主要是基于贝叶斯层次模型理论进行拐点分析。

本章在参考相关文献的基础上，详细介绍了非参数拐点分析及贝叶斯拐点分析的基本原理、主要特点及实现过程，并利用压力变量和响应变量之间的相关关系确定响应变量发生突然变化的拐点。在此基础上确定全国不同湖泊生态区响应变量发生突然变化的拐点位置，并对得到的营养物基准阈值进行分析研究，以期为制定以区域为基础的科学合理的数字化湖泊营养物基准提供支持。

5.2　拐点分析法

假设生物响应变量 $y_1, \cdots, y_n$ 按照环境响应梯度 $x_1, \cdots, x_n$ 的顺序进行排列，拐点分析就是找到一个 $r(1 \leqslant r \leqslant n)$ 值，使响应变量分为两个不同的组 $y_1, \cdots, y_r$ 和 $y_{r+1}, \cdots, y_n$，且两个组之间的均值或方差存在显著的差异性，此时对应的环境压力变量 x_r 就是相应的响应阈值(Qian et al.，2003)。

5.2.1　非参数拐点分析法

非参数拐点分析法是用来评价二元关系中阈值位置或拐点的一种方法，这些拐点能够为营养物基准提供自然候选值(US EPA，2010)。当散点图显示存在于压力-响应关系中的因变量的统计学属性出现一个阈值或突然改变的时候，可以采用拐点分析来判断改变发生的位置(Breiman et al.，1984；Qian et al.，2003)。除了拐点的视觉证据之外，对系统的生态学理解也可以表明拐点的存在，尤其是经常显示出非线性响应的系统。非参数拐点分析已用于识别淡水系统中植物或无脊椎动物对营养物响应的阈值分析(King and Richardson，2003；Qian et al.，2003)。

非参数拐点分析是一种偏差减小的方法，主要基于生态系统结构的改变可以导致反映该变化的生态响应变量的平均值和方差改变的思想(Qian et al.，2003)。当从多个点位取得的响应变量按照一定的环境浓度梯度排列时，在压力和响应变量之间建立的响应关系中会出现因变量统计属性的阈值或突变点，将其分成平均值和/或方差差异最大的两组的那个值即为拐点(Breiman et al.，1984，Qian et al.，2003)。此方法受到了采用树结构模型的二叉树构建预测回归或者分类模型方法的启发。非参数拐点分析是采用一个环境阈值估计并用 bootstarp 法确定阈值不确定性的方法。

拐点识别的方法有很多，主要通过对响应变量统计属性的评价来进行具体方法的选择。本研究中采用偏差降低的方法来对环境阈值的评价并进行非参数拐点分析(King and Richardson 2003，Qian et al.，2003)。一组样本的偏差是指单个样本值与组内样本平均值之间差异的平方和(Venables and Ripley，1994)，可以表示为：

$$D = \sum_{k=1}^{n} (y_k - \mu)^2 \tag{5-1}$$

式中，D 为偏差；n 为样本大小；μ 为 n 个观测变量 y_k 的均值。对于一个分类变量，偏差可以定义为：

$$D = -2\sum_{k=1}^{g} n_k \log(p_k) \tag{5-2}$$

式中，g 为类别个数；p_k 为观测变量；n_k 为观测变量在类别 k 中的个数。

当响应变量分成两组时，两个子组的偏差之和总会小于或者等于总体偏差。每个可能的拐点都会与偏差的减少有关。

$$\Delta_i = D - (D_{\leqslant i} + D_{>i}) \tag{5-3}$$

式中，D 为整体数据 $y_1, \cdots, y_n$ 的偏差；$D_{\leqslant i}$ 为子组 $y_1, \cdots, y_i$ 的偏差；$D_{>i}$ 为子组 $y_{i+1}, \cdots, y_n$ 的偏差。拐点 r 是让 Δ_i 最大时对应的 i 值：$r = \max_i \Delta_i$。此时拐点 r 对应的环境压力变量 x_r 就是相应的响应阈值。

拐点的不确定性可以用自举法（bootstrap）模拟定量估计（Efron and Tibshirani, 1993），并用 90%的置信区间表示。这个不确定性可以用一种观点解释，即与离散值相比，一个区间可以更好地表示拐点的不确定性。另一个需要考虑的问题是，无论真正的生态学变化是否存在，方差降低的方法总能找到这样一个拐点。因此，采用近似的 χ^2 检验来判断产生的拐点是否具有统计学意义。χ^2 检验基于这样一个事实，即用尺度参数分开的方差减少值为近似的 χ^2 分布（d. f. =1）（Venables and Ripley, 1994）。较大的方差减少会产生一个较小的 p 值，因此拒绝没有拐点的无效假设。

此方法与基于树的模型方法是一致的。实际上，当 x 为单一预测变量时，得到的拐点是分类回归树模型的第一个分节点。

5.2.2 贝叶斯拐点分析法

贝叶斯拐点分析法与非参数拐点分析方法相比，其优点是能够给出变点可能发生位置的概率分布。

在贝叶斯拐点分析中，对生态响应变量指定一个具体的概率假设。假设来自 n 个点位的响应变量 $y_1, \cdots, y_n$ 是取自序列随机变量 $Y_1, \cdots, Y_n$ 的随机样本，即在每个点位定义一个随机变量，并假设这些随机变量属于关于参数 θ 的同一个分布。

如果变量值在 $r(1 \leqslant r \leqslant n)$ 点发生变化，那么 r 就是随机变量 $Y_1, \cdots, Y_n$ 的一个拐点：

$$\begin{aligned} &Y_1, \cdots, Y_r \sim \pi(Y_i \mid \theta_1) \\ &Y_{r+1}, \cdots, Y_n \sim \pi(Y_i \mid \theta_2) \end{aligned} \tag{5-4}$$

式中，π 为通用的概率密度函数，$\theta_1 \neq \theta_2$。也就是说第一部分和第二部分随机变量的分布属于同一统计学分布，但对应的未知参数 θ 不相同。假设该模型肯定有突然的改变发生。贝叶斯拐点分析的理论背景可以参考相关文献（Qian et al.，2004；Perreault et al.，2000a，b）。

首先，由式(5-4)产生的 n 个观察值的近似函数 $L(Y;r)$ 可以表示为：

$$L(Y;r)=\prod_{i=1}^{r}\pi(Y_i\,|\,\theta_1)\prod_{i=r+1}^{n}\pi(Y_i\,|\,\theta_2) \tag{5-5}$$

利用先验密度为 $r:\pi(r)$，则后验密度 $r|Y$ 为：

$$\pi(r|Y)=\frac{L(Y;r)\pi(r)}{\sum_{r=1}^{n}L(Y;r)\pi(r)} \tag{5-6}$$

可以简单地评价后验密度的特征，拐点后验密度的概率 $(P(r=n\mid Y))/\{1-P(r=n\mid Y))\})$ 通常用来验证是否在该点产生变化。

假设响应变量近似正态分布或者二项分布，下面对近似正态和二项分布的响应变量的拐点分析进行详细的介绍。

1. 正态分布模型

当随机变量 $Y_1,\cdots,Y_n$ 服从正态分布时，拐点可以定义成：

$$Y_i\sim\begin{cases}N(\mu_1,\sigma_1{}^2) & i=1,\cdots,r\\ N(\mu_2,\sigma_2{}^2) & i=r+1,\cdots,n\end{cases} \tag{5-7}$$

式中，$\lambda_1=1/\sigma_1{}^2$，$\lambda_2=1/\sigma_2{}^2$，模型参数为 $\theta=(\mu_1,\lambda_1,\mu_2,\lambda_2)$，则假设参数的先验形式为：

$$\pi(\theta,r)\propto\pi(\lambda_1)\pi(\lambda_2)$$

另外，使 λ_1 和 λ_2 的先验分布服从伽马分布，即 $\lambda_1\sim\gamma(\alpha_1',\beta_1')$，$\lambda_2\sim\gamma(\alpha_2',\beta_2')$。一个合适的 λ_1 和 λ_2 的先验分布可以确保得到正确的 r 的后验分布。实际上，参数 (α_1',β_1') 和 (α_2',β_2') 可选择让先验分布接近平面的值，将 4 个参数定为 0.001。

数据和参数的联合分布与先验和似然数的乘积成正比：

$$\prod_{i=1}^{n}\pi(\theta,r)\pi(Y_i\mid r,\theta)\propto\lambda_1{}^{r/2+\alpha_1'-1}\times e^{[-(1/2)r\lambda_1(\mu_1-\bar{Y}_1)^2]}e^{(-\lambda_1\delta_1)}$$
$$\times\lambda_2{}^{(n-r)/2+\alpha_2'-1}e^{[-(1/2)(n-r)\lambda_2(\mu_2-\bar{Y}_2)^2]}\times e^{-\lambda_2\delta_2} \tag{5-8}$$

并且，r 的边际分布为：

$$pr(r\mid Y)\propto\begin{cases}\dfrac{1}{r^{1/2}}\dfrac{1}{(n-r)^{1/2}}\dfrac{\Gamma(\gamma_1)}{\delta_1^{\gamma_1}}\dfrac{\Gamma(\gamma_2)}{\delta_2^{\gamma_2}} & r<n\\ \dfrac{1}{n^{1/2}}\dfrac{\Gamma(\gamma_n)}{\delta_n^{\gamma_n}}\dfrac{\Gamma(\alpha_2')}{\beta_2'^{\alpha_2'}} & r=n\end{cases} \tag{5-9}$$

式中，

$$\overline{Y}_1=\frac{1}{r}\sum_{i=1}^{r}Y_i,\overline{Y}_2=\frac{1}{n-r}\sum_{i=r+1}^{n}Y_i,$$

$$\gamma_1=\frac{r-1}{2}+\alpha'_1,\delta_1=\frac{1}{2}[\sum_{i=1}^{r}Y_i^2-r\overline{Y}_1^2]+\beta'_1,$$

$$\gamma_2=\frac{n-r-1}{2}+\alpha'_2,\delta_2=\frac{1}{2}[\sum_{i=r+1}^{n}Y_i^2-(n-r)\overline{Y}_2^2]+\beta'_2,$$

$$\gamma_n=\frac{n-1}{2}+\alpha'_1,\delta_n=\frac{1}{2}[\sum_{i=1}^{n}Y_i^2-n\overline{Y}_1^2]+\beta'_1$$

$\Gamma(\cdot)$ 表示伽马函数。这是一个不连续的概率分布。由于相应变量的次序与环境梯度变量一致，x_i 是阈值的概率也是由等式(3-18)得出的。可以选择用分布方式作为拐点估计，或者相应环境梯度变量的期望。参数 θ 的后验条件分布为：

$$\mu_1\mid\mu_2,\lambda_1,\lambda_2,r\sim N(\overline{Y}_1,r\lambda_1)$$
$$\lambda_1\mid\mu_1,\mu_2,\lambda_2,r\sim\gamma(\gamma_1,\delta_1)$$
$$\mu_2\mid\mu_1,\lambda_1,\lambda_2,r\sim N(\overline{Y}_2,(n-r)\lambda_1)$$
$$\lambda_2\mid\mu_1,\mu_2,\lambda_1,r\sim\gamma(\gamma_2,\delta_2)$$

2. 二项分布模型

当随机变量 $Y_1,\cdots,Y_n$ 服从二项分布时，拐点可以定义成：

$$Y_i\sim\begin{cases}\text{binomial}(\theta_1,N_i) & i=1,\cdots,r\\ \text{binomial}(\theta_2,N_i) & i=r+1,\cdots,n\end{cases}\tag{5-10}$$

式中，θ_1 和 θ_2 分别表示拐点前后的成功概率。假设 r，θ_1 和 θ_2 有均匀的先验，数据和参数的联合分布与下式成比例：

$$\begin{aligned}\pi(\theta_1,\theta_2,r)L(Y;\theta_1,\theta_2,r)&\propto\theta_1^{\sum_{i=1}^{r}Y_1}\\&\times(1-\theta_1)^{\sum_{i=1}^{r}(N_i-Y_i)}\theta_2^{\sum_{i=1}^{r}Y_i}\\&\times(1-\theta_2)^{\sum_{i=r+1}^{n}(N_i-Y_i)}\theta_1^{S_{11}}\\&\times(1-\theta_1)^{S_{12}}\theta_2^{S_{21}}(1-\theta_2)^{S_{22}}\end{aligned}\tag{5-11}$$

式中，$S_{11}=\sum_{i=1}^{r}Y_i$，$S_{12}=\sum_{i=1}^{r}(N_i-Y_i)$，$S_{21}=\sum_{i=r+1}^{n}Y_i$，$S_{22}=\sum_{i=r+1}^{n}(N_i-Y_i)$。

r 的边际分布可以由 θ_1 和 θ_2 的联合分布得出：

$$\begin{aligned}\pi(r\mid Y)&\propto\int\theta_1^{S_{11}}(1-\theta_1)^{S_{12}}\theta_2^{S_{21}}(1-\theta_2)^{S_{22}}\mathrm{d}\theta_1\mathrm{d}\theta_2\\&\propto\frac{\Gamma(S_{11}+1)\Gamma(S_{12}+1)}{\Gamma(S_{11}+S_{12}+2)}\frac{\Gamma(S_{21}+1)\Gamma(S_{22}+1)}{\Gamma(S_{21}+S_{22}+2)}\end{aligned}\tag{5-12}$$

θ_1 和 θ_2 的条件后验分布为：

$$\pi(\theta_i \mid r, Y) = \text{beta}(S_{j1}+1, S_{j2}+1) \quad j = 1,2 \tag{5-13}$$

拐点是否存在可以从非拐点的概率 $pr(n \mid Y)$ 得出。可以用 MCMC 模拟算法中的 Gibbs 抽样法推断 r 、μ_1 和 μ_2 的后验分布服从正态分布，r 、θ_1 和 θ_2 的后验分布服从二项分布。

采用 R 软件进行非参数拐点分析的相关计算，采用 matlab 软件进行贝叶斯拐点分析，相关的程序代码参见附录 5.1 和附录 5.2。假设全国不同湖泊生态区响应变量的分布满足正态分布。因此，在利用贝叶斯层次模型进行拐点分析之前，需要判断响应变量的分布是否满足正态分布的要求。对不满足正态分布的响应变量需要进行相应的对数转化(以 10 为底)(Tamhane and Dunlop, 2000)。分析各个湖泊生态区数据的特征，需要将甘新、华北和中东部湖泊生态区响应变量 Chl *a* 的数据进行以 10 为底的对数转化。

5.3　拐点分析法建立湖泊营养物基准的案例研究

将非参数拐点分析法和贝叶斯拐点分析法结合，确定全国七大湖区营养物基准阈值。

以 Chl *a* 为响应变量，以 TP 和 TN 为预测变量，采用非参数拐点分析法和贝叶斯拐点分析法分别进行 Chl *a* 对 TP、TN 浓度梯度变化状况的分析，以便找到 Chl *a* 浓度发生突然变化时对应的 TP 和 TN 的阈值浓度。表 5-1 和表 5-2 分别对 TP、TN 拐点及其拐点两边响应变量 Chl *a* 的平均值和标准误差进行了评价。非参数拐点分析和贝叶斯拐点分析法分别采用自助模拟法抽样的 1000 个数据中值 90%的范围和 90%的置信区间定义拐点位置的不确定性。采用两种拐点分析法可以对分类回归树模型的节点进行验证。

七个湖泊生态区 TP 和 TN 监测年均值沿 Chl *a* 浓度的分布情况分别如图 5-1 和图 5-2 所示。从图中可以看出，非参数拐点分析法得到的结果与贝叶斯拐点分析法得到的结果具有很好的一致性。Friedman 检验结果表明两种方法得到的 TP 的拐点值没有显著的差异性($p>0.05$)，这说明贝叶斯拐点分析法中对响应变量的分布满足正态分布的假设是合理的。采用非参数拐点分析得到的 TN 的阈值略高于贝叶斯拐点分析法得到的结果，但整体上仍具有很好的一致性。由于贝叶斯拐点分析法利用了响应变量的分布信息，其产生的 90%置信区间的范围更窄(如图 5-1 和图 5-2 所示)(Qian et al., 2003)。在对湖泊营养物数据进行拐点分析的过程中，如果不能够确定响应变量数据的分布情况，只能采用非参数拐点分析来确定营养物阈值。

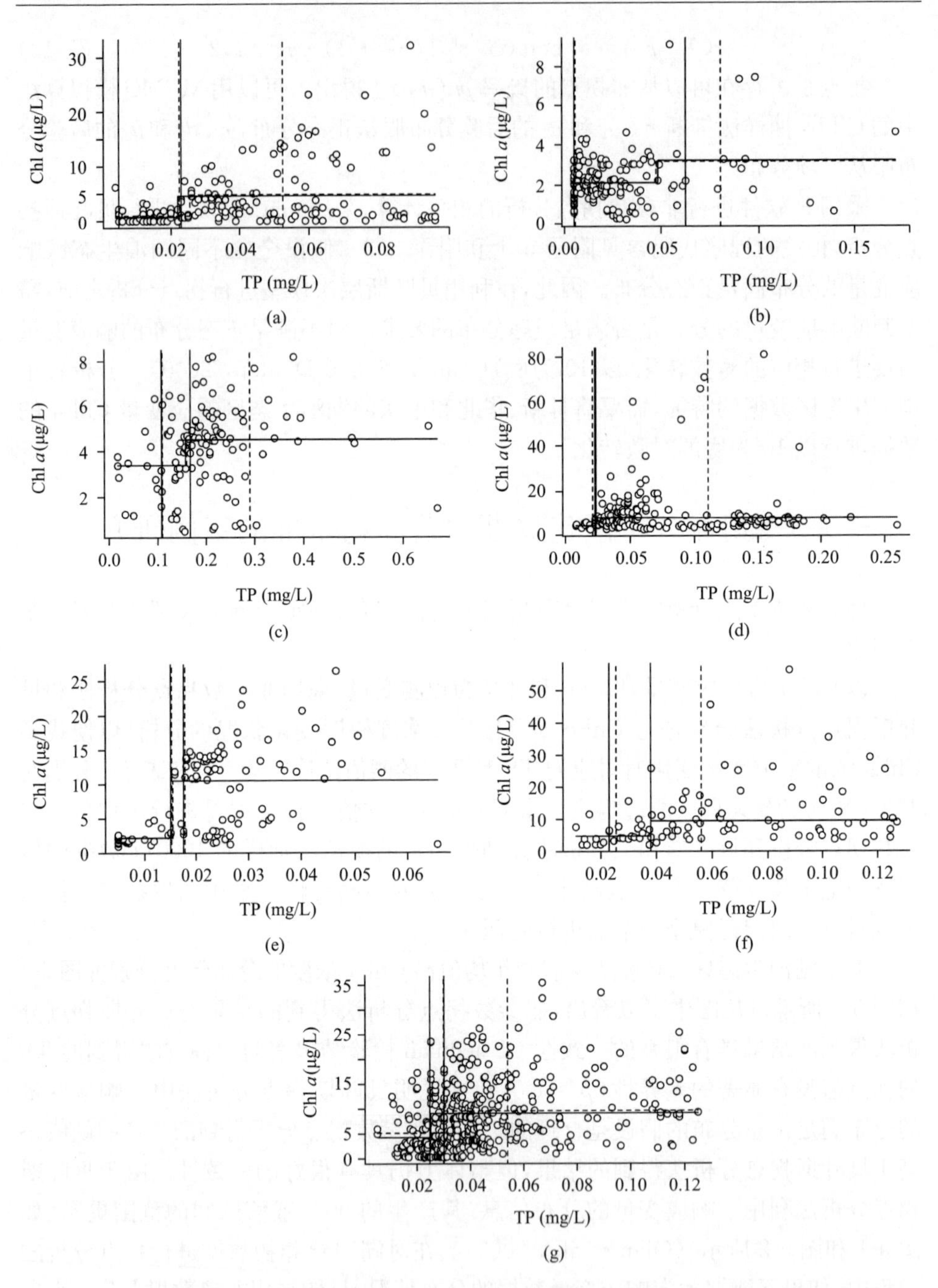

图 5-1 采用非参数拐点分析(虚线)和贝叶斯拐点分析(实线)得到七个湖泊生态区年均值 TP 对 Chl a 评估的拐点分布

折线表示模拟响应,在拐点处的阶梯变化;垂线表示 90%的置信区间;数据用圆圈表示;(a~g)代表不同的湖泊生态区:(a)东北;(b)甘新;(c)宁蒙;(d)华北;(e)云贵;(f)中东部;(g)东南

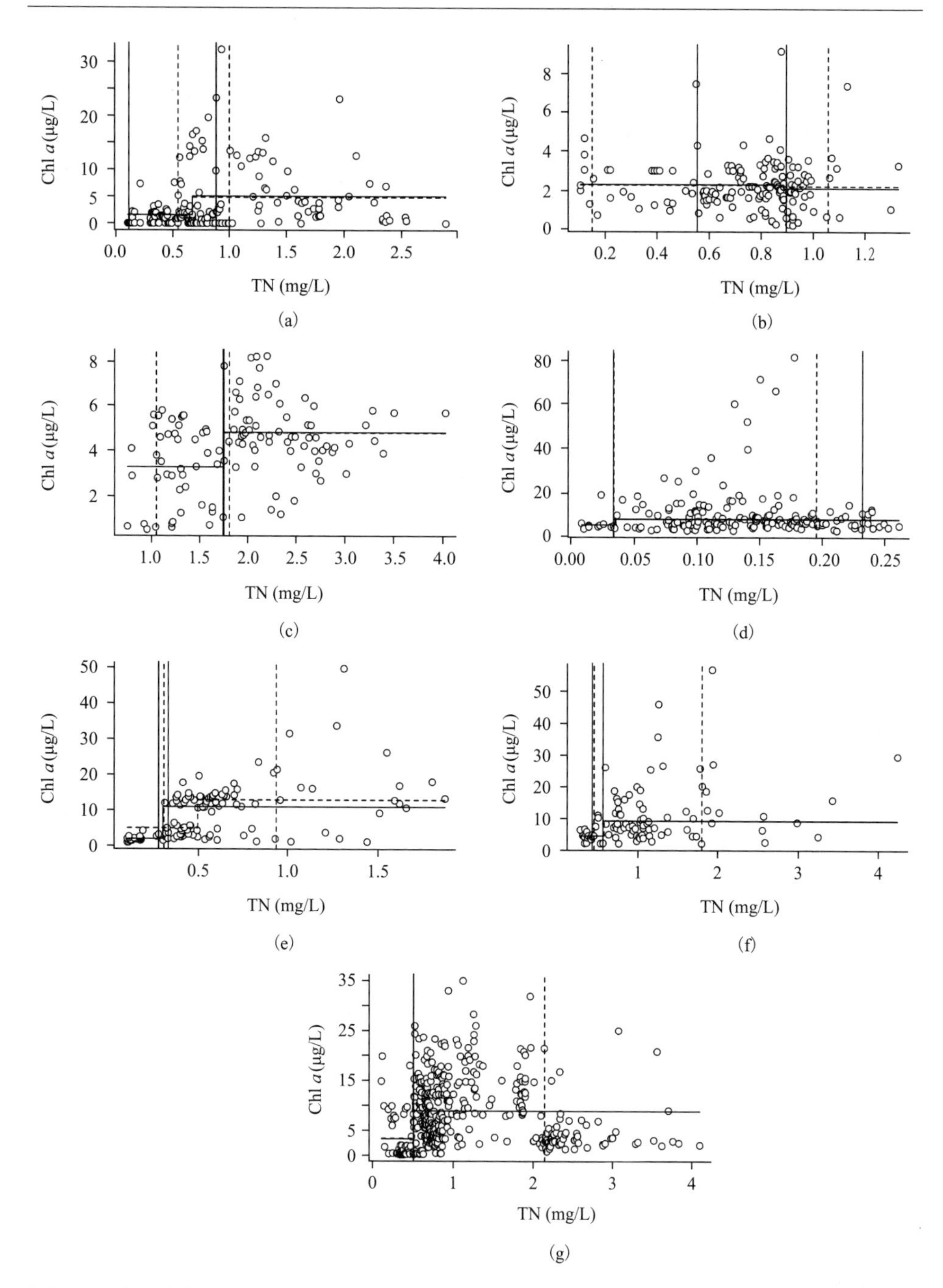

图 5-2　采用非参数拐点分析(虚线)和贝叶斯拐点分析(实线)得到七个湖泊生态区年均值 TN 对 Chl a 评估的拐点分布

折线表示模拟响应,在拐点处的阶梯变化;垂线表示 90%的置信区间;数据用圆圈表示;(a～g)代表不同的湖泊生态区:(a)东北;(b)甘新;(c)宁蒙;(d)华北;(e)云贵;(f)中东部;(g)东南

从图 5-1 和图 5-2 拐点分析得到的结果可以看出，不同湖泊生态区得到的营养物拐点值存在显著的差异性。采用年均数据计算不同湖泊生态区响应变量发生突然变化时营养物对应的拐点浓度，结果表明云贵湖泊生态区得到 TP 的拐点值最低，之后依次为华北、东北、东南、中东部和甘新湖泊生态区。宁蒙湖泊生态区的 TP 拐点值最高，几乎是其他湖区 TP 拐点值的 10 倍，这主要是因为宁蒙湖区多数湖泊为高盐度草型湖，会显著抑制藻类的生长。因此，营养物的大量输入不会造成浮游植物的大量繁殖（TP 浓度低于 0.159 mg/L 时对应的 Chl *a* 平均浓度仅有 3.412 μg/L）。同时从表 5-1 和表 5-2 可以看出，低的营养物拐点浓度并不总是与低的 Chl *a* 响应浓度相对应。例如，云贵湖泊生态区 TP 浓度低于 0.015 mg/L 时对应 Chl *a* 的平均浓度值为 2.216 μg/L，而当东北湖泊生态区 TP 的浓度低于 0.026 mg/L 时对应 Chl *a* 的平均浓度值仅为 1.028 μg/L，甘新湖泊生态区 TP 的浓度低于 0.047 mg/L 时对应 Chl *a* 的平均浓度值也仅为 2.094 μg/L。这说明不同湖泊生态区营养物浓度与 Chl *a* 浓度之间的响应关系存在显著的差异性，对不同湖泊区域分别建立营养物基准阈值是科学合理的。

不同生态区湖泊的营养物和 Chl *a* 浓度也呈现明显的季节性差异（Suplee et al., 2007）。因此，对不同湖泊生态区 4～9 月的数据进行非参数和贝叶斯拐点分析，以判断不同季节对响应变量拐点位置的影响情况。采用 Friedman 检验对利用年均值数据和 4～9 月数据得到的营养物拐点阈值进行差异性分析。结果表明采用两组数据得到的营养物拐点值之间存在显著的差异性（$p<0.05$）。从表 5-1 和表 5-2 中可以看出，除华北湖区 TP、宁蒙和云贵湖区的 TN 外，其他湖泊生态区采用 4～9 月数据得到的营养物阈值浓度均显著大于采用年均值得到的阈值浓度。该研究结果进一步表明在制定营养物基准时需要考虑季节性因素对营养物阈值的影响。

沿着压力梯度（TN 或 TP）对观察值进行排序，并识别拐点将相应变量分为两组，使其偏差的差异性最大。采用两种拐点分析法得到不同湖泊生态区响应变量突变点的范围为：TP 0.015～0.222 mg/L；TN 0.300～1.750 mg/L。

讨论

采用非参数拐点分析和贝叶斯拐点分析对七个湖泊生态区现场调查的年均值数据和 4～9 月数据进行定量营养物阈值分析。两种拐点分析方法都可以用来检测选择的特定富营养化响应变量随营养物梯度的变化情况，并假设 Chl *a* 的浓度会随着营养物浓度梯度发生突然的变化。但是，拐点被认为是一种对概率分布的估计，因为生态变化并不总是突然发生的（Muradian, 2001）。可以用置信区间来表示变化区域（见图 5-1 和图 5-2 中的垂线）。这些置信区间显示了拐点发生时 TP 和 TN 潜在的阈值范围。结果表明：①如果相关关系中存在突然的变化，模型

表 5-1　使用非参数拐点分析和贝叶斯拐点分析确定七个湖泊生态区 TP 随 Chl *a* 变化的阈值

湖泊生态区	数据来源	非参数拐点分析			贝叶斯拐点分析		
		拐点	置信区间	Chl *a* 均值[*n*]±标准误差	拐点	置信区间	Chl *a* 均值[*n*]±标准误差
东北	年均值	0.026	0.022，0.052	1.028[87]±1.484，4.931[122]±5.807	0.022	0.005，0.023	0.828[75]±1.267，4.693[134]±5.623
	4～9 月数据	0.052	0.051，0.099	2.271[100]±2.626，13.968[53]±12.988	0.052	0.052，0.096	2.250[101]±2.626，14.235[52]±13.059
甘新	年均值	0.047	0.006，0.080	2.094[136]±0.931，3.163[22]±2.162	0.048	0.005，0.062	2.095[137]±0.931，3.208[21]±2.238
	4～9 月数据	0.066	0.053，0.127	1.829[172]±2.030，9.084[35]±3.269	0.070	0.070，0.093	1.829[173]±2.025，9.5489[34]±3.203
宁蒙	年均值	0.159	0.109，0.290	3.412[41]±1.624，4.552[77]±1.768	0.157	0.108，0.167	3.412[41]±1.624，4.552[77]±1.768
	4～9 月数据	0.222	0.038，0.343	5.567[41]±5.181，4.123[24]±2.028	0.222	0.222，0.250	5.567[41]±5.181，4.123[24]±2.028
华北	年均值	0.022	0.021，0.111	4.043[10]±1.310，7.618[168]±1.961	0.022	0.022，0.023	4.043[10]±1.310，7.618[168]±1.961
	4～9 月数据	0.021	0.019，0.052	3.291[17]±1.533，9.465[167]±2.683	0.020	0.018，0.022	3.327[16]±1.573，7.831[150]±2.261
云贵	年均值	0.015	0.015，0.018	2.216[35]±1.034，10.500[84]±5.686	0.015	0.015，0.018	2.216[35]±1.034，10.500[84]±5.686
	4～9 月数据	0.016	0.016，0.040	2.505[35]±1.957，12.244[86]±6.793	0.020	0.020，0.040	2.629[44]±1.816，13.312[86]±6.361

续表

湖泊生态区	数据来源	非参数拐点分析			贝叶斯拐点分析		
		拐点	置信区间	Chl *a* 均值[*n*]±标准误差	拐点	置信区间	Chl *a* 均值[*n*]±标准误差
中东部	年均值	0.038	0.026，0.056	4.893[28]±1.702，9.556[67]±2.015	0.038	0.023，0.038	4.893[28]±1.702，9.556[67]±2.015
	4～9月数据	0.091	0.026，0.093	7.685[35]±2.581，29.756[21]±1.909	0.091	0.070，0.092	7.685[35]±2.581，29.756[21]±1.909
东南	年均值	0.030	0.030，0.054	5.173[142]±4.820，9.581[305]±6.656	0.025	0.025，0.030	4.276[83]±3.854，9.071[364]±6.609
	4～9月数据	0.042	0.038，0.048	6.931[229]±7.542，13.411[134]±9.956	0.040	0.011，0.040	6.389[209]±7.118，13.304[154]±9.856

表 5-2　使用非参数拐点分析和贝叶斯拐点分析确定七个湖泊生态区 TN 随 Chl *a* 变化的阈值

湖泊生态区	数据来源	非参数拐点分析			贝叶斯拐点分析		
		拐点	置信区间	Chl *a* 均值[*n*]±标准误差	拐点	置信区间	Chl *a* 均值[*n*]±标准误差
东北	年均值	0.670	0.542，0.995	1.635[101]±2.568，4.869[108]±5.989	0.670	0.110，0.880	1.635[101]±2.581，5.061[94]±6.346
	4～9月数据	0.922	0.670，1.024	3.640[101]±5.125，11.073[53]±13.756	0.920	0.880，0.990	3.640[101]±5.151，11.073[53]±13.883
甘新	年均值	0.877	0.150，1.056	2.262[108]±1.060，2.202[50]±1.542	0.885	0.555，0.895	2.293[117]±1.208，2.102[41]±1.289
	4～9月数据	1.394	1.030，1.867	1.938[169]±2.091，12.698[53]±2.755	1.330	1.300，1.330	1.938[169]±2.091，12.698[53]±2.755

续表

湖泊生态区	数据来源	非参数拐点分析			贝叶斯拐点分析		
		拐点	置信区间	Chl *a* 均值[*n*]±标准误差	拐点	置信区间	Chl *a* 均值[*n*]±标准误差
宁蒙	年均值	1.745	1.050，1.805	3.275[45]±1.770，4.799[69]±1.584	1.750	1.740，1.750	3.281[46]±1.751，4.817[68]±1.588
	4～9月数据	1.715	0.684，1.835	3.996[30]±2.314，5.334[30]±1.542	1.320	1.220，2.490	3.952[23]±2.589，5.905[38]±5.145
华北	年均值	0.708	0.692，2.539	4.918[11]±1.609，7.549[167]±1.967	0.698	0.686，2.961	4.918[11]±1.609，7.549[167]±1.967
	4～9月数据	0.730	0.724，1.386	3.805[12]±1.267，7.229[141]±1.996	0.714	0.703，0.833	3.805[12]±1.267，7.239[140]±2.000
云贵	年均值	0.494	0.305，0.936	5.008[62]±4.568，12.895[60]±8.467	0.300	0.275，0.330	1.968[28]±0.685，10.947[94]±7.793
	4～9月数据	0.475	0.305，0.615	5.287[58]±4.604，13.104[61]±7.451	0.300	0.250，0.340	1.915[26]±0.872，11.394[95]±7.027
中东部	年均值	0.579	0.452，1.803	4.454[20]±1.594，9.124[75]±2.021	0.565	0.430，0.565	4.454[20]±1.594，9.124[75]±2.021
	4～9月数据	1.385	1.128，2.729	8.184[34]±2.708，25.391[22]±2.203	1.369	1.117，1.369	8.184[34]±2.708，25.391[22]±2.203
东南	年均值	0.511	0.511，2.144	3.448[54]±4.800，8.988[401]±6.430	0.510	0.510，0.513	3.384[53]±4.823，8.983[402]±6.423
	4～9月数据	0.595	0.515，2.019	4.474[66]±5.920，10.699[329]±9.162	0.600	0.510，0.600	4.413[67]±5.896，10.730[328]±9.158

会产生紧密集中于阈值周围的后验的拐点分布；②如果后验拐点分布很宽而不是很窄，则会对应一个较宽的置信区间。当后验拐点的分布很宽而不是很窄的情况下，需要仔细考虑模型的推断结果。云贵湖泊生态区得到高度集中的 TP 后验拐点分布[如图 5-1(e)]，表明在拐点处 Chl *a* 的浓度随 TP 浓度的变化而突然改变。甘新和华北湖泊生态区得到 TN 拐点的后验分布较宽，说明这两个湖泊生态区具有较大的不确定性。估计的置信区间的范围能够反映出拐点的不确定性程度。这种不确定性的原因有很多，可能的原因是响应变量与环境营养物梯度之间的相关关系受到其他因素影响的程度。云贵湖泊生态区的大多数湖泊为深水湖，湖水清澈，Chl *a* 与营养物之间的响应关系不容易受到其他环境因素的影响，故得到拐点的置信区间范围较窄。甘新湖泊生态区大多数湖泊具有较高的盐度，会抑制藻类对营养物的吸收利用，影响 Chl *a* 与营养物浓度之间的响应关系，故其得到拐点的置信区间较宽。因此，当基于拐点制定营养物阈值的时候，管理者应该对潜在的阈值范围方面的信息进行考虑。

非参数拐点分析不需要对响应数据进行概率假设，因此该方法更加强健，相关的计算也更加简单。但是，非参数拐点分析法需要对响应数据的类型（如连续性、数值型、分类型）进行识别，以便采用适宜的方法计算方差。由于非参数拐点分析法不能充分利用响应变量分布概率相关的信息，因此当类似信息存在的时候，与贝叶斯拐点分析法相比，非参数拐点分析的效率会降低（Qian et al.，2003）。贝叶斯拐点分析法需要响应变量特定的分布信息，而这样的信息很容易在生态学数据中获得（响应变量的 log 转化可以提供近似的正态分布）。贝叶斯拐点分析法根据概率密度（或分布）函数来确定最有可能的阈值及其不确定性，需要的计算过程比非参数拐点分析法更加密集和复杂，因此建议采用两种方法对分析结果进行全面探索分析。

与线性回归模型推断营养物基准的方法相比，非参数拐点分析和贝叶斯拐点分析法不需要为响应变量事先确定响应阈值来推断潜在的数值基准（US EPA，2010）。在压力-响应关系中因变量的统计属性突然发生改变的点被定义为阈值或拐点（Breiman et al.，1984；Qian et al.，2003），这一变化点能够反映数据的特征。采用线性回归模型建立压力-响应关系需要一个给定的响应阈值，通过该响应阈值可推断得到营养物阈值。拐点分析法在某种程度上提供了选择这样一个阈值的基准，因此，需要额外的分析来确定选择数值的特征与拐点识别之后的预测目标是否一致。研究者应该评价低于营养物拐点对应的响应变量的数值是否能够支持水体的指定用途。

5.4　小　　结

拐点分析法可以直接将响应变量的变化与主导环境压力梯度联系起来，客观地估算环境阈值。本章综合运用非参数和贝叶斯两种拐点分析法对全国七个湖泊生态区的营养物基准阈值进行了估计，所得的结果能够为营养物基准的制定提供依据。拐点分析法主要是依据响应变量数据突然变化的程度来确定相对应的营养物阈值，该营养物阈值水平是否能够支持水体的指定用途还需要由相关研究者和政策决策者进行进一步的分析和评价。

参考文献

Breiman L, Friedman J H, Olshen R, et al. 1984. Classification and Regression Trees [M]. London, UK: Wadsworth Statistics/Probability. Chapman & Hall/CRC.

Efron B, Tibshirani R J. 1993. An Introduction to the Bootstrap [M]. London UK: Chapman and Hall.

Karr J R, Chu E W. 1997. Biological monitoring and assessment: Using multimetric indexes effectively [R]. University of Washington, Seattle, WA. EPA 235-R97-001.

King R S, Richardson C J. 2003. Integrating bioassessment and ecological risk assessment: an approach to developing numerical water-quality criteria [J]. Environmental Management, 31: 795-809.

Legendre P, Legendre L. 1998. Numerical Ecology. [M]. 2nd ed. Amsterdam, The Netherlands: Elsevier.

Pan Y, Stevenson R J, Vaithiyanathan P et al. 2000. Changes in algal assemblages along observed and experimental phosphorus gradients in a subtropical wetland, USA [J]. Freshwater Biology, 44: 339-353.

Perreault L, Bernier J, Bobée B, et al. 2000a. Bayesian change-point analysis in hydrometeorological time series. Part 1. The normal model revisited [J]. Journal of Hydrology, 235: 221-241.

Perreault L, Bernier J, Bobée B, et al. 2000b. Bayesian change-point analysis in hydrometeorological time series. Part 2. Comparison of change-point models and forecasting [J]. Journal of Hydrology, 235: 242-263.

Qian S S, Pan Y D, King R S. 2004. Soil total phosphorus threshold in the Everglades: A Bayesian change-point analysis for multinomial response data [J]. Ecological Indicators, 4: 29-37.

Qian S S, King R S, Richardson C J. 2003. Two methods for the detection of environmental thresholds [J]. Ecology Modelling, 166: 87-97.

Richardson C J, Qian S S. 1999. Long-term phosphorus assimilative capacity in freshwater wetlands: a new paradigm for sustaining ecosystem structure and function [J]. Environmental Science & Technology, 33(10): 1545-1551.

Muradian R. 2001. Ecological thresholds: A survey. Ecological Economics, 38: 7-24.

Suplee M W, Varghese A, Cleland J. 2007. Developing nutrient criteria for streams: An evaluation of the frequency distribution method [J]. Journal of the American Water Resources Association, 43: 453-472.

Suter G W. 1993. Ecological Risk Assessment [M]. Chelsea, MI: Lewis Publishers.

Tamhane A C, Dunlop D D. 2000. Statistics and data analysis from Elementary to Intermediate [M]. New Jersey, United States: Prentice Hall.

US EPA. 1998. National Strategy for the Development of Regional Nutrient Criteria [M]. Office of Water, Washington, DC. EPA 822-R-98-002.

US EPA. 2010. Using Stressor-response Relationships to Derive Numeric Nutrient Criteria [M]. EPA-820-S-10-001. U. S. Environmental Protection Agency, Office of Water, Washington DC.

Venables W N, Ripley B D. 1994. Modern Applied Statistics with S-Plus [M]. New York: Springer.

附录 5.1　非参数拐点分析实现的 R 语言代码

```
#以甘新湖区 4～9 月数据为例进行分析
ganxin <- read.csv("含 chla 监测点数据(4～9 月)-TP.csv")#数据导入
x<- ganxin$lgTP
y<- ganxin$lgChla
    df1 <- data.frame(x, y)
    # 利用分类回归树模型找到第一个分支节点
    library(rpart)
    df1 <- data.frame(x, y)
    mod.cart <- rpart(y~x,df1,
                        control = rpart.control(maxdepth = 1))
    print(summary(mod.cart))
    incvec<- x < 0.0658
    # 计算该节点处每一个分支的平均值
    w.u <- unique(mod.cart$where)
    incvec1 <- mod.cart$where == w.u[1]
    incvec2 <- mod.cart$where == w.u[2]
     if (mean(x[incvec1]) < mean(x[incvec2])) {
         sval0 <- 0.5 * (max(x[incvec1]) + min(x[incvec2]))
         lev1 <- mean(y[incvec1])
         lev2 <- mean(y[incvec2])
    }
    if (mean(x[incvec1]) > mean(x[incvec2])) {
         sval0 <- 0.5 * (min(x[incvec1]) + max(x[incvec2]))
         lev1 <- mean(y[incvec2])
         lev2 <- mean(y[incvec1])
    }

    # 对数据进行自助抽样得到第一个分支节点的置信区间
    doboot <- T
    if (doboot) {
         numit <-129 # number of bootstrap interations
         sval <- rep(NA, times = numit) # storage for split locations
         for (i in 1:numit) {
              isamp <- sample(nrow(df1), nrow(df1), replace = T) # resample with re-
                placement
```

```
            df2 <- df1[isamp, ]
            mod.cart <- rpart(y~x, data = df2,
                              control = rpart.control(maxdepth = 1))
            sval[i] <- mod.cart$splits[4]
        }
        # 计算90%的置信区间
        lims <- quantile(sval, probs = c(0.05, 0.95))
    }
    # 图形输出
    png(file = "ncpa.TP.jpg",width = 4, height = 2.5, pointsize = 10,
        units = "in", res = 600)
    par(mar = c(4,4,1,1), bty = "l", mgp = c(2.3,1,0))
    plot(x,y, xlab = "TP (mg/L)", ylab = "Chl a (μg/L)", type = "n")
    points(x, y, pch = 21, col ="grey39", bg = "white")
    segments(min(x), lev1, sval0, lev1)
    segments(sval0, lev1, sval0, lev2)
    segments(sval0, lev2, max(x), lev2)
    if (doboot) {
        abline(v = lims[1], lty = "dashed")
        abline(v = lims[2], lty = "dashed")
    }
    dev.off()
```

附录5.2　贝叶斯拐点分析法实现的 matlab 代码

```
% 用MCMC方法求解后验发生概率的期望值
% p(k|Y) = ∫∫p(k|Y,mua,mub)d(mua)d(mub)
clear all;
close all;
YY = []; % 原始数据,第一列为压力变量,第二列为需要计算拐点的响应变量
YY = sortrows(YY);
Y = YY(:,2);
nn = 4; % 子类与总体方差的比值
z = 10000; % 抽样次数
N = length(Y);
miu0 = mean(Y);
sigma0 = std(Y);
for k = 1:N-1
```

```
    [miu_a0 miu_b0] = miu(k,Y,nn,N,miu0);
    sigma_a0 = sqrt(nn * sigma0 * sigma0/(nn + k));
    sigma_b0 = sqrt(nn * sigma0 * sigma0/(nn + N-k));
        %------------------------------------------------------------%
    i = 1;
    while i< = z + 500
        miu_a(i) = normrnd(miu_a0,sigma_a0,1);
        miu_b(i) = normrnd(miu_b0,sigma_b0,1);
        aa = normrnd(mean(miu_a),4 * sigma_a0,1);
        bb = normrnd(mean(miu_b),4 * sigma_b0,1);
        s = exp(((miu_a(i)-miu_a0)^2-(aa-miu_a0)^2)/(2 * sigma_a0 * sigma_a0));
        t = exp(((miu_b(i)-miu_b0)^2-(bb-miu_b0)^2)/(2 * sigma_b0 * sigma_b0));
        u = rand(1,2);
        s = min(1,s);
        t = min(1,t);
            if (u(1)< = s)&&(u(2)< = t)
            miu_a(i) = aa;
            miu_b(i) = bb;
            i = i + 1;
        else
        end;
    end;
    miu_a = miu_a(501:z + 500);
    miu_b = miu_b(501:z + 500);
    A = py(Y,k,miu_a,miu_b,nn,sigma0,N);
    B = 0;
    for j = 1:N-1
        B = B + py(Y,j,miu_a,miu_b,nn,sigma0,N);
    end;
    PP = A./B;
    p(k) = mean(PP);
    Psample(k,:) = PP;
end;

ppp = p(10:N-9);
[E F] = max(ppp);
TNP = YY(F + 9,1)
Ps = Psample(10:N-9,:);
```

```
%找 Ps 每一列的最大值,并在对应的 YY 中找到,存储在 I 中
j = 1;
for i = 1:10:z
    K(:,j) = mean(Ps(:,i:i + 9),2);
    j = j + 1;
end;
[C D] = max(K);
D = D + 9;
I = YY(D,1);
%求 90%置信区间
L = prctile(I,5)
U = prctile(I,95)
```

第六章 贝叶斯线性回归模型建立湖泊营养物基准

6.1 引　　言

贝叶斯方法是基于贝叶斯定理而发展起来用于系统地阐述和解决统计问题的方法。它的基本思想是将关于未知参数的先验信息与样本信息综合，再根据贝叶斯定理，得出后验信息，然后根据后验信息分析未知参数，避免了经典分布中样本量小的弊端。

在水生态系统中，采用系统的方法识别并评价区域尺度的压力-响应模型将有利于水资源的监测和评估，有利于区域营养物基准的确定并增加对不同湖区差异性的解释(Lamon and Qian，2008)。为了将多个环境因素与响应变量联系起来并定量预测模型的不确定性，采用贝叶斯层次模拟方法对预测变量和响应变量建立的线性模型进行评价。贝叶斯层次模拟方法允许调整协变量在全部水平的影响，以便对输出结果及个体的变异性进行同时评价。贝叶斯层次模型可以考虑不同层次水平的混淆因素对压力变量和响应变量建立的压力-响应关系的影响。

同一类湖泊中数据均质性的假设是很难实现的。因此，无论是基于所有湖泊数据的经验模型还是基于单个湖泊数据的模型都不能满足要求。贝叶斯层次模型结合多种类型湖泊的数据对湖泊类型中单一湖泊进行预测，这为一类湖泊数据的拟合和单独湖泊数据拟合提供了一个折中。贝叶斯层次模型允许对不同水平的数据进行整合，并为加强模型在湖泊水平的预测能力进行信息整合提供了一种机制(Malve and Qian，2006)。该模型假设响应变量与预测变量之间的关系对不同层次的湖泊数据都是一样的。每个数据不仅代表单个的观测值，而且属于某个分组，使用分类变量描述每个数据的组别关系将导出描述特定分组关系的模型。

为了汇集来自多个湖泊和地区的信息且在最终的模型中不丢失特定湖泊或特定区域的特征，进行层次结构分析是最有效的(Qian，2009)。分级的或多层的建模方法有利于为环境管理提供支持。在制定营养物基准的过程中，希望通过相应的水质管理措施，控制超过基准值的概率，并且希望模型具有概率预测的能力。如果数据中存在分层结构，且在简单回归过程中分层结构被忽略，那么简单模型通常会产生失败的结果。在这种情况下，采用一种多层(或分层)的方法能够调整协变量在全部水平的影响，以便对输出结果的变异性进行同时预测。

本章在参考相关文献的基础上，详细介绍了贝叶斯层次模型的基本原理、主要特点及实现过程，并利用贝叶斯层次回归模型分析全国不同湖泊生态区压力变量和响应变量之间的相关关系，并分别对云贵和中东部湖泊生态区不同类型湖泊建立贝叶斯层次线性回归模型，以期为制定以区域为基础的科学合理的数字化湖泊营养物基准提供支持。

6.2　贝叶斯层次回归模型法

6.2.1　贝叶斯层次线性模型

贝叶斯方法作为一种概率推理方法在科学研究中得到越来越广泛的应用。具有以下优点：①考虑先验信息；②可以轻松地为一个正式决策分析提供背景；③对不确定性进行明确处理；④有较强的吸收新信息的能力（Gelman et al.，1995；Box and Tio，1973；Bernardo and Smith，1994）。

层次模型是包含分层的嵌套总体，比如从湖泊数据库中抽样 Chl *a*，其数据包括了湖泊类型 Chl *a* 的总体数据和每个湖泊中 Chl *a* 的总体数据，像这样的数据就叫做分层。

一般回归模型缺少数据与均值（方差）异质性分析是度量时面临的重要问题。贝叶斯模型中层次先验信息和马尔科夫链蒙特卡罗模拟方法（MCMC）的应用可以有效地缓解数据缺失和测量误差问题，并能对异质性进行评价和比较，从而避免低估或高估现象的发生。针对数据的模型拟合与模型诊断均展现了层次估计的适应性和灵活性。

MCMC 方法的基本思想是：首先，构造一条马尔科夫链，用其平稳分布做待估计参数的后验分布，然后，利用这条马尔科夫链生成后验分布样本。最后，用马尔科夫链达到平稳状态时的样本做蒙特卡罗模拟。从以上 MCMC 方法的基本思路可以看出，如何构造一个马尔科夫链的转移核，是非常关键的。转移核的构造方法的区别，决定了 MCMC 方法的区别。Gibbs 方法是现在最为常用的方法之一。

Gibbs 方法是由 Geman 提出的，由于它抽样方法的实质是从 n 个一元条件分布依次模拟 n 个随机变量，而不是直接使用联合密度来产生一个单独的 n 维向量，因而大大地简化了模拟难度，所以它在常被用到解决目标分布为多元分布的问题。Gibbs 取样的关键在于只考虑一元条件分布，即除了一个变量外，所有的随机变量都赋予固定值的分布。并且密度通常也具有形式比较简单的优点，比如正态分布或者其他的常见的分布。

在一个湖泊 Chl *a* 浓度预测模型中，同一类型中不同湖泊的模型参数可能是相似的。因此，这些参数的估计可以表达成同一个先验分布。换句话说，认为特定湖泊的模型参数是一个服从同一分布的随机变量，通过计算可以自然模拟数据分层。就是说，个体 Chl a 浓度是在某一湖泊的模型参数基础上建模的，该湖泊的模型参数是在其湖泊类型的参数基础上建模的，而湖泊类型的参数是在所有湖泊参数分布基础上建模的。层次模型的重要特征就是，分层概率分布强调参数间的依赖性，这就允许一个层次模型有足够的参数以形成一个不会过度拟合的模型(Gelman et al.，1995)。Qian 等(2004，2005)的研究表明，用层次建模方法分析不同来源的数据可以降低模型的不确定性，提高模型参数估计的准确性。

层次线性模型总结如下：

$$\log(y_{ijk}) \sim N(X\beta_{ij}, \tau^2) \tag{6-1}$$

$$\begin{aligned} X\beta_{ij} = {} & \beta_{0,ij} + \beta_{1,ij} \times \log(\mathrm{TP}_{ijk}) + \beta_{2,ij} \times \log(\mathrm{TN}_{ijk}) \\ & + \beta_{3,ij} \times \log(\mathrm{TP}_{ijk}) \times \log(\mathrm{TN}_{ijk}) \end{aligned} \tag{6-2}$$

$$\beta_{ij} \sim N(\beta_i, \sigma_i^2) \tag{6-3}$$

$$\beta_i \sim N(\beta, \sigma^2) \tag{6-4}$$

式中，$\log(y_{ijk})$ 是湖泊类型 i 湖泊 j 的第 k 个 log(Chl a) 的观测值；X 是包含湖泊类型 i 湖泊 j 的 TP、TN 观测值的模型矩阵；$\beta_{ij} = [\beta_{0,ij}, \beta_{1,ij}, \beta_{2,ij}, \beta_{3,ij}]$ 是湖泊 j 的模型参数向量，由截距 $\beta_{0,ij}$ 和 log(TP) 的斜率 $\beta_{1,ij}$，log(TN) 的斜率 $\beta_{2,ij}$ 以及 log(TP) × log(TN) 的联合影响 $\beta_{3,ij}$ 组成；τ^2 是模型的误差方差；$\beta_i = [\beta_{0,i}, \beta_{1,i}, \beta_{2,i}, \beta_{3,i}]$ 是湖泊类型 i 的模型参数均值向量；$\sigma_i^2 = [\sigma_{0,i}^2, \sigma_{1,i}^2, \sigma_{2,i}^2, \sigma_{3,i}^2]$ 是湖泊类型 i 的模型参数方差；$\beta = [\beta_0, \beta_1, \beta_2, \beta_3]$ 和 $\sigma^2 = [\sigma_0^2, \sigma_1^2, \sigma_2^2, \sigma_3^2]$ 是总体模型参数均值及方差。需要注意，在方程(6-1)-(6-4)中的分层标记表示条件分布，例如，y_{ijk} 在 $X\beta_{ij}$ 和 τ^2 条件下服从正态分布，β_{ij} 在 β_i 和 σ_i^2 条件下服从正态分布，β_i 在 β 和 σ^2 条件下服从正态分布。交互项加入到模型中来解释 TP、TN 的非加和效应。

式(6-1)至式(6-4)中 β, τ, σ_i 及 σ 的先验概率分布为：

$$\beta \sim N(0, 10000) \tag{6-5}$$

$$\sigma_i, \sigma, \tau \sim \mathrm{unif}(0, 100) \tag{6-6}$$

式中，$N(0, 10000)$ 是 β 的正态分布，均值为 0，方差为 10000；unif(0，100) 是 σ_i，σ 和 τ 的均匀分布，下限为 0，上限为 100。β, σ_i，σ 和 τ 的先验分布被认为是"无信息的"或者"模糊的"。β 的 95%先验区间宽度大约是±200。一个方差参数的标准无信息先验满足 $p(\sigma^2) \propto 1/\sigma^2$，这是因为对数转换后的方差参数服从在区间 $(-\infty, +\infty)$ 上的均匀分布。这个先验不正确，会导致一个不合适的后验分布。因此，需要按照 Gelman 的建议，使用一个服从均匀分布的标准偏差(Gelman et al.，1995)。

6.2.2　贝叶斯非层次线性模型

为了比较层次模型和非层次线性模型，拟合了一个非层次指定类型的虚变量模型。整合全部湖泊类型的数据，用湖泊类型做虚变量。通过使用一个湖泊类型虚变量，由此建成的模型具有该类型的斜率和截距以及一个共同的模型误差方差。这个模型误差方差可与层次线性模型的一个有意义的模型比较。带有虚变量的贝叶斯线性模型如下：

$$\log(y_{ik}) \sim N(X\beta_i Z_i, \tau^2) \tag{6-7}$$

$$\begin{aligned} X\beta_i Z_i = \sum_{i=1}^{9} [&\beta_{0,i} Z_{0,i} + \beta_{1,i} Z_{1,i} \times \log(\mathrm{TP}_{ik}) + \beta_{2,i} Z_{2,i} \times \log(\mathrm{TN}_{ik}) \\ &+ \beta_{3,i} Z_{3,i} \times \log(\mathrm{TP}_{ik}) \log(\mathrm{TN}_{ik})] \end{aligned} \tag{6-8}$$

$$\beta_i \sim N(\mu_{\beta_1}, \sigma_i^2) \tag{6-9}$$

式中，y_{ik} 为湖泊类型 i 的第 k 个观测值的 Chl a 浓度；X 为包含全部湖泊 TP、TN 观测值的模型矩阵；$\beta_i = [\beta_{0,i}, \beta_{1,i}, \beta_{2,i}, \beta_{3,i}]$ 为指定湖泊模型参数向量，由截距 $(\beta_{0,i})$，log(TP) 的斜率 $(\beta_{1,i})$，log(TN) 的斜率 $(\beta_{2,i})$ 以及 log(TP) × log(TN) 的联合影响 $(\beta_{3,i})$ 组成；$Z_i = [Z_{0,i}, Z_{1,i}, Z_{2,i}, Z_{3,i},]$ 为一个由 0 和 1 组成的虚编码矩阵；τ^2 为模型的误差方程；$\mu_{\beta_1} = [\mu_{\beta_{0,1}}, \mu_{\beta_{1,1}}, \mu_{\beta_{2,1}}, \mu_{\beta_{3,1}},]$ 和 $\sigma_i^2 = [\sigma_{0,i}^2, \sigma_{1,i}^2, \sigma_{2,i}^2, \sigma_{3,i}^2]$ 是 β_i 的均值和方差。μ_{β_1}，τ 和 σ_i 的模糊先验分布如下：

$$\mu_{\beta_1} \sim N(0, 10000) \tag{6-10}$$

$$\sigma_i, \tau \sim \mathrm{unif}(0, 100) \tag{6-11}$$

为了查看湖泊类型变量对非层次线性回归模型的识别效果，用所选湖泊数据集拟合了一个线性回归模型[式(6-12)至式(6-14)]。将这些湖泊类型线性模型作为层次模型和非层次虚变量模型的基准。

$$\log(y_k) \sim N(X\beta, \tau^2) \tag{6-12}$$

$$X\beta = \beta_0 + \beta_1 \times \log(\mathrm{TP}_k) + \beta_2 \times \log(\mathrm{TN}_k) + \beta_3 \times \log(\mathrm{TP}_k) \times \log(\mathrm{TN}_k) \tag{6-13}$$

$$\beta \sim N(\mu_\beta, \sigma^2) \tag{6-14}$$

6.2.3　计算和模型比较

分层模型参数估计的解析解是未知的。因此，用马尔科夫链蒙特卡罗模拟(MCMC)方法通过从参数联合后验分布中抽样来估计参数分布(Gilks et al.，2001)。这种 MCMC 方法可以通过免费的 WinBUGS 软件实现(Spiegelhalter et al.，1996，2002)。MCMC 方法允许对所有未知参数 $(\beta_{ij}, \beta_i, \sigma_i^2, \sigma^2, \tau^2)$ 从它们的联合后验分布中抽样。所有的推论都是基于这些后验样本。MCMC 模拟收敛到真实的后验分布的模拟次数被称为老化期。在老化期后的样本被保留用于后验分布的统计推断。运算不同长度的多条 MCMC 链，用 $\hat{R}$ 统计量计算来选择老化期的长度(Gelman and Rubin，1992)。当 $R \approx 1$ 时，老化期足够长。分层模型的老化期为 45 000。从下一个 45 000 次 MCMC 迭代中提取 1000 个样本，以减少样本的自相关。非层次模型的老化期为10 000，从下一个10 000次MCMC迭代中提取1000个样本。

使用Spiegelhalter等(2002)提出的DIC准则(Deviance Information Criterion)对两种模型进行比较。DIC是一种模型复杂性和拟合效果的贝叶斯测量方法，是后验偏差均值 $\overline{D(\theta)}$ 和复杂性的测量 p_D 的总和，前者是拟合效果或者说“适合性”的贝叶斯测量，后者相当于Fisher信息和后验协方差行迹的产物。贝叶斯偏差 $\overline{D}$ 基于 $-2\log$ 似然估计，则数据Y在参数 θ 下的剩余信息可以定义为 $-2\log[p(Y|\theta)]$。假如似正确参数 θ 的估计值为 $\hat{\theta}$，则似正确模型超出估计剩余信息部分记为：

$$\begin{aligned} p_D\{Y,\Theta,\hat{\theta}(y)\} &= E_{\theta|Y}[d_\Theta\{Y,\theta,\tilde{\theta}(y)\}] \\ &= E_{\theta|Y}[-2\log\{p(Y|\theta)\}+2\log\{p(Y|\tilde{\theta}(y))\}] \end{aligned} \tag{6-15}$$

式中，$p_D\{Y,\Theta,\hat{\theta}(y)\}$ 常被记为 p_D，称为参数的有效数目。$\hat{\theta}=E(\theta|Y)$ 为参数的后验均值。将 $f(Y)$ 视为仅与数据本身有关的特定标准化项，是似然方程的数学上限[当 $X\beta_{ij}$ 与类型 i 湖泊的 j 个 $\log(\text{Chl } a)$ 观测值均值相等时方程成立]，如 $f(Y)=p(Y|\mu(\theta)=Y)$，则复杂性测量是用均偏差减去后验参数均值的偏差：

$$p_D=\overline{D(\theta)}-D(\bar{\theta}) \tag{6-16}$$

研究中，数据[$Y=\log(\text{Chl } a)$]被认为服从正态分布，故贝叶斯离差为 $D(\theta)=-\log\dfrac{p(Y\mid\theta)}{f(Y)}=-2\log\{p(Y|\theta)\}+2\log\{f(y)\}$。$D(\theta)$ 越小，真实似然估计 $(p(Y\mid\theta))$ 就与极大似然估计越接近，模型就越好。DIC被定义为：

$$\text{DIC}=D(\bar{\theta})+2p_D=\overline{D(\theta)}+p_D \tag{6-17}$$

式中，$\overline{D(\theta)}=E_{\theta|y}(D(\theta))$，且 $p_D=\overline{D(\theta)}-D(\theta^*)$。

DIC方法被看作是一个描述贝叶斯模型拟合程度的 $\overline{D(\theta)}$ 项加上表述模型复杂程度的罚项 p_D，可以作为不同模型间选择的依据。DIC用来比较模型的合理性，其值越小表示模型越好。

R^2 是一个评价回归线与真实值间拟合效果的统计量，也被用来比较两个模型的平均拟合效果。R^2 是由两个源 SS_{total} 和 SS_{error} 偏差的比值计算得来[式(6-18)]。SS_{total} 是 $\log(\text{Chl } a)$ 关于其均值的异质性。SS_{error} 是 $\log(\text{Chl } a)$ 关于其模型预测值的异质性。如果 SS_{error} 远小于 SS_{total} $(0\ll R^2<1)$，那么模型拟合较好。在最小二乘估计中，R^2 不能有负值。但是在分层模型和非层次模型中，要分别拟合包含全部湖泊及湖泊类型的大量数据。而 R^2 只用于单个湖泊的计算。因此，SS_{error} 有可能大于 SS_{total}，且 R^2 在模型拟合效果非常差时可能是负值。

$$R^2=1-\frac{SS_{\text{error}}}{SS_{\text{total}}} \tag{6-18}$$

6.2.4　后验模拟

后验模拟用来揭示营养物效应并说明分层模型在湖泊富营养化管理中的作用。因此，需要对 Chl *a* 超过基准的后验概率进行模拟。

6.2.5　贝叶斯层次回归模型的 WinBUGS 实现

采用 WinBUGS(Bayesian inference Using Gibbs Sampling)软件进行贝叶斯分层线性模型的相关计算，相关的程序代码参见附录 6.1。

WinBUGS 是由英国的 Imperial College 和 MRC(Medical Research Council)联合开发的用 MCMC 方法进行贝叶斯推断的专用软件包(Lunn and Thomas, 2000)。使用 WinBUGS 可以很方便地对许多常用的模型和分布进行抽样，编程者不需要知道参数的先验密度或似然的精确表达式，只要设置好变量的先验分布并对所研究的模型进行一般性的描述，就能很容易实现对模型的贝叶斯分析，而不需要复杂的编程。利用 WinBUGS 可以得到参数的抽样动态图，并用 Smoothing 方法可以得到的后验分布的核密度估计，抽样值的自相关图及均数和置信区间的变化图等，使抽样结果更直观、可靠。抽样收敛后，可以得到参数的后验分布的均数、标准差、95%置信区间和中位数等信息。

具体应用 WinBUGS 进行数值仿真时，仿真过程可分以下五个步骤：

(1) 程序的编写。主要包括三部分内容：模型构建、数据导入和参数初始值的设定。在模型构造中，主要包括构造贝叶斯统计模型，设定各参数的先验分布形式及各参数之间的关系等。在数据导入中，通常以 list 指令为起始，列出各参数的样本观察值及样本的个数。在参数初始值的设定过程中，同样运用 list 指令，列出各参数的起始值。

(2) 程序的执行。主要包括程序语法检查(check)、数据的载入(load data)、模型的编译(compile)和初始值的载入(load initial values)。

(3) 参数的监控(monitor)，设定需要监控的参数。

(4) 模型的迭代(update the model)。设定模型迭代的次数，通常先设置模型的预迭代次数使马尔科夫链达到一个平衡态。

(5)显示后验参数的仿真数值。为了降低起始值的影响，选取返回后较为稳定的分析结果，可以得到各参数的后验分布抽样及统计推断结果。

6.3　贝叶斯层次回归模型确定营养物基准的案例研究

6.3.1　数据来源及质量控制

收集的全国七个湖泊生态区的数据主要来源于各省相关环境部门和科研机构

及课题组调查数据，共计170多个湖泊和水库的数据。监测指标包括TN、TP和Chl *a*。这些指标均采用国家规定的标准测定方法(GB 3838—2002)进行监测。以用来测量藻密度的变量Chl *a*为模型的响应变量，以营养物的浓度(TN、TP)作为压力变量。选取研究时间间隔内每年至少采样三次的湖泊作为研究对象，并采用年均值数据进行七个湖泊生态区的相应分析。

同时，以云贵和中东部湖泊生态区为例，应用贝叶斯层次回归模型建立不同湖泊类型营养物(TN或TP)与藻类生物量(Chl *a*)之间的压力-响应关系。考虑云贵湖泊生态区湖泊水深差异性显著，以及人工水库与自然湖泊生物响应状态的差异性，将该湖区湖泊分为三类：深水湖、浅水湖和人工水库。中东部湖泊生态区大多数湖泊受水文影响差异性显著，根据湖泊水文连通性和人为筑坝建闸的影响，将中东部生态区湖泊分为三类：非通江湖泊、通江湖泊和阻隔湖泊。

对全国湖泊进行富营养化控制的过程中，湖泊管理人员最关心的一个重要问题是判断影响藻类生长的限制性营养物质究竟是磷还是氮，或者两者都是。如果一个湖泊是受磷限制的，减少湖泊中磷的输入将是控制该湖泊富营养化治理成本的有效措施，反之亦然。经验证据和湖沼学理论表明，内陆淡水湖绝大多数是磷限制的，因此许多湖泊富营养化模型只把磷作为富营养化的驱动力包含在内。研究表明，在某些情况下，氮也可以是限制性营养物，在湖泊富营养化模型中考虑氮的影响往往会得到更好的模型。同时，氮和磷的浓度之间通常存在潜在的相互作用关系。为了将多个环境因素与响应变量联系起来并定量预测模型的不确定性，贝叶斯层次线性回归方法用于评价使用预测变量lnTP和lnTN来预测lnChl *a*的一元和多元线性回归模型。

6.3.2　贝叶斯层次线性回归模型应用于全国湖泊生态区

1. lnChl *a*-lnTP贝叶斯层次线性回归模型

假设全国不同湖泊生态区的Chl *a*与TP变化之间的响应情况相似，并假设响应变量及其相关参数满足以下分布：

$$\text{Chl } a_i \sim N(\mu_i, \sigma^2), \sigma \sim U(0,100),$$

$$\text{logChl } a_i = \text{beta0. eco} + \text{beta1. eco } \log TP_i,$$

$$\text{beta0} \sim N(\mu_{\text{beta0}}, \sigma^2_{\text{beta0}}),$$

$$\mu_{\text{beta0}} \sim N(0, 1.0\text{E}-6), \sigma_{\text{beta0}} \sim U(0,100),$$

$$\text{beta1} \sim N(\mu_{\text{beta1}}, \sigma^2_{\text{beta1}}),$$

$$\mu_{\text{beta1}} \sim N(0, 1.0\text{E}-6), \sigma_{\text{beta1}} \sim U(0,100)$$

式中，eco表示湖泊生态区：1-东北，2-甘新，3-宁蒙，4-华北，5-云贵，6-中东部，7-东南。模型的初始值为：list(sigma＝100, sigma0＝c(1,1,1,1,1,1,1), sigma1＝c(1,1,1,1,1,1,1), mu. beta0＝c(1,1,1,1,1,1,1), mu. beta1＝c(1,1,1,1,1,1,

1))。模型运行的过程中,仿真分析采用 Gibbs 算法进行 4000 次初始迭代,然后再进行 26 000 次迭代,以确保参数的收敛性。

根据以上假设条件,分别建立全国七个湖泊生态区 lnChl a 与 lnTP 贝叶斯层次线性回归模型。

采用 WinBUGS 软件运行得到七个湖泊生态区的贝叶斯层次线性回归模拟估计值如表 6-1 所示。表中列出了各个变量的均值、标准偏差、MC 误差及 95%的置信区间。从表 6-1 中可以看出,东北、甘新、宁蒙、云贵、中东部和东南湖泊生态区得到贝叶斯层次模型参数的 MC 误差都小于相应标准偏差的 5%,可以初步判断这六个湖泊生态区后验估计的精确性良好。而华北湖泊生态区相应的标准偏差和 MC 误差较大,其后验估计的精确性可能较差。

表 6-1　七个湖泊生态区的 lnChl a-lnTP 贝叶斯层次线性回归模拟估计值

湖泊生态区	参数	均值	标准偏差	MC 误差	2.50%	中值	97.50%	初始迭代数	迭代数
东北	beta0[1]	4.046	0.834	0.012	2.403	4.065	5.653	4001	26000
	beta1[1]	0.913	0.352	0.005	0.279	0.895	1.664	4001	26000
甘新	beta0[2]	6.215	0.820	0.016	4.807	6.142	7.995	4001	26000
	beta1[2]	1.630	0.437	0.008	0.930	1.576	2.614	4001	26000
宁蒙	beta0[3]	1.676	0.509	0.009	0.695	1.665	2.723	4001	26000
	beta1[3]	0.158	0.288	0.005	−0.317	0.125	0.811	4001	26000
华北	beta0[4]	7.044	13.720	0.930	2.488	5.565	10.850	4001	26000
	beta1[4]	1.617	5.068	0.344	0.170	1.055	2.871	4001	26000
云贵	beta0[5]	6.069	0.692	0.012	4.674	6.073	7.434	4001	26000
	beta1[5]	1.117	0.217	0.004	0.703	1.113	1.565	4001	26000
中东部	beta0[6]	3.950	0.128	0.003	3.700	3.948	4.200	4001	26000
	beta1[6]	0.549	0.062	0.002	0.434	0.548	0.674	4001	26000
东南	beta0[7]	3.842	0.566	0.009	2.738	3.845	4.960	4001	26000
	beta1[7]	0.565	0.208	0.003	0.185	0.558	0.996	4001	26000

这些参数的均值和置信区间的变化情况可以通过核密度估计图表示(如图 6-1)。

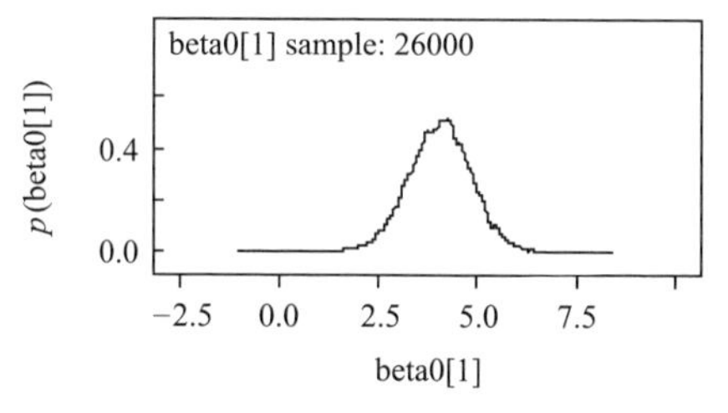

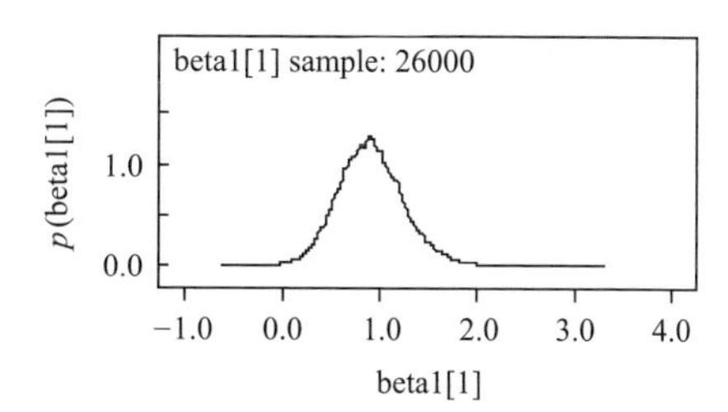

(a) 东北湖泊生态区

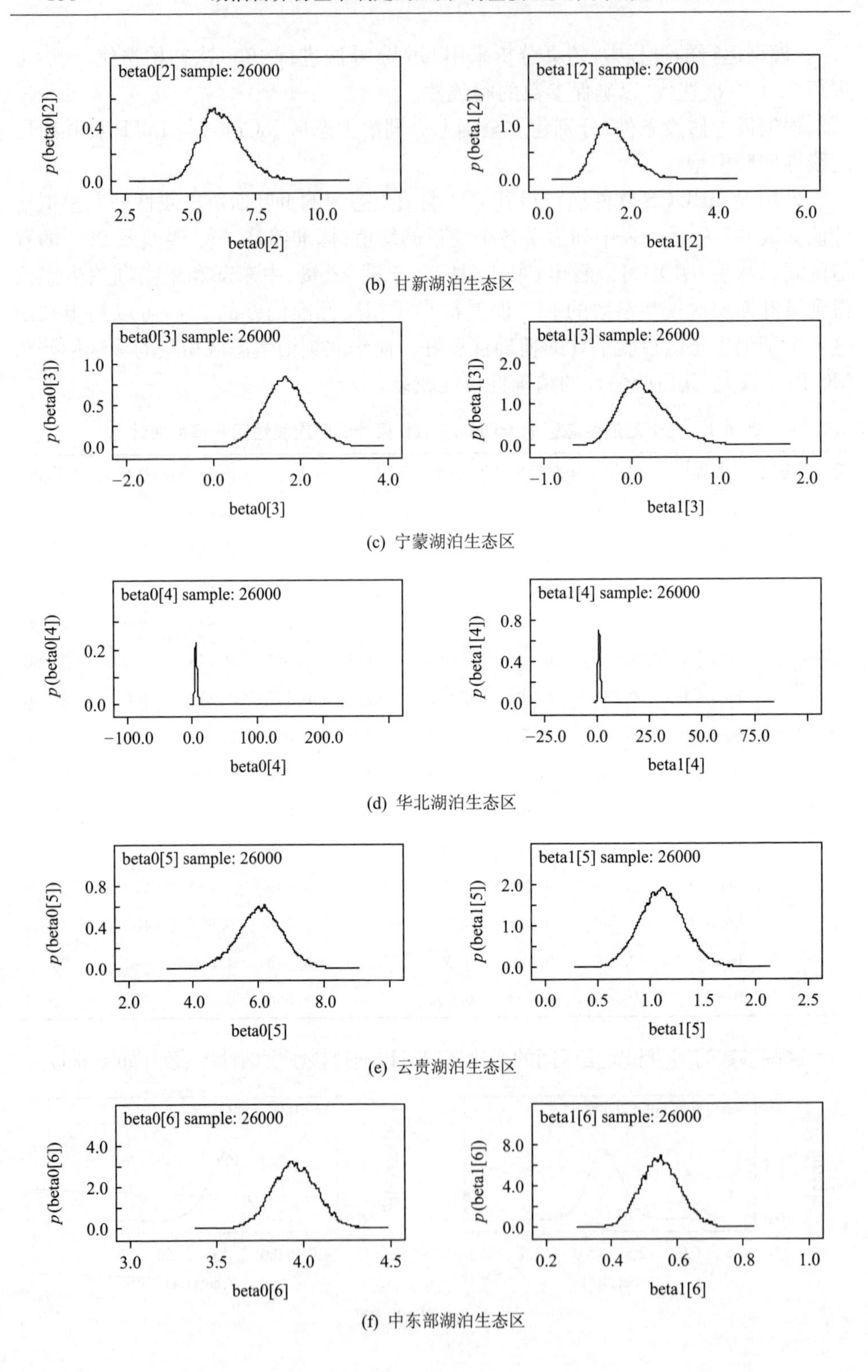

(b) 甘新湖泊生态区

(c) 宁蒙湖泊生态区

(d) 华北湖泊生态区

(e) 云贵湖泊生态区

(f) 中东部湖泊生态区

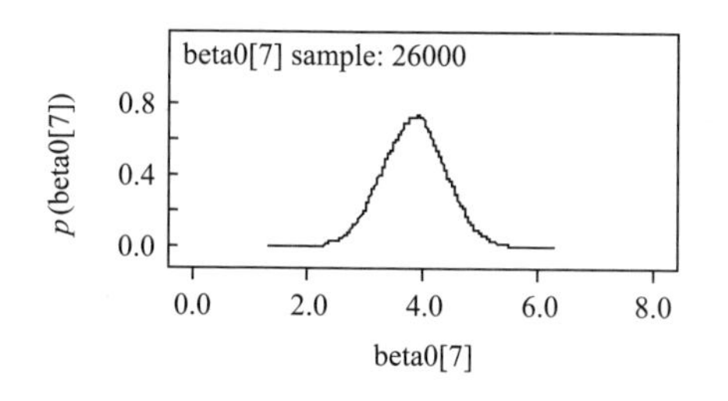

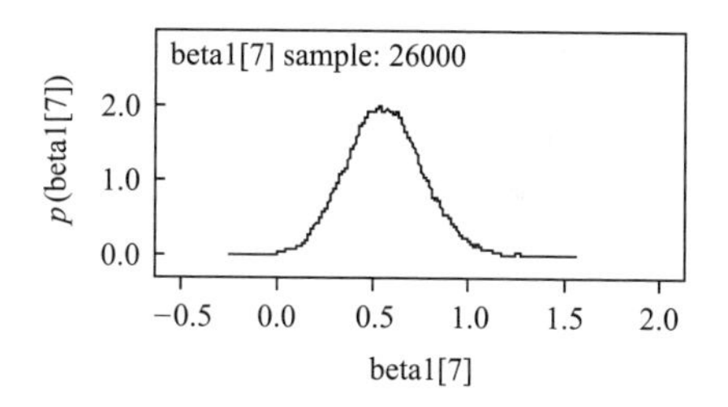

(g) 东南湖泊生态区

图 6-1　七个湖泊生态区 lnChl *a*-lnTP 贝叶斯层次线性回归的后验核密度估计图

从核密度估计图可以看出，除华北湖泊生态区以外，其他六个湖泊生态区得到参数的后验核密度均近似满足正态分布，说明采用 WinBUGS 软件得到的这六个湖泊生态区贝叶斯层次回归模型的估计值能够满足模拟要求。而华北湖泊生态区得到参数的后验核密度估计图不满足模型的正态分布假设。

任何以 MCMC 为基础的完全概率模型分析都是在假定马尔科夫链已经达到稳定状态(即收敛)下进行的，因此 MCMC 模拟的监测和收敛性诊断对于用模拟样本来进行估计和推断是非常重要的。一个 MCMC 模拟称为收敛，是指模拟结果来自于真的马尔科夫链的稳定或目标分布。能从理论上证明收敛性的情形非常少，大多数情况只能满足于有效收敛(effective convergence)。Brooks and Gelman (1998)对有效收敛这样定义："从实际操作上来说，MCMC 链模拟的有效收敛已经达到是指人们对所感兴趣数值的推断已不依赖于模拟的初始值。"有效收敛通常以一些统计分析为基础，利用一个或多个收敛的诊断方法进行判断。因此，对自相关函数进行相应分析以判断模型估计量是否达到收敛。

从图 6-2 中可以看出，东北、甘新、宁蒙、云贵、中东部和东南湖泊生态区六个湖泊生态区参数的自相关函数很快接近于 0，可认为迭代过程已收敛；而华北湖泊生态区参数的自相关函数降低趋势不明显，说明迭代过程不能达到有效收敛。这说明该湖泊生态区不能较好地满足贝叶斯线性回归的先验分布信息，不能使用得到的相关参数建立贝叶斯层次线性回归模型。东北、甘新、宁蒙、云贵、中东部和东南湖泊生态区六个湖泊生态区能够满足贝叶斯线性回归的先验分布信息，得到的相关参数可以建立相应的 lnChl *a*-lnTP 贝叶斯层次线性回归模型。

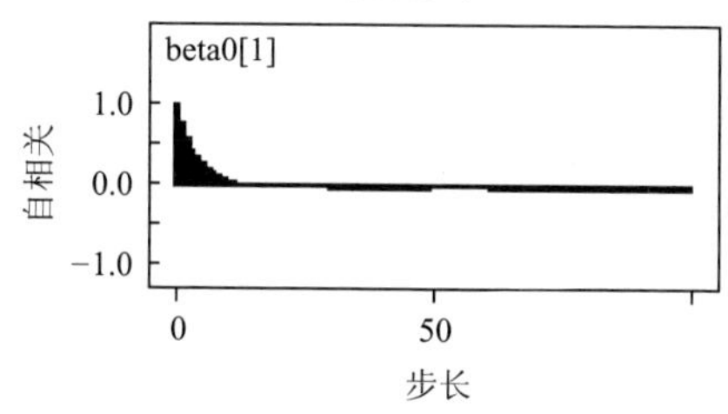

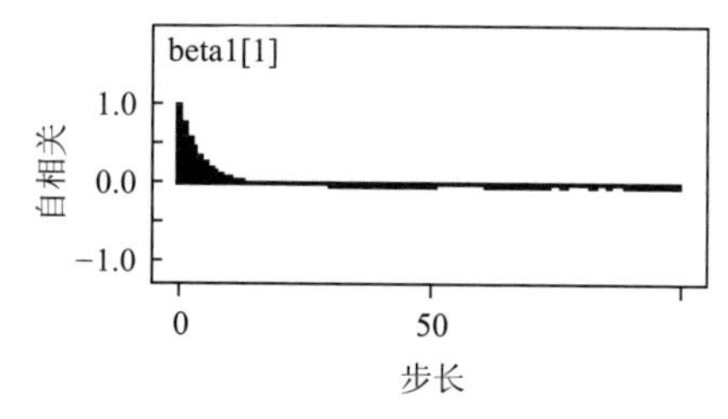

(a) 东北湖泊生态区

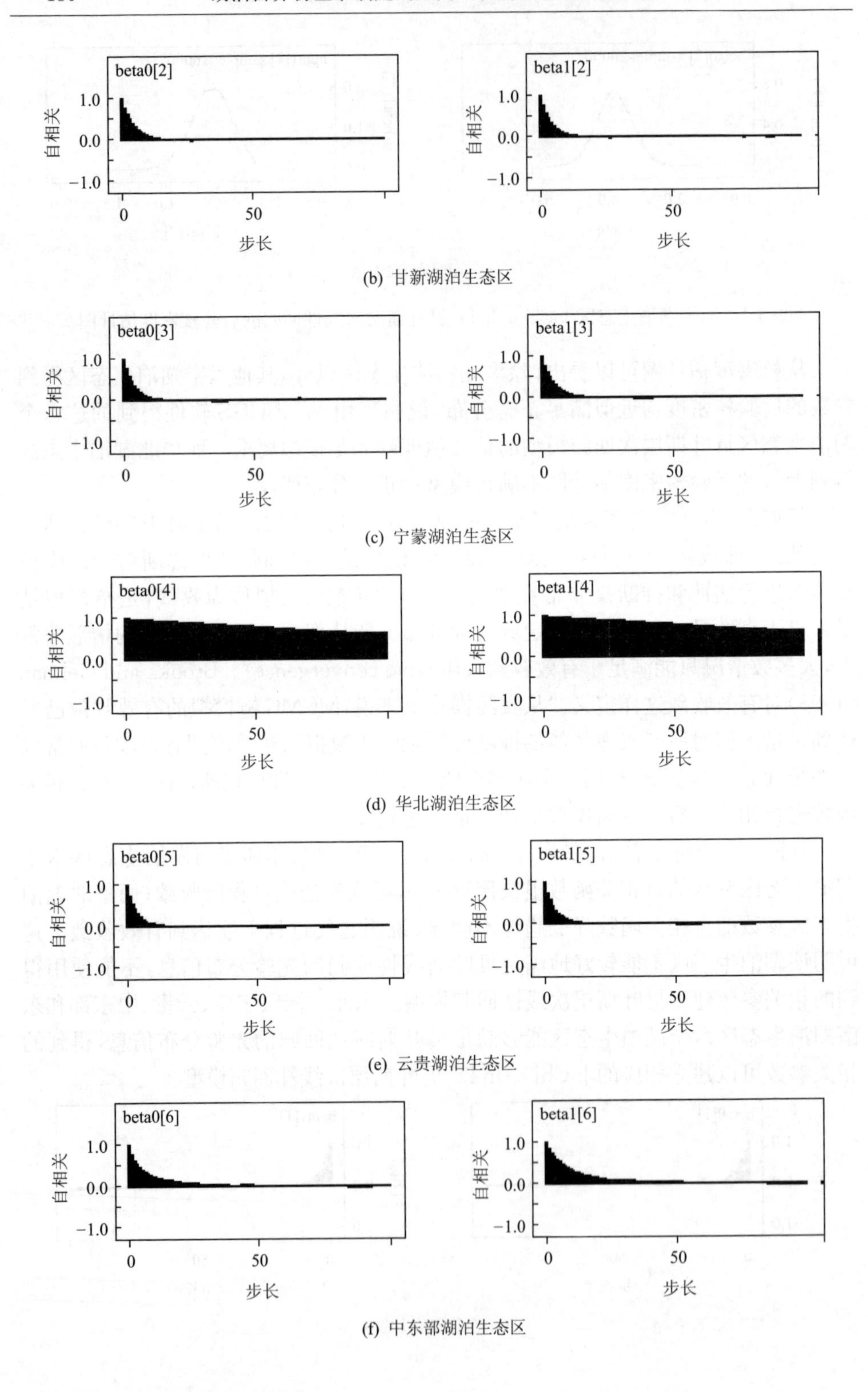

(b) 甘新湖泊生态区

(c) 宁蒙湖泊生态区

(d) 华北湖泊生态区

(e) 云贵湖泊生态区

(f) 中东部湖泊生态区

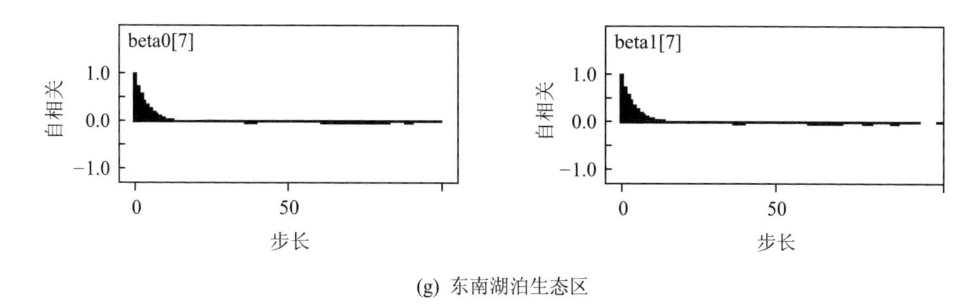

(g) 东南湖泊生态区

图 6-2　全国七个湖泊生态区 lnChl *a*-lnTP 贝叶斯层次线性回归模型的系数的自相关函数

2. lnChl *a*-lnTN 贝叶斯层次线性回归模型

假设全国不同湖泊生态区的 Chl *a* 与 TN 变化之间的响应情况相似，并假设响应变量及其相关参数满足以下分布：

$$\text{Chl } a_i \sim N(\mu_i, \sigma^2), \sigma \sim U(0,100),$$
$$\text{logChl } a_i = \text{beta0. eco} + \text{beta1. eco logTN}_i,$$
$$\text{beta0} \sim N(\mu_{\text{beta0}}, \sigma^2_{\text{beta0}}),$$
$$\mu_{\text{beta0}} \sim N(0, 1.0\text{E}-6), \sigma_{\text{beta0}} \sim U(0,100),$$
$$\text{beta1} \sim N(\mu_{\text{beta1}}, \sigma^2_{\text{beta1}}),$$
$$\mu_{\text{beta1}} \sim N(0, 1.0\text{E}-6), \sigma_{\text{beta1}} \sim U(0,100)$$

式中，eco 表示湖泊生态区：1-东北，2-甘新，3-宁蒙，4-华北，5-云贵，6-中东部，7-东南。模型的初始值为：list(sigma=100, sigma0=c(1,1,1,1,1,1,1), sigma1=c(1,1,1,1,1,1,1), mu. beta0=c(1,1,1,1,1,1,1), mu. beta1=c(1,1,1,1,1,1,1))。模型运行的过程中，仿真分析采用 Gibbs 算法进行 4000 次初始迭代，然后再进行 26 000 次迭代，以确保参数的收敛性。

根据以上假设条件，分别建立全国七个湖泊生态区 lnChl *a* 与 lnTN 贝叶斯层次线性回归模型。

采用 WinBUGS 软件运行得到七个湖泊生态区的贝叶斯层次线性回归模拟估计值如表 6-2 所示。表中列出了各个变量的均值、标准偏差、MC 误差及 95%的置信区间。从表 6-2 中可以看出，七个湖泊生态区得到贝叶斯层次模型参数的 MC 误差均小于相应标准偏差的 5%，可以初步判断这七个湖泊生态区的后验估计均具有良好的精确性。

表 6-2　七个湖泊生态区的 lnChl *a*-lnTN 贝叶斯层次线性回归模拟估计值

湖泊生态区	参数	均值	标准偏差	MC 误差	2.50%	中值	97.50%	初始迭代数	迭代数
东北	beta0[1]	1.501	0.357	0.008	0.669	1.559	1.997	4001	26000
	beta1[1]	0.691	0.463	0.008	−0.084	0.647	1.736	4001	26000

续表

湖泊生态区	参数	均值	标准偏差	MC 误差	2.50%	中值	97.50%	初始迭代数	迭代数
甘新	beta0[2]	0.982	1.279	0.034	−2.769	1.330	2.118	4001	26000
	beta1[2]	2.525	1.494	0.039	1.090	2.139	6.876	4001	26000
宁蒙	beta0[3]	1.306	0.330	0.006	0.512	1.359	1.797	4001	26000
	beta1[3]	0.132	0.434	0.007	−0.639	0.104	1.069	4001	26000
华北	beta0[4]	1.805	0.299	0.006	1.095	1.849	2.251	4001	26000
	beta1[4]	−0.053	0.264	0.005	−0.568	−0.057	0.488	4001	26000
云贵	beta0[5]	2.399	0.144	0.002	2.090	2.409	2.656	4001	26000
	beta1[5]	0.751	0.244	0.004	0.306	0.742	1.253	4001	26000
中东部	beta0[6]	2.474	0.064	0.001	2.345	2.476	2.594	4001	26000
	beta1[6]	0.546	0.068	0.001	0.417	0.544	0.681	4001	26000
东南	beta0[7]	2.156	0.154	0.003	1.817	2.170	2.421	4001	26000
	beta1[7]	−0.020	0.207	0.004	−0.437	−0.019	0.384	4001	26000

不同湖泊生态区得到参数的均值和置信区间的变化情况可以通过核密度估计图表示(图 6-3)。

从核密度估计图可以看出,七个湖泊生态区得到 lnChl a-lnTN 贝叶斯层次线性回归参数的后验核密度估计值近似满足正态分布,说明这七个湖泊生态区得到的贝叶斯层次回归模型的估计值满足模拟要求。

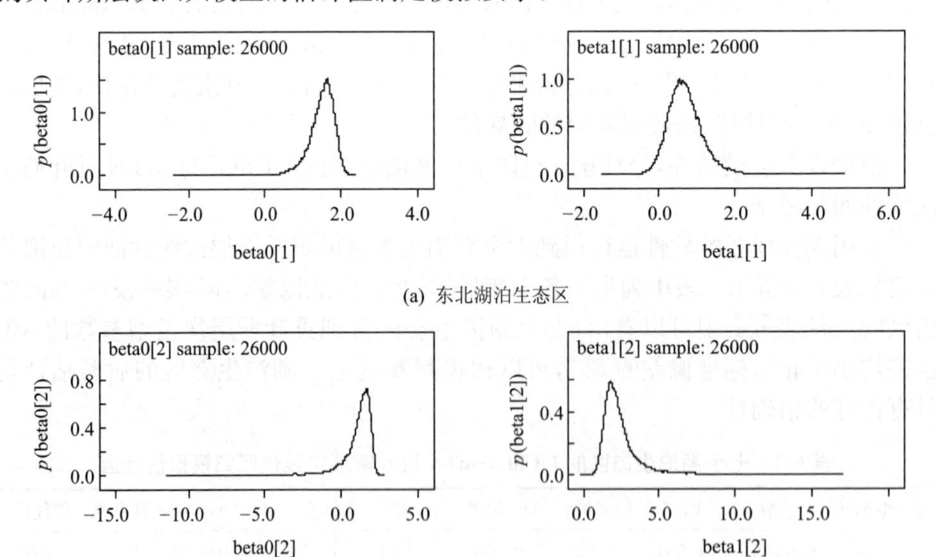

(a) 东北湖泊生态区

(b) 甘新湖泊生态区

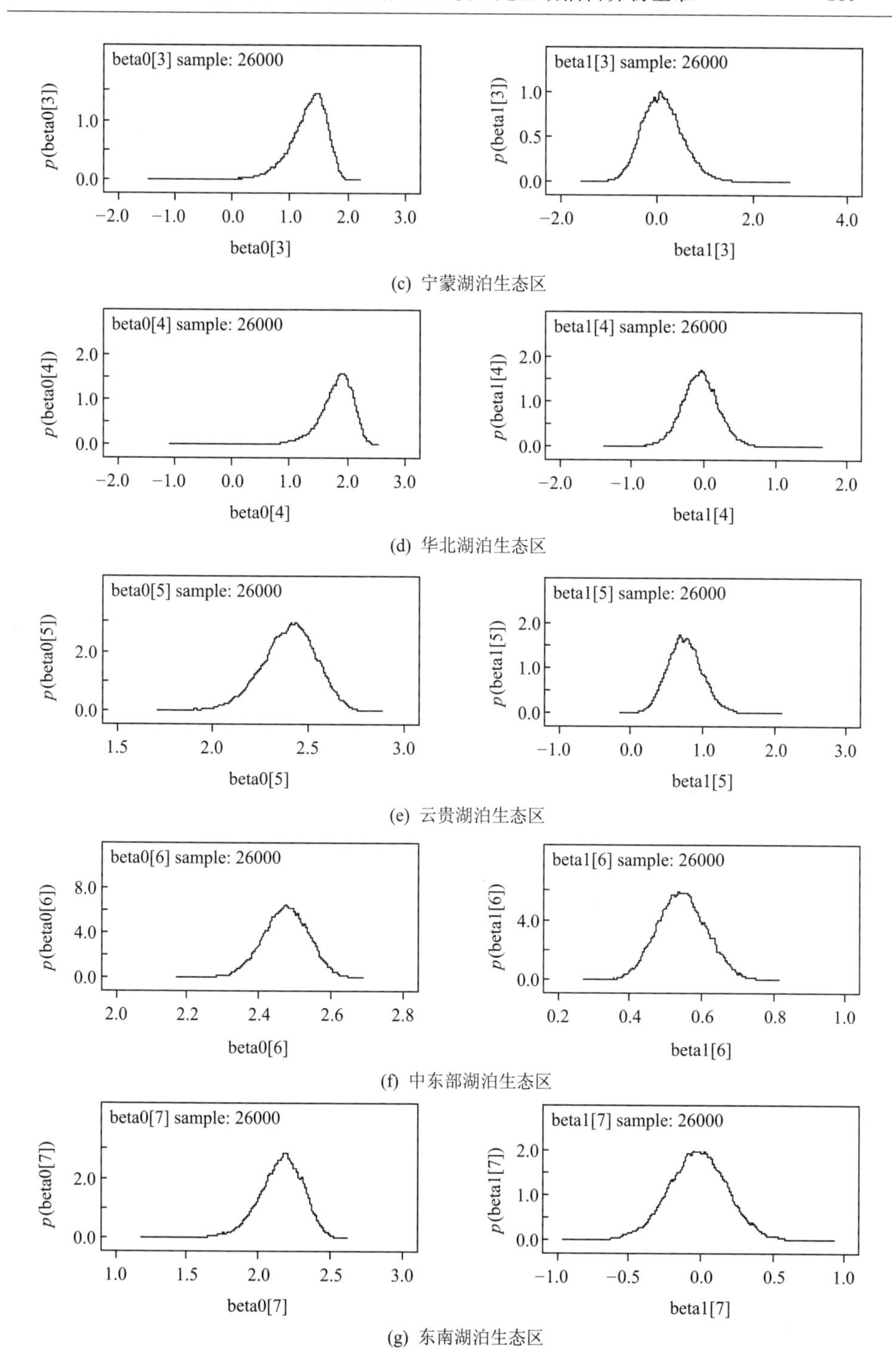

(c) 宁蒙湖泊生态区

(d) 华北湖泊生态区

(e) 云贵湖泊生态区

(f) 中东部湖泊生态区

(g) 东南湖泊生态区

图 6-3　七个湖泊生态区 lnChl *a*-lnTN 贝叶斯层次线性回归的后验核密度估计图

同时,对自相关函数进行相应分析以判断模型估计量是否达到收敛的目的。

从图 6-4 中可以看出,七个湖泊生态区两参数的自相关函数均能很快接近于0,可认为迭代过程已收敛。这说明全国七个湖泊生态区满足贝叶斯线性回归的先验分布信息,得到的相关参数可以建立相应的 lnChl *a*-lnTN 贝叶斯层次线性回归模型。

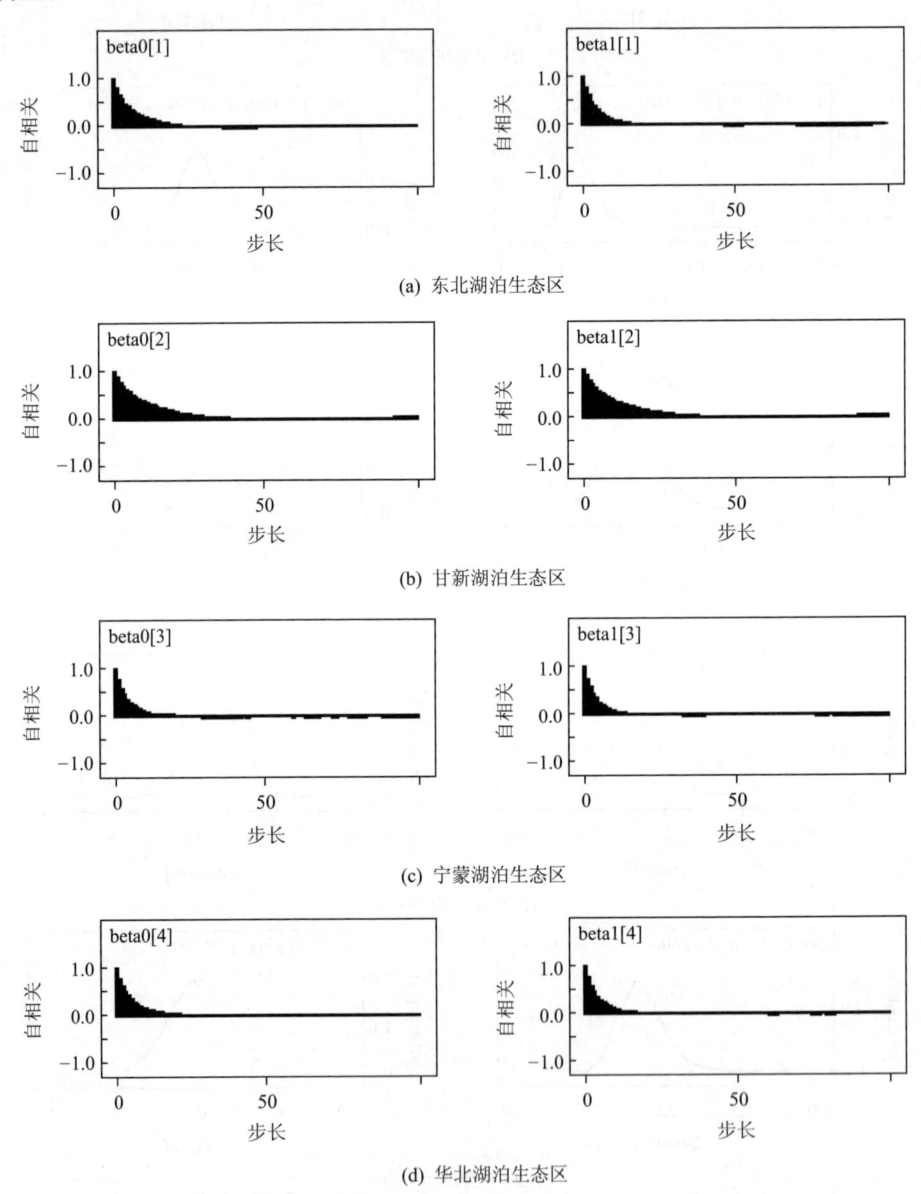

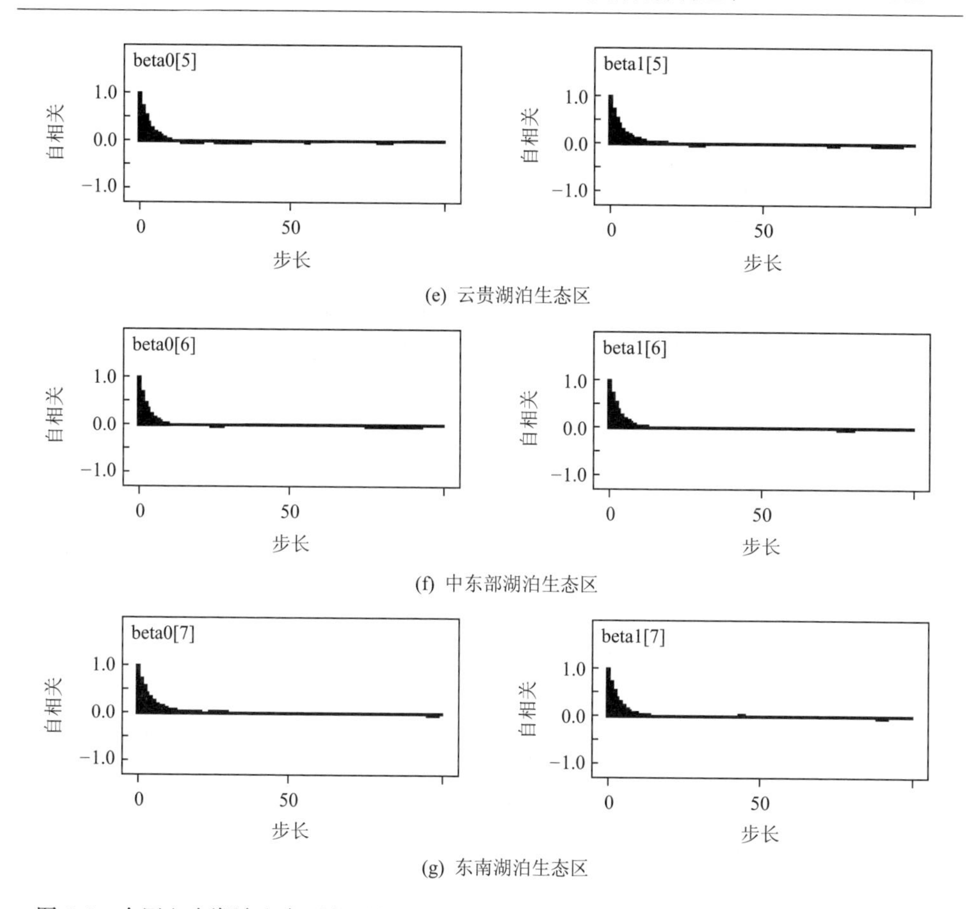

(e) 云贵湖泊生态区

(f) 中东部湖泊生态区

(g) 东南湖泊生态区

图 6-4　全国七个湖泊生态区 lnChl a-lnTN 贝叶斯层次线性回归模型的系数的自相关函数

3. lnChl a-lnTP+lnTN 贝叶斯层次线性回归模型

假设全国不同湖泊生态区的 Chl a 和 TP 与 TN 变化之间的响应情况相似，并假设响应变量及其相关参数满足以下分布：

$$\text{Chl } a_i \sim N(\mu_i, \sigma^2), \sigma \sim U(0,100),$$

$$\log\text{Chl } a_i = \text{beta0.eco} + \text{beta1.eco} \log\text{TP}_i + \text{beta2.eco} \log\text{TN}_i + \text{beta3.eco} \log\text{TP}_i \log\text{TN}_i$$

$$\text{beta0}_j \sim N(\mu_{\text{beta0}_j}, \sigma^2_{\text{beta0}_j}),$$

$$\mu_{\text{beta0}_j} \sim N(0, 1.0\text{E}-6), \sigma_{\text{beta0}_j} \sim U(0,100),$$

$$\text{beta1}_j \sim N(\mu_{\text{beta1}_j}, \sigma^2_{\text{beta1}_j}),$$

$$\mu_{\text{beta1}_j} \sim N(0, 1.0\text{E}-6), \sigma_{\text{beta1}_j} \sim U(0,100),$$

$$\text{beta2}_j \sim N(\mu_{\text{beta2}_j}, \sigma^2_{\text{beta2}_j}),$$

$$\mu_{\text{beta2}_j} \sim N(0, 1.0\text{E}-6), \sigma_{\text{beta2}_j} \sim U(0,100),$$

$$\text{beta3}_j \sim N(\mu_{\text{beta3}_j}, \sigma^2_{\text{beta3}_j}),$$
$$\mu_{\text{beta3}_j} \sim N(0, 1.0\text{E}-6), \sigma_{\text{beta3}_j} \sim U(0, 100)$$

式中，eco 表示湖泊生态区：1-东北，2-甘新，3-宁蒙，4-华北，5-云贵，6-中东，7-东南。模型的初始值为：list(sigma=100, sigma0=c(1,1,1,1,1,1,1), sigma1=c(1,1,1,1,1,1,1), sigma2=c(1,1,1,1,1,1,1), sigma3=c(1,1,1,1,1,1,1), mu. beta0=c(1,1,1,1,1,1,1), mu. beta1=c(1,1,1,1,1,1,1), mu. beta2=c(1,1,1,1,1,1,1), mu. beta3=c(1,1,1,1,1,1,1))。模型运行的过程中，仿真分析采用 Gibbs 算法进行 4000 次初始迭代，然后再进行 26 000 次迭代，以确保参数的收敛性。

根据以上假设条件，分别建立全国七个湖泊生态区 lnChl *a* 与 lnTP、lnTN 贝叶斯层次线性回归模型。

采用 WinBUGS 软件运行得到七个湖泊生态区的贝叶斯层次线性回归模拟估计值如表 6-3 所示。表中列出了各个变量的均值、标准偏差、MC 误差及 95%的置信区间。从表 6-3 中可以看出，东北、宁蒙、云贵、中东部和东南五个湖泊生态区得到贝叶斯层次模型参数的 MC 误差都小于相应标准偏差的 5%，可以初步判断这五个湖泊生态区后验估计的精确性良好。而其他两个湖泊生态区相应的 MC 误差较大，其后验估计的精确性可能较差。

表 6-3　七个湖泊生态区的 lnChl *a* 和 lnTP 与 lnTN 贝叶斯层次线性回归模拟估计值

湖泊生态区	参数	均值	标准偏差	MC 误差	2.50%	中值	97.50%	初始迭代数	迭代数
东北	beta0[1]	4.452	1.372	0.041	1.887	4.387	7.412	4001	26000
	beta1[1]	1.135	0.613	0.018	0.118	1.066	2.565	4001	26000
	beta2[1]	−3.069	2.905	0.087	−10.100	−2.696	1.371	4001	26000
	beta3[1]	−1.386	1.228	0.038	−4.449	−1.191	0.375	4001	26000
甘新	beta0[2]	533.8	274.8	21.0	84.8	478.8	1144.0	4001	26000
	beta1[2]	326.7	166.9	12.7	53.5	293.0	694.7	4001	26000
	beta2[2]	−315.9	336.6	26.0	−1118.0	−316.9	277.0	4001	26000
	beta3[2]	−215.0	197.7	15.3	−691.4	−210.7	113.5	4001	26000
宁蒙	beta0[3]	1.652	0.812	0.027	0.153	1.608	3.574	4001	26000
	beta1[3]	0.271	0.497	0.019	−0.379	0.164	1.688	4001	26000
	beta2[3]	0.248	1.082	0.035	−2.375	0.363	2.099	4001	26000
	beta3[3]	0.017	0.694	0.023	−1.884	0.144	1.030	4001	26000
华北	beta0[4]	7.382	5.870	0.379	2.848	6.367	15.850	4001	26000
	beta1[4]	1.717	2.126	0.140	0.324	1.326	4.576	4001	26000
	beta2[4]	0.062	3.703	0.142	−6.737	0.034	6.936	4001	26000
	beta3[4]	0.035	1.048	0.039	−1.970	0.040	2.021	4001	26000

续表

湖泊生态区	参数	均值	标准偏差	MC 误差	2.50%	中值	97.50%	初始迭代数	迭代数
云贵	beta0[5]	6.092	0.859	0.026	4.443	6.080	7.823	4001	26000
	beta1[5]	1.087	0.277	0.009	0.575	1.074	1.663	4001	26000
	beta2[5]	1.098	1.248	0.044	−1.582	1.183	3.342	4001	26000
	beta3[5]	0.180	0.357	0.013	−0.628	0.222	0.770	4001	26000
中东部	beta0[6]	3.454	0.216	0.005	3.023	3.458	3.874	4001	26000
	beta1[6]	0.381	0.084	0.002	0.217	0.381	0.549	4001	26000
	beta2[6]	0.288	0.220	0.006	−0.149	0.296	0.704	4001	26000
	beta3[6]	0.005	0.097	0.003	−0.196	0.009	0.184	4001	26000
东南	beta0[7]	6.483	1.390	0.032	3.873	6.425	9.310	4001	26000
	beta1[7]	1.397	0.461	0.011	0.561	1.367	2.350	4001	26000
	beta2[7]	−3.150	1.834	0.044	−6.890	−3.118	0.337	4001	26000
	beta3[7]	−0.882	0.585	0.014	−2.069	−0.876	0.256	4001	26000

这些参数的均值和置信区间的变化情况可以通过后验核密度估计图表示(图 6-5)。

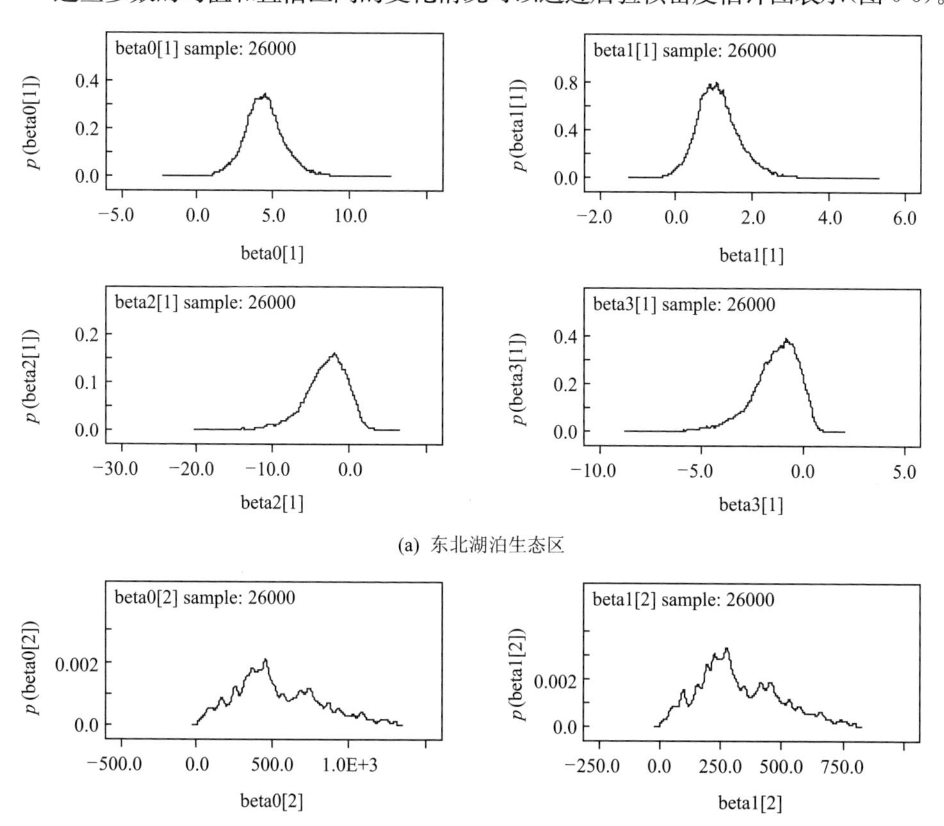

(a) 东北湖泊生态区

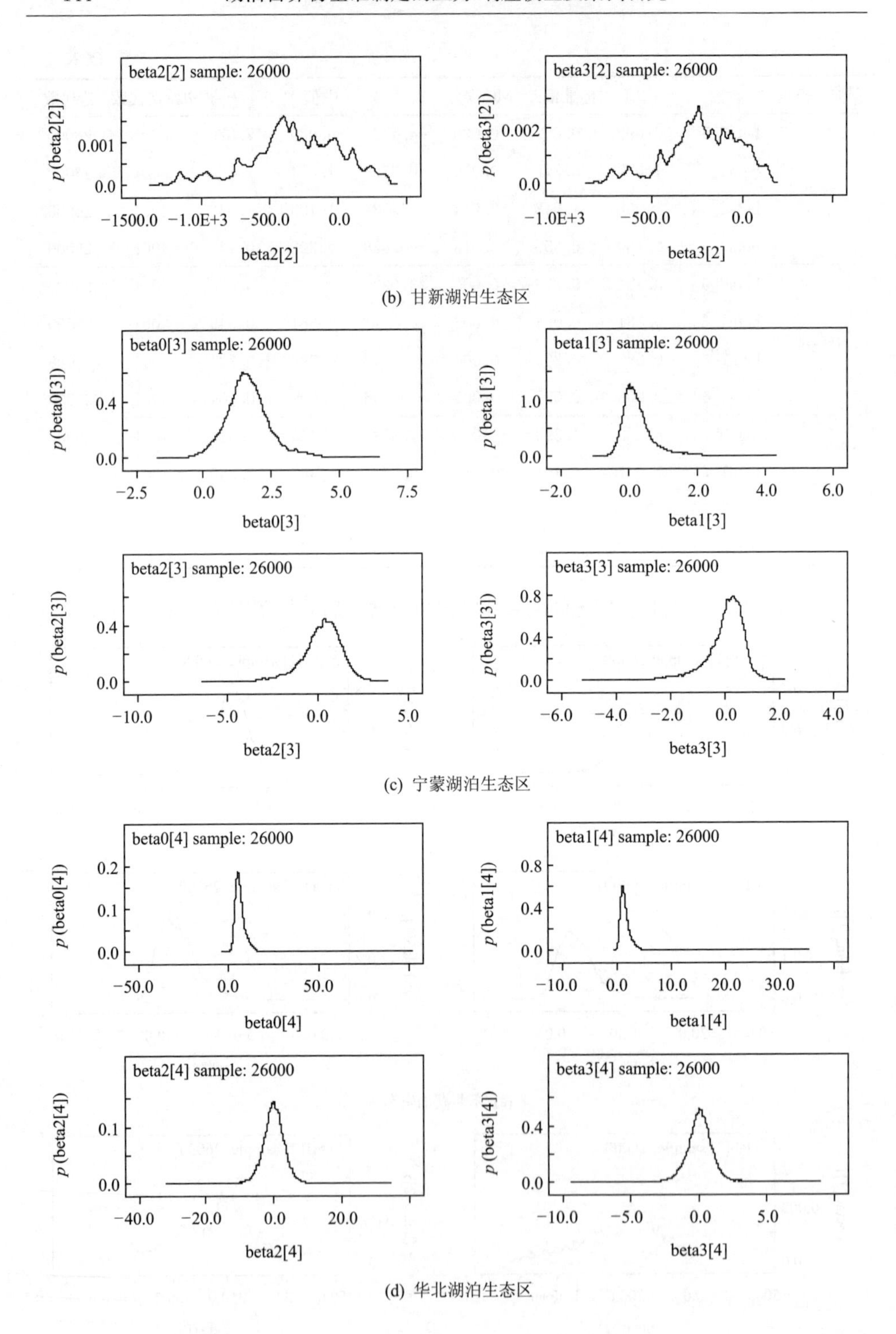

(b) 甘新湖泊生态区

(c) 宁蒙湖泊生态区

(d) 华北湖泊生态区

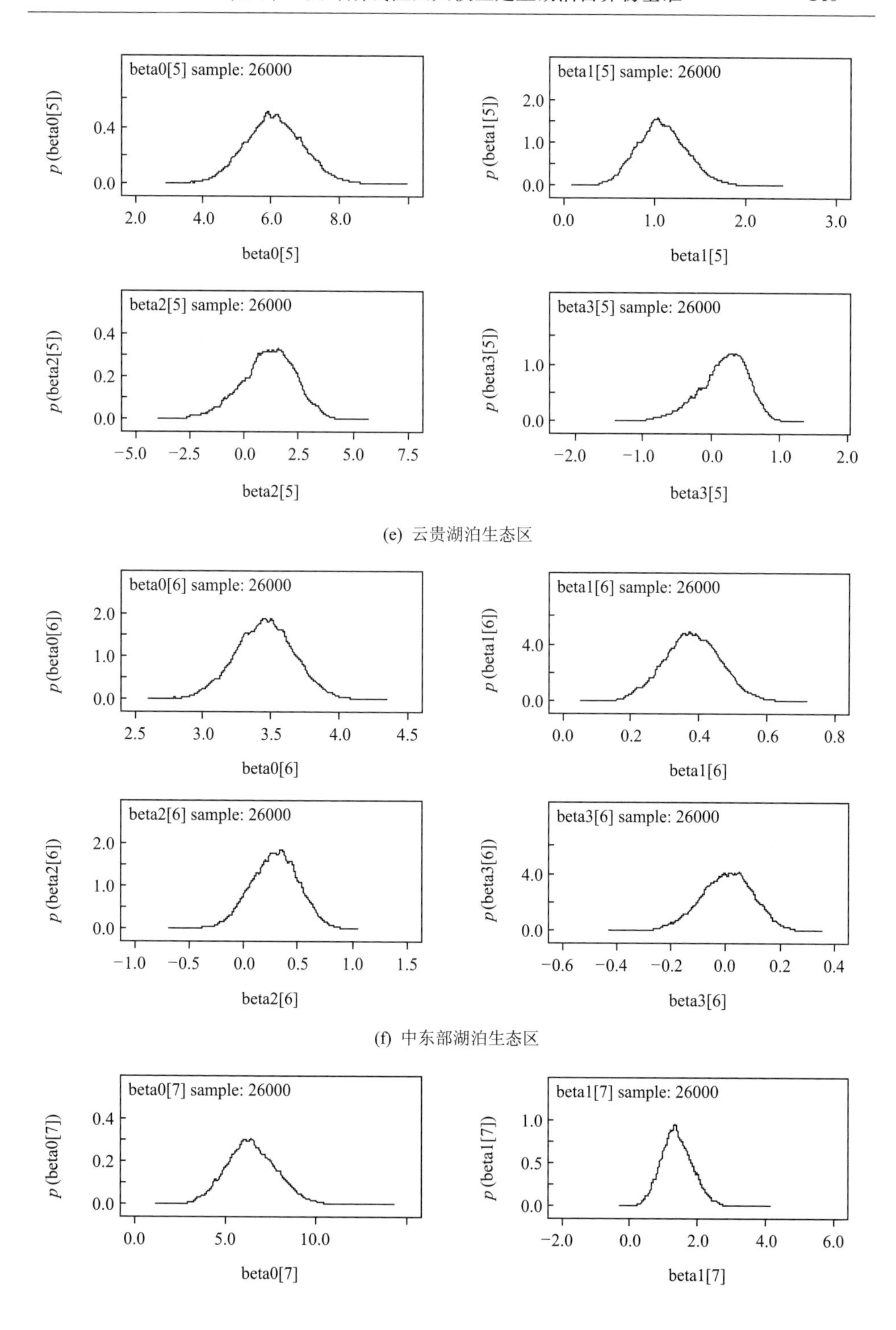

(e) 云贵湖泊生态区

(f) 中东部湖泊生态区

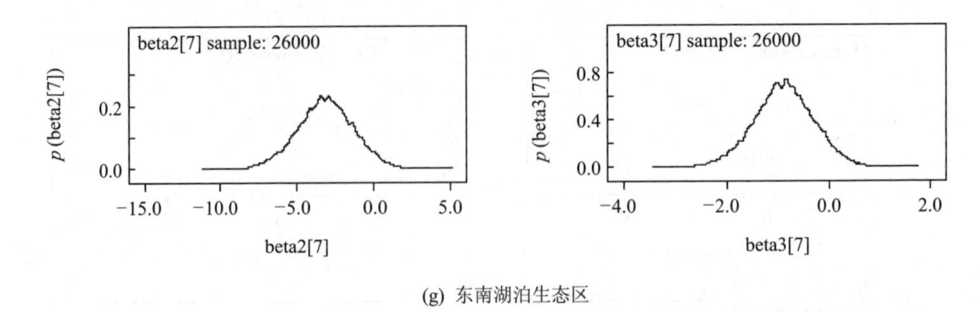

(g) 东南湖泊生态区

图 6-5　七个湖泊生态区 lnChl *a* 和 lnTP 与 lnTN 贝叶斯层次线性回归的后验核密度估计图

从核密度估计图可以看出，东北、宁蒙、云贵、中东部和东南五个湖泊生态区得到 lnChl *a* 和 lnTP 与 lnTN 贝叶斯层次线性回归参数的后验核密度估计值近似满足正态分布，说明这五个湖泊生态区得到的贝叶斯层次回归模型的估计值满足模拟要求。而甘新和华北两个湖泊生态区得到参数的核密度估计图不满足模型的正态分布假设。

同时，对自相关函数进行相应分析以判断模型估计量是否达到收敛的目的。

从图 6-6 中可以看出，东北、宁蒙、云贵、中东部和东南五个湖泊生态区参数的自相关函数很快接近于 0，可认为迭代过程已收敛。华北湖泊生态区前两个参数的自相关函数有下降的趋势，但趋势不明显，可能需要较高的迭代次数才能收敛。甘新湖泊生态区参数的自相关函数收敛性较差，自相关函数几乎没有下降趋势。这说明甘新和华北两个湖泊生态区不能较好地满足贝叶斯线性回归的先验分布信息，不能使用得到的相关参数建立贝叶斯层次线性回归模型。其他五个湖泊生态区能够满足贝叶斯线性回归的先验分布信息，得到的相关参数可以建立相应的 lnChl *a* 和 lnTP 与 lnTN 贝叶斯层次线性回归模型。

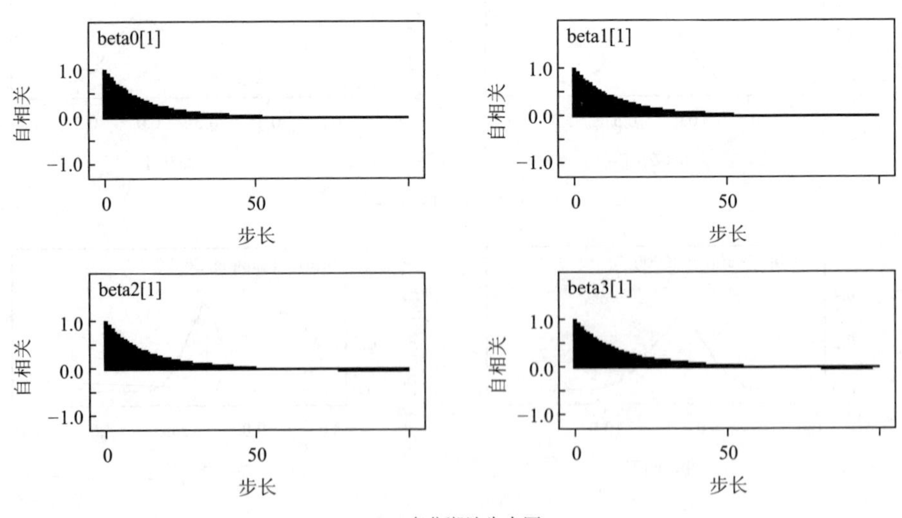

(a) 东北湖泊生态区

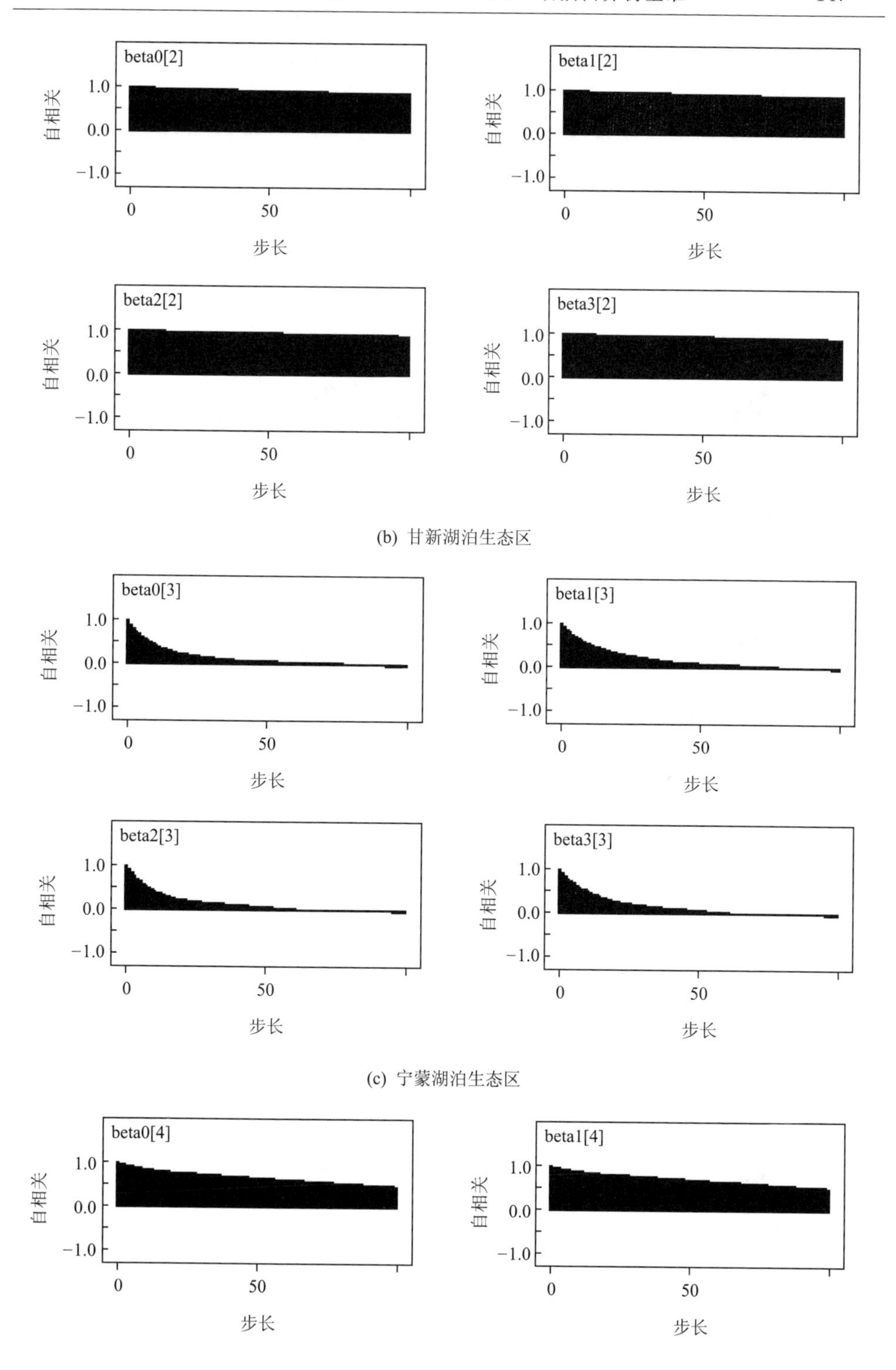

(b) 甘新湖泊生态区

(c) 宁蒙湖泊生态区

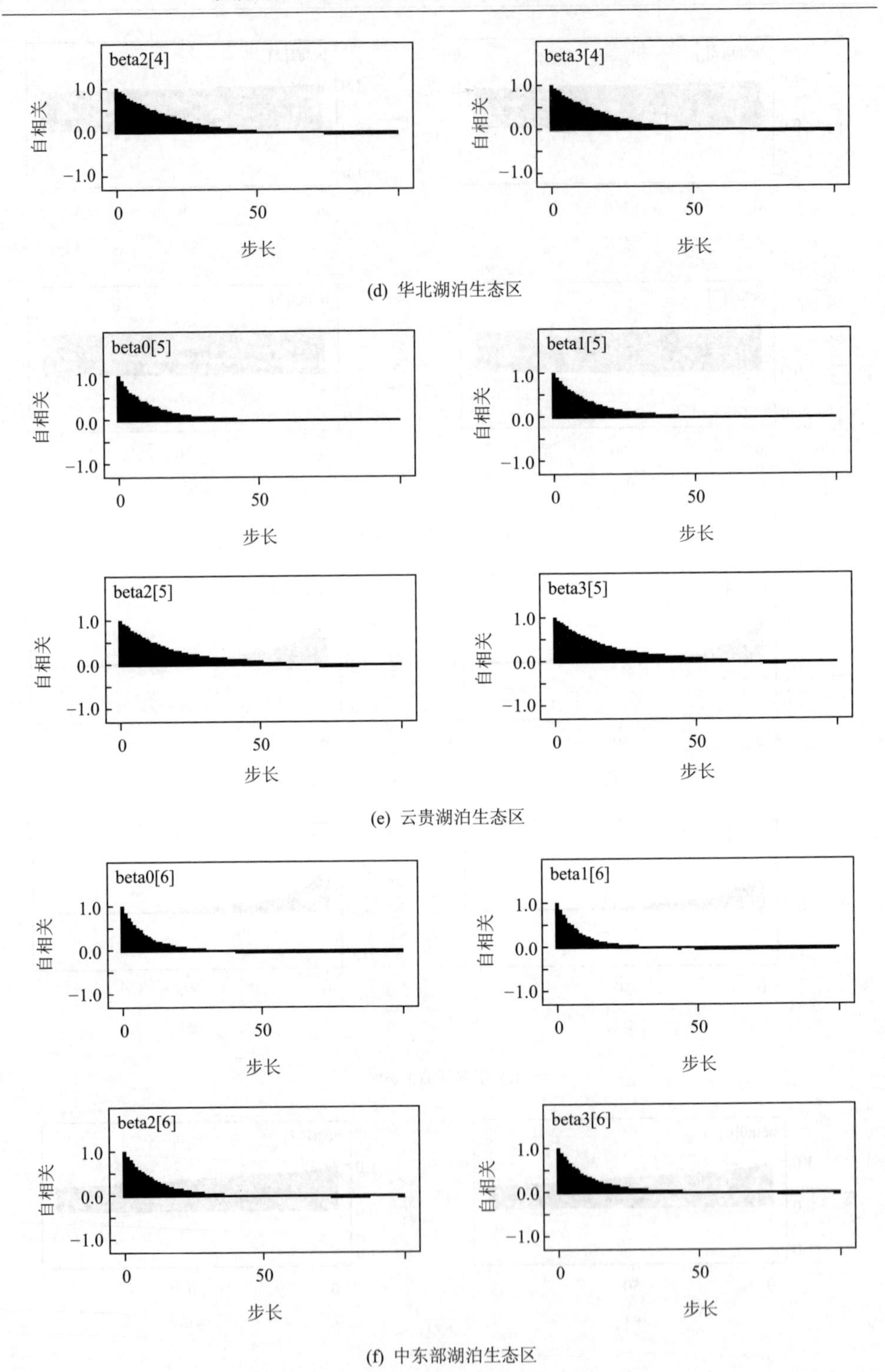

(d) 华北湖泊生态区

(e) 云贵湖泊生态区

(f) 中东部湖泊生态区

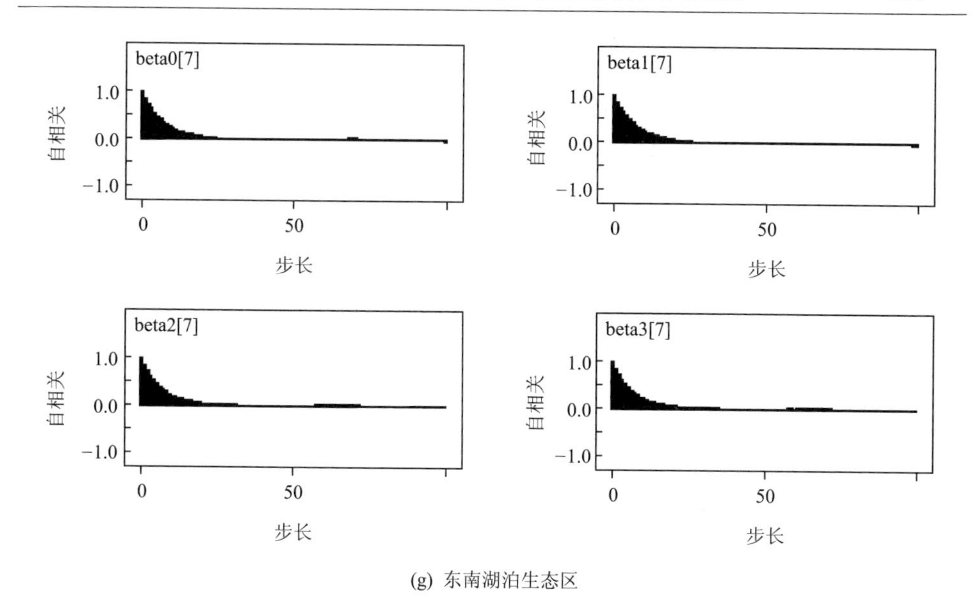

(g) 东南湖泊生态区

图 6-6　全国七个湖泊生态区 lnChl *a* 和 lnTP 与 lnTN 贝叶斯层次线性回归模型的系数的自相关函数

4. 讨论

根据对参数后验核密度估计图和自相关函数的分析，采用贝叶斯层次线性回归模型可以建立不同湖泊生态区的 lnChl *a*-lnTP、lnChl *a*-lnTN、lnChl *a* 和 lnTP 与 lnTN 模型，如表 6-4 所示。这说明不同湖泊生态区营养物与 Chl a 之间的响应关系并不是完全相似的。

表 6-4　全国七个不同湖泊生态区的 lnChl *a*、lnTP 与 lnTN 之间的贝叶斯层次线性回归模型

湖泊生态区	贝叶斯层次线性回归模型	预测变量
东北	lnChl a ＝4.046＋0.913 lnTP	TP
甘新	lnChl a ＝6.215＋1.630 lnTP	
宁蒙	lnChl a ＝1.676＋0.158 lnTP	
云贵	lnChl a ＝6.069＋1.117 lnTP	
中东部	lnChl a ＝3.950＋0.549 lnTP	
东南	lnChl a ＝3.842＋0.565 lnTP	
东北	lnChl a ＝1.501＋0.691 lnTN	TN
甘新	lnChl a ＝0.982＋2.525 lnTN	
宁蒙	lnChl a ＝1.306＋0.132 lnTN	
华北	lnChl a ＝1.805－0.053 lnTN	

续表

湖泊生态区	贝叶斯层次线性回归模型	预测变量
云贵	lnChl *a* =2.399+0.751 lnTN	TN
中东部	lnChl *a* =2.474+0.546 lnTN	
东南	lnChl *a* =2.156−0.020 lnTN	
东北	lnChl *a* =4.452+1.135 lnTP-3.069 lnTN-1.386 lnTP lnTN	TP、TN
宁蒙	lnChl *a* =1.652+0.271 lnTP+0.248 lnTN+0.017 lnTP lnTN	
云贵	lnChl *a* =6.092+1.087 lnTP+1.098 lnTN+0.180 lnTP lnTN	
中东部	lnChl *a* =3.454+0.381 lnTP+0.288 lnTN+0.005 lnTP lnTN	
东南	lnChl *a* =6.483+1.397 lnTP-3.150 lnTN−0.882 lnTP lnTN	

由于地质、地貌及气候等因素的差异，不同湖泊生态区营养物与 Chl *a* 之间的响应关系存在显著的差异性。东北、宁蒙、云贵、中东部和东南湖泊生态区基本上可以满足 Chl *a* 与营养物三种响应关系中湖泊相似的初始假设，但甘新和华北湖泊生态区不能满足全部响应关系中的初始假设。

假定不同湖泊生态区 Chl *a* 的响应阈值分别为 2 μg/L、5 μg/L 和 10 μg/L，根据贝叶斯一元线性回归模型推断得到不同湖泊生态区在不同 Chl *a* 响应浓度梯度下对应的 TP 和 TN 浓度，如表 6-4 所示。从表 6-4 中可以看出，宁蒙湖泊生态区的 TP 和 TN 浓度在不同的响应梯度下变化程度最高：在 Chl *a* 值为 2 μg/L 时，该生态区推断得到的营养物浓度最低(仅 0.002 mg/L)，但是当 Chl *a* 的浓度变为 10 μg/L时，简单线性模型推断得到的营养物浓度显著增加(接近 53 mg/L)。而华北和东南湖泊生态区 TN 的浓度在不同的响应梯度下也呈现出较高的变化程度，随着 Chl *a* 响应浓度的增加，这两个湖泊生态区对应的 TN 浓度是显著降低的，这与大多数研究中得到的结论是相矛盾的。这说明采用贝叶斯层次线性回归模型对宁蒙的 TP 和 TN、华北的 TN 和东南的 TN 建立与 Chl *a* 的压力-响应关系时需要进行深入分析，以使建立的模型更加符合实际的响应关系。

根据第三章的分析，将东北、甘新及云贵湖泊生态区的 Chl *a* 响应阈值设定为 2 μg/L；华北、中东部和东南湖泊生态区 Chl *a* 响应阈值设定为 5 μg/L。采用贝叶斯层次线性回归模型推断得到不同湖泊生态区的营养物基准为：东北 TP 0.025 mg/L、0.311 TN mg/L；甘新 TP 0.034 mg/L、TN 0.892 mg/L；云贵 TP 0.008 mg/L、TN 0.103 mg/L；中东部 TP 0.014 mg/L、TN 0.205 mg/L；东南 TP 0.019 mg/L。

研究表明，可以通过比较回归模型的系数推断不同湖泊生态区的限制性营养物质，以及营养物质之间相互作用效果的强弱。截距(beta0)是 TP 或/和 TN 处于其总体几何均值(用所有湖泊的数据计算获得)时 Chl *a* 的平均浓度。截距可以看做是对湖泊初级生产力的一种量测。斜率分别是 TP 和 TN 每增加相同比例时对应的Chl a 对数值的变化。从表 6-4 得到的模型系数的估计值可以看出，云贵湖泊生态区建立的一元和多元贝叶斯层次回归模型中的截距均较大，说明在没有TP和TN营养物输入的情况下，云贵湖泊生态区具有较高的初级生产力。这主要是因为云贵湖泊生态区在七个生态区中所处的纬度较低，光照充足，年平均气温较高，更有利于湖泊藻类的生长繁殖。对内蒙和中东部湖泊生态区，多元贝叶斯层次线性回归模型中 lnTP 的系数显著高于 lnTN，说明这两个湖泊生态区均为磷限制性湖泊生态区。云贵湖泊生态区 lnTP 和 lnTN 的系数相差不大，说明该生态区可能受到氮磷两种营养元素的共同作用。东北湖泊生态区 lnTP 和 lnTN 之间的相互作用系数的绝对值大于其他湖泊生态区，说明东北湖泊生态区 TP 和 TN 之间存在较强的相互作用。这表明在进行压力-响应关系分析的时候，有必要对不同营养物对初级生产力的协同作用进行考虑。

6.3.3　贝叶斯层次线性回归模型确定云贵湖泊生态区不同类型湖泊营养物基准

采用云贵湖泊生态区原始监测数据进行贝叶斯层次线性回归分析。

1. lnChl a-lnTP 贝叶斯层次线性回归模型

假设云贵湖泊生态区不同类型湖泊的 Chl a 与 TP 变化之间的响应情况相似，假设响应变量及其相关参数满足以下分布：

$$\text{Chl } a_i \sim N(\mu_i, \sigma^2), \sigma \sim U(0,100),$$
$$\text{logChl } a_i = \text{beta0.wbt} + \text{beta1.wbt logTP}_i,$$
$$\text{beta0}_j \sim N(\mu_{\text{beta0}_j}, \sigma^2_{\text{beta0}_j}),$$
$$\mu_{\text{beta0}_j} \sim N(0, 1.0E-6), \sigma_{\text{beta0}_j} \sim U(0,100),$$
$$\text{beta1}_j \sim N(\mu_{\text{beta1}_j}, \sigma^2_{\text{beta1}_j}),$$
$$\mu_{\text{beta1}_j} \sim N(0, 1.0E-6), \sigma_{\text{beta1}_j} \sim U(0,100)$$

式中，wbt 表示湖泊水体类型：1-浅水湖，2-深水湖，3-人工水库。模型的初始值为：list(sigma = 100, sigma0 = c(1,1,1), sigma1 = c(1,1,1), mu.beta0 = c(1,1,1), mu.beta1=c(1,1,1))。模型运行的过程中，仿真分析采用 Gibbs 算法进行 4000 次初始迭代，以确保参数的收敛性，然后再进行 26 000 次迭代。

根据以上假设条件，分别建立云贵湖泊生态区不同类型湖泊 lnChl a 与 lnTP 的贝叶斯层次线性回归模型。

采用 WinBUGS 软件运行得到 lnChl a-lnTP 贝叶斯层次线性回归模拟的估计值如表 6-5 所示。表中列出了各个变量的均值、标准偏差、MC 误差及 95%的置信区间。从表 6-5 中可以看出，三种不同类型湖泊得到贝叶斯层次模型参数的 MC 误差都小于相应的标准偏差，可以初步判断这三种类型湖泊后验估计的精确性良好。这些变量的均值和置信区间的变化情况可以通过核密度估计图表示（如图 6-7）。

表 6-5 lgChl *a*-lnTP 贝叶斯层次线性回归模拟估计值

湖泊类型	参数	均值	标准偏差	MC 误差	2.50%	中值	97.50%	初始迭代数	迭代数
浅水湖	beta0[1]	4.459	0.081	0.003	4.296	4.460	4.616	4001	26000
	beta1[1]	0.584	0.031	0.001	0.523	0.584	0.646	4001	26000
深水湖	beta0[2]	5.162	0.053	0.003	5.061	5.162	5.268	4001	26000
	beta1[2]	0.567	0.024	0.001	0.522	0.567	0.614	4001	26000
人工水库	beta0[3]	3.085	0.701	0.042	1.538	3.152	4.261	4001	26000
	beta1[3]	0.286	0.196	0.012	−0.119	0.294	0.647	4001	26000

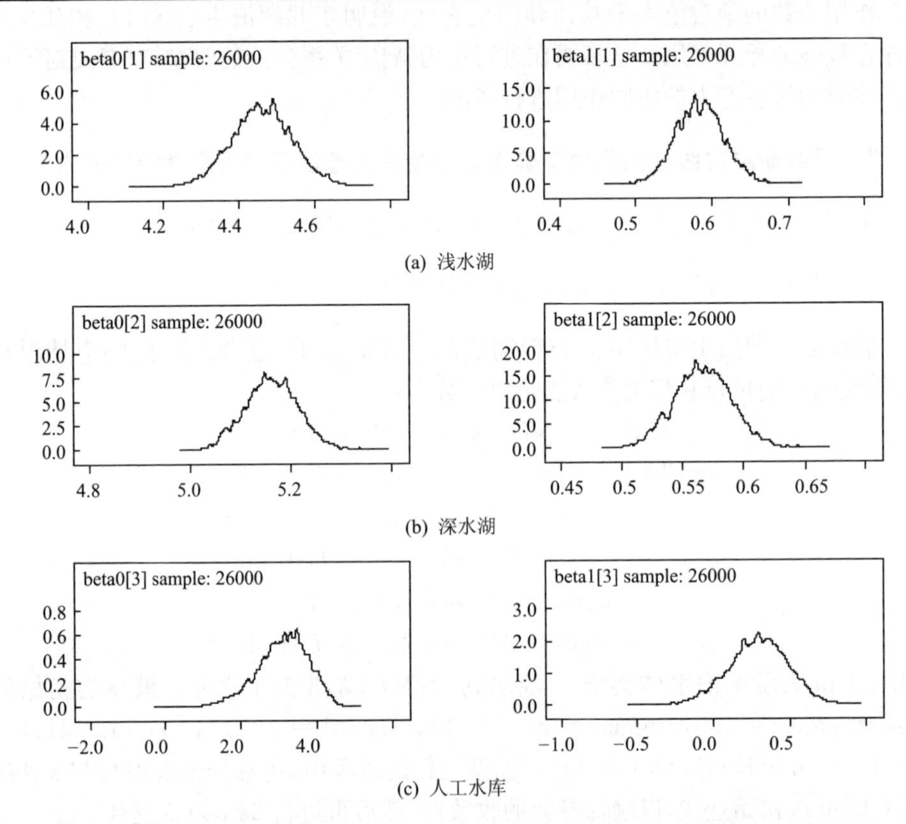

图 6-7 云贵湖泊生态区 lnChl *a*-lgTP 贝叶斯层次线性回归的后验核密度估计图

从核密度估计图可以看出，云贵湖泊生态区不同类型湖泊得到参数的核密度均近似满足正态分布，说明采用 WinBUGS 软件得到的贝叶斯层次回归模型的估计值是满足模拟要求的。

同时，对自相关函数进行相应分析以判断模型估计量是否达到收敛的目的。从图 6-8 中可以看出，浅水湖泊两参数的自相关函数很快接近于 0，可认为迭代过程已收敛；而深水湖和人工水库参数的自相关函数有接近 0 的趋势，但速度较慢，说明需要增加迭代次数以达到收敛的目的。这说明这三种类型的湖泊能够较好地满足贝叶斯线性回归的先验分布信息，可以使用估计得到的相关参数建立贝叶斯层次线性回归模型。

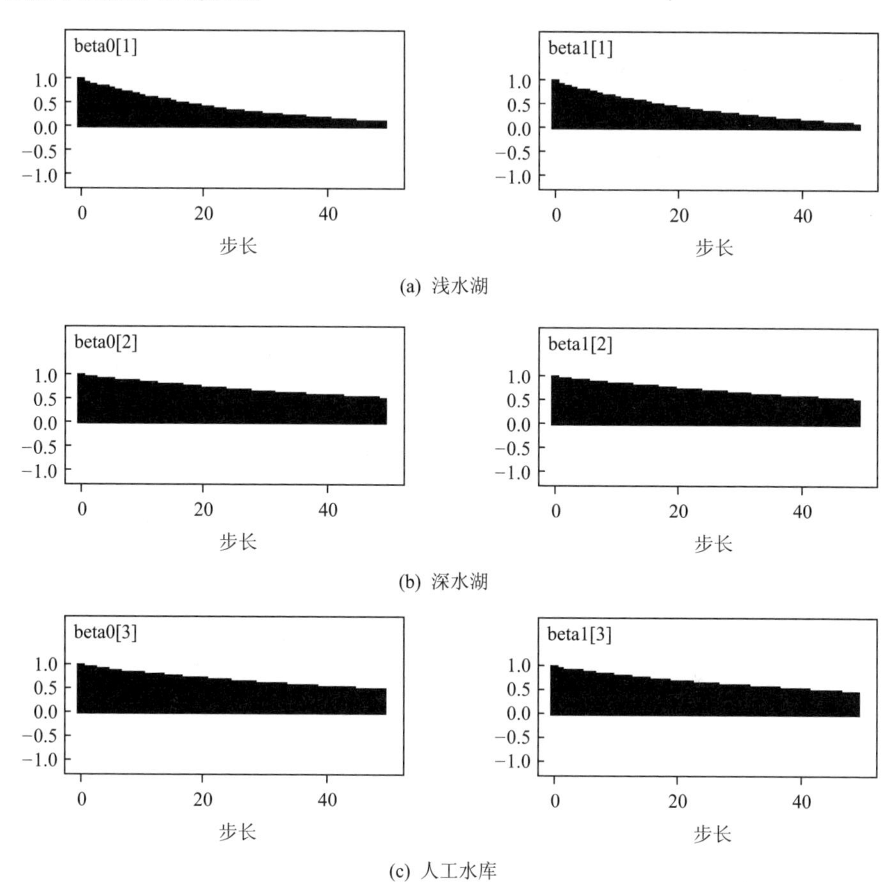

图 6-8　云贵湖泊生态区 lnChl *a*-lnTP 贝叶斯层次线性回归模型的系数的自相关函数

2. lnChl *a*-lnTN 贝叶斯层次线性回归模型

假设云贵湖泊生态区不同类型湖泊的 Chl *a* 与 TN 变化之间的响应情况相似，假设响应变量及其相关参数满足以下分布：

$$\text{Chl } a_i \sim N(\mu_i, \sigma^2), \sigma \sim U(0,100),$$

$$\text{logChl } a_i = \text{beta0. wbt} + \text{beta1. wbt logTN}_i,$$

$$\text{beta0}_j \sim N(\mu_{\text{beta0}_j}, \sigma^2_{\text{beta0}_j}),$$

$$\mu_{\text{beta0}_j} \sim N(0, 1.0\text{E}-6), \sigma_{\text{beta0}_j} \sim U(0,100),$$

$$\text{beta1}_j \sim N(\mu_{\text{beta1}_j}, \sigma^2_{\text{beta1}_j}),$$

$$\mu_{\text{beta1}_j} \sim N(0, 1.0\text{E}-6), \sigma_{\text{beta1}_j} \sim U(0, 100)$$

式中，wbt 表示湖泊水体类型：1-浅水湖，2-深水湖，3-人工水库。模型的初始值为：list(sigma＝100, sigma0＝c(1,1,1), sigma1＝c(1,1,1), mu. beta0＝c(1,1,1), mu. beta1＝c(1,1,1))。模型运行的过程中，仿真分析采用 Gibbs 算法进行 4000 次初始迭代，以确保参数的收敛性，然后再进行 26 000 次迭代。

根据以上假设条件，分别建立云贵湖泊生态区不同类型湖泊 lnChl *a* 与 lnTN 的贝叶斯层次线性回归模型。

采用 WinBUGS 软件运行得到 lnChl *a*-lnTN 的贝叶斯层次线性回归模拟的估计值如表 6-6 所示。表中列出了模型中各个变量的均值、标准偏差、MC 误差及 95％的置信区间。从表 6-6 中可以看出，云贵湖泊生态区不同类型湖泊得到贝叶斯层次模型参数的 MC 误差均小于相应标准偏差的 5％，可以初步判断这三种类型湖泊后验估计的精确性良好。这些变量的均值和置信区间的变化情况可以通过核密度估计图表示(如图 6-9)。

表 6-6　lgChl *a*-lgTN 贝叶斯层次线性回归模拟估计值

湖泊类型	参数	均值	标准偏差	MC 误差	2.50％	中值	97.50％	预迭代数	迭代数
浅水湖	beta0[1]	2.791	0.041	0.001	2.709	2.792	2.867	4001	26000
	beta1[1]	0.830	0.052	0.001	0.731	0.829	0.933	4001	26000
深水湖	beta0[2]	3.266	0.040	0.002	3.185	3.267	3.343	4001	26000
	beta1[2]	0.595	0.038	0.002	0.520	0.594	0.671	4001	26000
人工水库	beta0[3]	2.070	0.218	0.004	1.580	2.094	2.437	4001	26000
	beta1[3]	0.186	0.305	0.004	−0.362	0.167	0.823	4001	26000

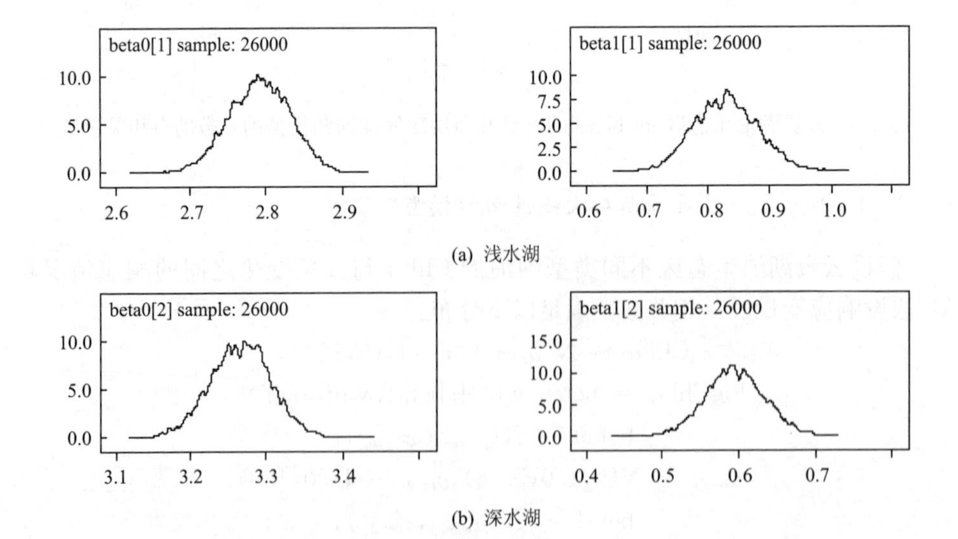

(b) 深水湖

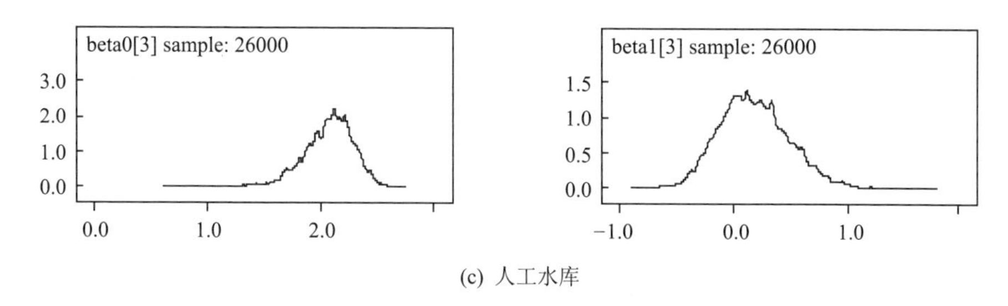

(c) 人工水库

图 6-9 云贵湖泊生态区 lnChl a-lnTN 贝叶斯层次线性回归模型的核密度估计图

从核密度估计图可以看出，云贵湖泊生态区不同类型湖泊得到参数的核密度均近似满足正态分布，说明采用 WinBUGS 软件得到的贝叶斯层次回归模型的估计值是满足模拟要求的。

同时，对自相关函数进行相应分析以判断模型估计量是否达到收敛的目的。从图 6-10 中可以看出，三个类型湖泊 lnChl a-lnTN 模型两参数的自相关函

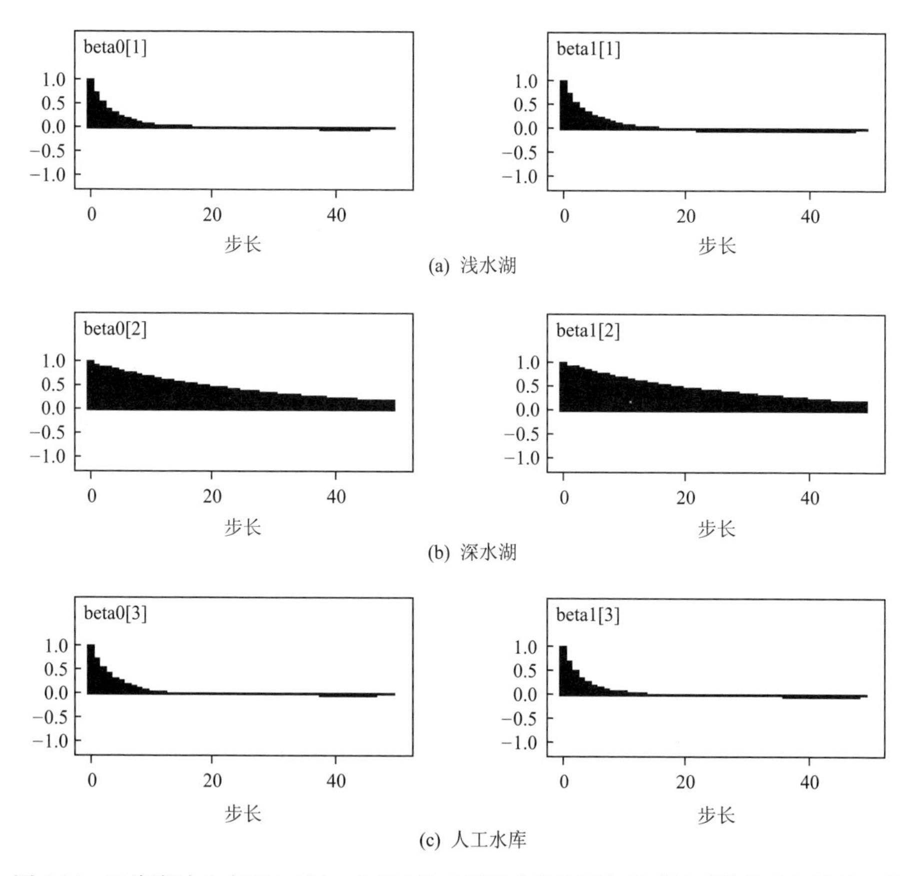

(c) 人工水库

图 6-10 云贵湖泊生态区 lnChl a-lnTN 贝叶斯层次线性回归模型的系数的自相关性函数

数都很快接近于0,可认为迭代过程已收敛。与浅水湖和人工水库两种类型的湖泊相比,深水湖参数的自相关函数收敛速度较慢,但收敛趋势明显,可以认为其迭代过程已接近收敛。这说明这三种类型的湖泊能够较好地满足贝叶斯线性回归的先验分布信息,可以使用估计得到的相关参数建立贝叶斯层次线性回归模型。

3. lnChl *a*-lnTP+lnTN 贝叶斯层次线性回归模型

假设云贵湖泊生态区不同类型湖泊的 Chl *a* 和 TP 与 TN 两个变量之间的响应情况相似,假设响应变量及其相关参数满足以下分布:

$$\text{Chl } a_i \sim N(\mu_i, \sigma^2), \sigma \sim U(0,100),$$

$$\text{logChl } a_i = \text{beta0. wbt} + \text{beta1. wbt logTP}_i + \text{beta2. wbt logTN}_i + \text{beta3. wbt logTP}_i \text{ logTN}_i$$

$$\text{beta0}_j \sim N(\mu_{\text{beta0}_j}, \sigma^2_{\text{beta0}_j}),$$

$$\mu_{\text{beta0}_j} \sim N(0, 1.0\text{E}-6), \sigma_{\text{beta0}_j} \sim U(0,100),$$

$$\text{beta1}_j \sim N(\mu_{\text{beta1}_j}, \sigma^2_{\text{beta1}_j}),$$

$$\mu_{\text{beta1}_j} \sim N(0, 1.0\text{E}-6), \sigma_{\text{beta1}_j} \sim U(0,100),$$

$$\text{beta2}_j \sim N(\mu_{\text{beta2}_j}, \sigma^2_{\text{beta2}_j}),$$

$$\mu_{\text{beta2}_j} \sim N(0, 1.0\text{E}-6), \sigma_{\text{beta2}_j} \sim U(0,100),$$

$$\text{beta3}_j \sim N(\mu_{\text{beta3}_j}, \sigma^2_{\text{beta3}_j}),$$

$$\mu_{\text{beta3}_j} \sim N(0, 1.0\text{E}-6), \sigma_{\text{beta3}_j} \sim U(0,100)$$

式中, wbt 表示湖泊水体类型:1-浅水湖,2-深水湖,3-人工水库。模型的初始值为:list(sigma=100, sigma0=c(1,1,1), sigma1=c(1,1,1), sigma2=c(1,1,1), sigma3=c(1,1,1), mu. beta0=c(1,1,1), mu. beta1=c(1,1,1), mu. beta2=c(1,1,1), mu. beta3=c(1,1,1))。模型运行的过程中,仿真分析采用 Gibbs 算法进行 4000 次初始迭代,然后再进行 26 000 次迭代,以确保参数的收敛性。

根据以上假设条件,分别建立云贵湖泊生态区不同类型湖泊 lnChl *a* 与 lnTP+lnTN 的多元贝叶斯层次线性回归模型。

采用 WinBUGS 软件运行得到 lnChl *a* 与 lnTP+lnTN 的贝叶斯层次线性回归模拟的估计值如表 6-7 所示。表中列出了模型中各个变量的均值、标准偏差、MC 误差及 95%的置信区间。从表 6-7 中可以看出,深水湖得到贝叶斯层次模型参数的 MC 误差小于相应标准偏差的 5%,可以初步判断深水湖后验估计的精确性良好。而浅水湖和人工水库相应的标准偏差和 MC 误差都较大,其后验估计的精确性可能较差。因此,通过核密度估计图来表示这些变量的均值和置信区间的变化情况(如图 6-11)。

表 6-7　lnChl *a* 和 lnTP＋lnTN 贝叶斯层次线性回归模拟估计值

湖泊类型	变量	均值	标准偏差	MC 误差	2.50%	中值	97.50%	初始迭代数	迭代数
浅水湖	beta0[1]	5.605	0.367	0.028	4.796	5.708	6.123	4001	26000
	beta1[1]	0.905	0.160	0.012	0.552	0.949	1.138	4001	26000
	beta2[1]	−0.621	0.371	0.028	−1.144	−0.723	0.188	4001	26000
	beta3[1]	−0.445	0.162	0.012	−0.676	−0.490	−0.092	4001	26000
深水湖	beta0[2]	3.706	0.171	0.005	3.369	3.705	4.044	4001	26000
	beta1[2]	0.305	0.057	0.001	0.198	0.305	0.419	4001	26000
	beta2[2]	0.376	0.183	0.006	0.000	0.382	0.724	4001	26000
	beta3[2]	−0.029	0.052	0.002	−0.136	−0.026	0.067	4001	26000
人工水库	beta0[3]	45.3	488.4	37.8	−921.7	53.2	1197.0	4001	26000
	beta1[3]	847.6	527.7	40.9	37.9	780.0	2083.0	4001	26000
	beta2[3]	−321.9	687.8	53.4	−1853.0	−201.6	758.0	4001	26000
	beta3[3]	191.8	209.9	16.2	−229.1	184.5	584.5	4001	26000

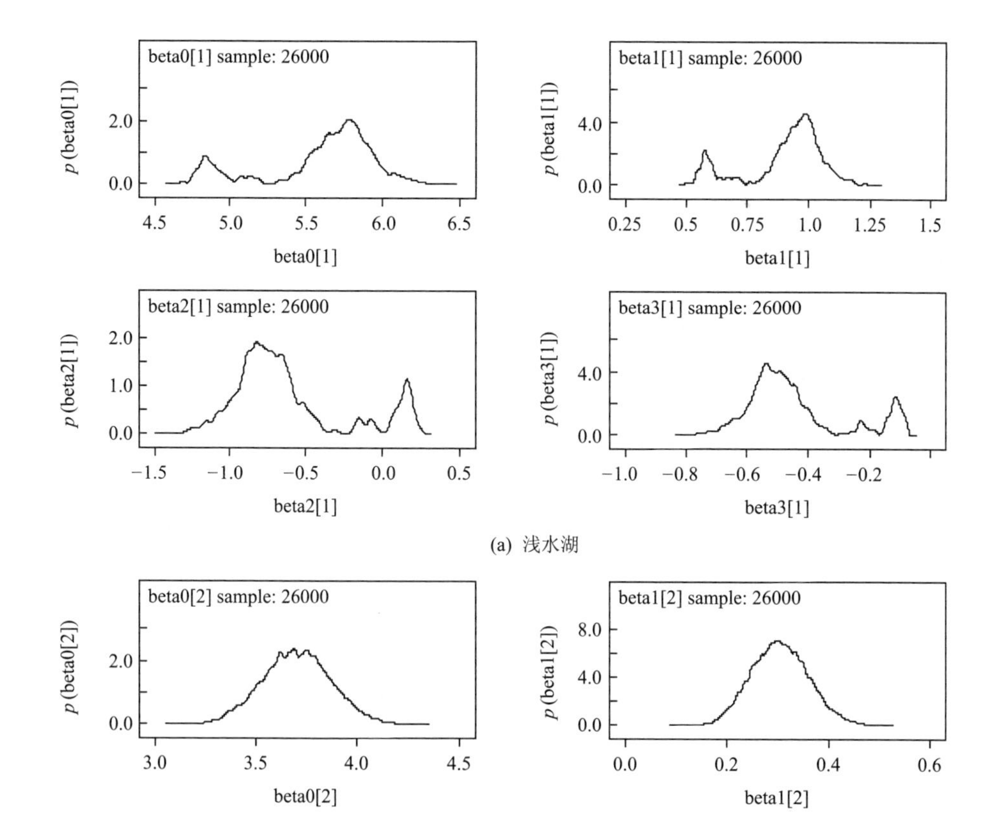

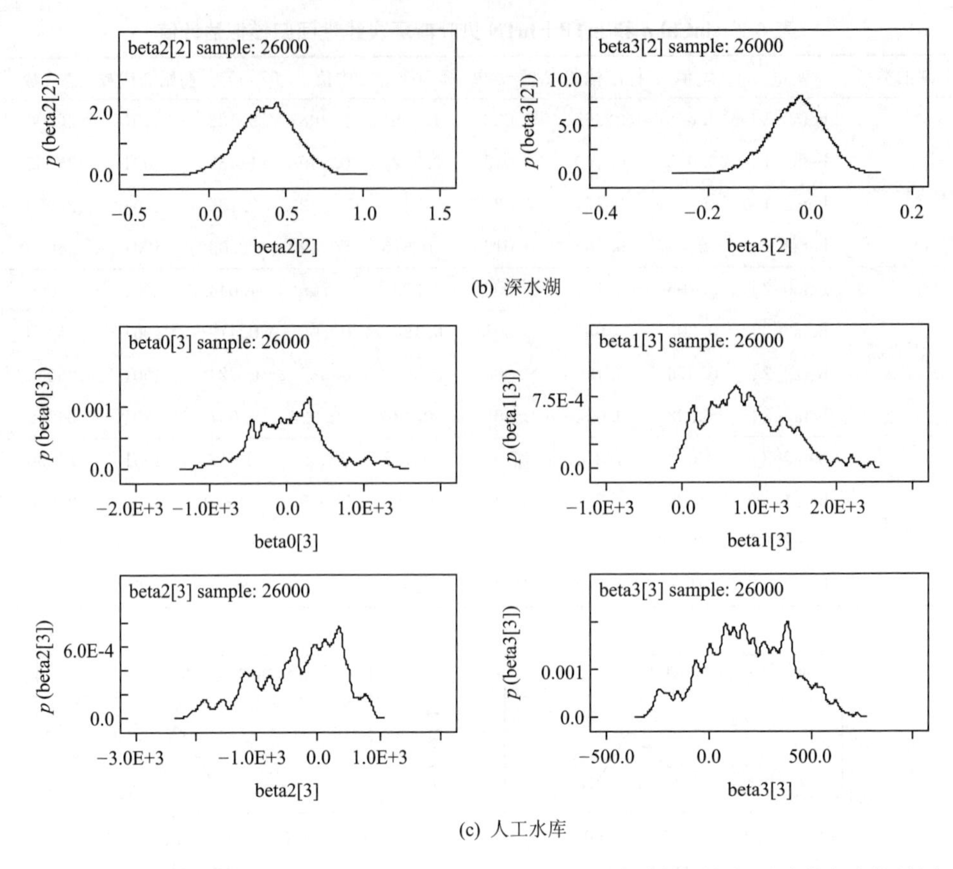

(b) 深水湖

(c) 人工水库

图 6-11　云贵湖泊生态区 lnChl *a* 和 lnTP＋lnTN 贝叶斯层次线性回归的后验核密度估计图

从核密度估计图可以看出，只有深水湖得到 lnChl *a* 和 lnTP＋lnTN 贝叶斯层次线性回归参数的后验核密度估计值近似满足正态分布，而其他两种类型湖泊参数的后验核密度估计图不满足模型的正态分布假设，说明深水湖得到的贝叶斯层次回归模型的估计值能够满足模拟要求，而浅水湖和人工水库得到的贝叶斯层次回归模型的估计值不能满足模拟要求。

同时，对自相关函数进行相应分析以判断模型估计量是否达到收敛的目的。

从图 6-12 中可以看出，深水湖估计参数的自相关函数很快接近于 0，可认为迭代过程已收敛。而其他两个类型湖区的自相关函数收敛性较差，自相关函数的下降趋势不明显。这说明浅水湖和人工水库不能较好地满足贝叶斯线性回归的先验分布信息，不能使用得到的相关参数可以建立贝叶斯层次线性回归模型。仅有深水湖能够满足贝叶斯线性回归的先验分布信息，说明深水湖中 TP 和 TN 浓度值都会对藻类的生长产生重要的作用，得到的相关参数可以建立相应的 lnChl *a* 和 lnTP＋lnTN 贝叶斯层次线性回归模型。

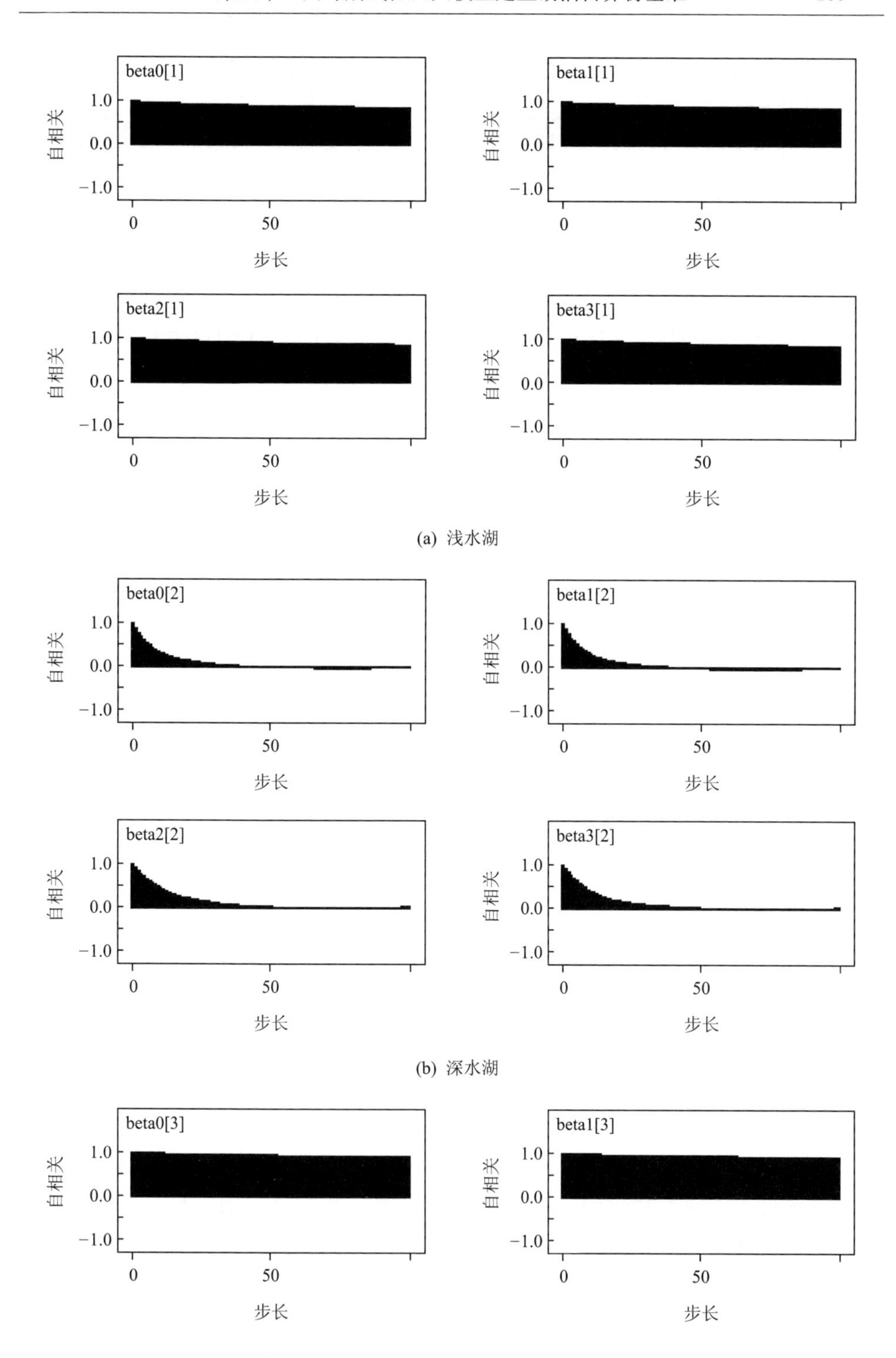
beta0[1]
beta1[1]
beta2[1]
beta3[1]
beta0[2]
beta1[2]
beta2[2]
beta3[2]
beta0[3]
beta1[3]
自相关
步长
1.0
0.0
−1.0
0
50

(a) 浅水湖

(b) 深水湖

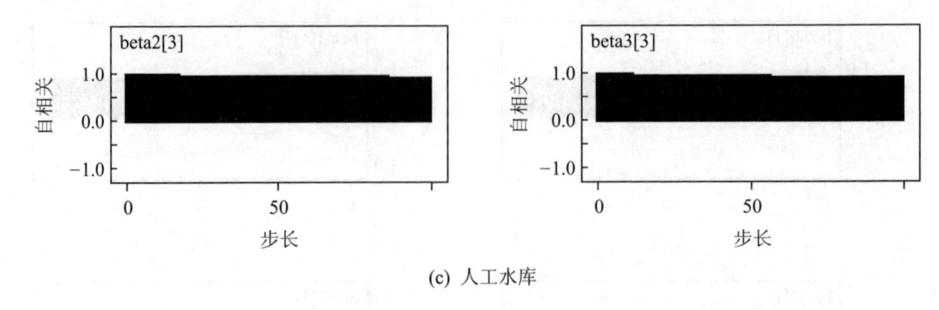

(c) 人工水库

图 6-12　云贵湖泊生态区不同类型湖泊 lnChl *a* 和 lnTP 与 lnTN 贝叶斯层次线性回归模型的系数的自相关函数

4. 讨论

根据对参数后验核密度估计图和自相关函数的分析，采用贝叶斯层次线性回归模型建立云贵湖泊生态区三种不同湖泊类型的 lnChl *a*-lnTP、lnChl *a*-lnTN、lnChl *a* 和 lnTP 与 lnTN 模型如表 6-8 所示。这说明云贵湖泊生态区不同湖泊类型单个营养物与 Chl *a* 之间的响应关系是相似的，而使用预测变量 lnTP 和 lnTN 来共同预测 lnChl *a* 时，三种湖泊类型不存在相似性。

表 6-8　云贵湖泊生态区不同类型湖泊 lnChl *a*、lnTP 与 lnTN 之间的贝叶斯层次线性回归模型

湖泊类型	贝叶斯线性回归模型	预测变量
浅水湖	lnChl *a*=4.459+0.584 lnTP	
深水湖	lnChl *a* =5.162+0.567 lnTP	TP
人工水库	lnChl *a* =3.085+0.286 lnTP	
浅水湖	lnChl *a* =2.791+0.830 lnTN	
深水湖	lnChl *a* =3.266+0.595 lnTN	TN
人工水库	lnChl *a* =2.070+0.186 lnTN	
浅水湖	—	
深水湖	lnChl *a* =3.7060+0.3053 lnTP+0.3762 lnTN−0.0286 lnTP lnTN	TP、TN
人工水库	—	

对 lnChl *a* 与 lnTP 或 lnTN 建立的一元贝叶斯层次线性模型，可以看出深水湖的截距均大于浅水湖，而人工水库的截距最低。说明在没有 TP 或 TN 输入的情况下，深水湖具有最高的初级生产力水平，其次是浅水湖，而人工水库最低。对深水湖可以建立多元贝叶斯层次回归模型，说明在深水湖中藻类的生长同时受到 TP 和 TN 两种营养物质的影响。根据 lnTP 和 lnTN 系数(两者相差不大)，云贵湖泊生态区的深水湖可能同时受到氮、磷两种营养物质的共同限制。为保护和防

止深水湖水质的进一步恶化，需要对氮和磷进行综合控制。

6.3.4 贝叶斯层次回归模型确定中东部湖泊生态区营养物基准

采用中东部湖泊生态区原始监测数据进行贝叶斯层次线性回归分析。

1. lnChl *a*-lnTP 贝叶斯层次线性回归模型

假设中东部湖泊生态区不同类型的湖泊 Chl *a* 与 TP 变化之间的响应情况相似，并假设响应变量及其相关参数满足以下分布：

$$\text{Chl } a_i \sim N(\mu_i, \sigma^2), \sigma \sim U(0,100),$$
$$\text{logChl } a_i = \text{beta0.wbt} + \text{beta1.wbt logTP}_i,$$
$$\text{beta0}_j \sim N(\mu_{\text{beta0}_j}, \sigma^2_{\text{beta0}_j}),$$
$$\mu_{\text{beta0}_j} \sim N(0, 1.0\text{E}-6), \sigma_{\text{beta0}_j} \sim U(0,100),$$
$$\text{beta1}_j \sim N(\mu_{\text{beta1}_j}, \sigma^2_{\text{beta1}_j}),$$
$$\mu_{\text{beta1}_j} \sim N(0, 1.0\text{E}-6), \sigma_{\text{beta1}_j} \sim U(0,100)$$

式中，wbt 表示湖泊水体类型：1-非通江湖泊，2-通江湖泊，3-阻隔湖泊。模型的初始值为：list(sigma=100, sigma0=c(1,1,1), sigma1=c(1,1,1), mu.beta0=c(1,1,1), mu.beta1=c(1,1,1))。模型运行的过程中，仿真分析采用 Gibbs 算法进行 4000 次初始迭代，然后再进行 26 000 次迭代，以确保参数的收敛性。

根据以上假设条件，分别建立中东部湖泊生态区不同类型湖泊 lnChl *a* 与 lnTP 的贝叶斯层次线性回归模型。

采用 WinBUGS 软件运行得到中东部湖泊生态区不同类型湖泊的贝叶斯层次线性回归模拟估计值如表 6-9 所示。表中列出了各个变量的均值、标准偏差、MC 误差及 95%的置信区间。从表中可以看出，不同类型湖泊得到贝叶斯层次模型参数的 MC 误差都小于相应标准偏差的 5%，可以初步判断后验估计的精确性良好。

表 6-9　中东部湖泊生态区不同类型湖泊 lnChl *a*-lnTP 贝叶斯层次线性回归模拟估计值

湖泊类型	参数	均值	标准偏差	MC 误差	2.50%	中值	97.50%	初始迭代数	迭代数
非通江湖泊	beta0[1]	3.839	0.174	0.005	3.456	3.853	4.140	4001	26000
	beta1[1]	0.266	0.065	0.002	0.131	0.269	0.390	4001	26000
通江湖泊	beta0[2]	3.045	0.493	0.025	1.913	3.120	3.812	4001	26000
	beta1[2]	0.419	0.229	0.011	−0.079	0.438	0.827	4001	26000
阻隔湖泊	beta0[3]	5.724	0.060	0.001	5.604	5.727	5.838	4001	26000
	beta1[3]	1.532	0.074	0.002	1.395	1.531	1.681	4001	26000

这些参数的均值和置信区间的变化情况可以通过核密度估计图表示(如图 6-13)。

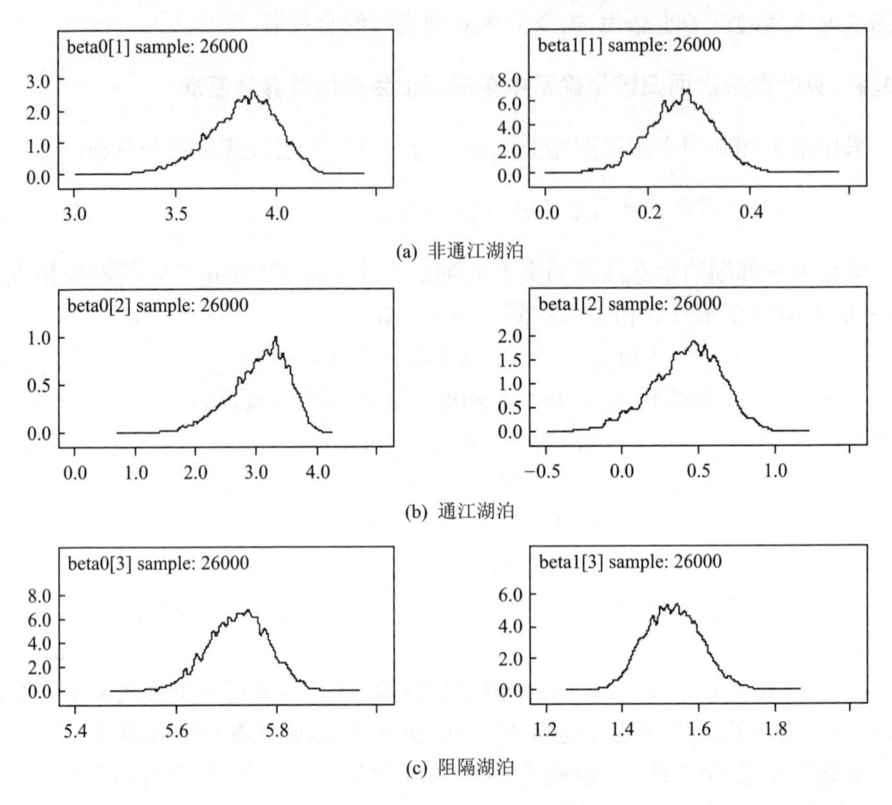

(a) 非通江湖泊

(b) 通江湖泊

(c) 阻隔湖泊

图 6-13　中东部湖泊生态区不同类型湖泊 lnChl a-lnTP 贝叶斯层次线性回归的后验核密度估计图

从核密度估计图可以看出，中东部湖泊生态区不同类型湖泊得到参数的核密度均近似满足正态分布，说明采用 WinBUGS 软件得到的贝叶斯层次回归模型的估计值满足模拟要求。

同时，对自相关函数进行相应分析以判断模型估计量是否达到收敛的目的。

从图 6-14 中可以看出，除通江湖泊之外，其他类型的湖泊得到参数的自相关函数很快接近于 0，可认为迭代过程已收敛；通江湖泊参数的自相关函数降低速度相对较慢，说明迭代速度较慢，适当增加迭代次数可以加快收敛。

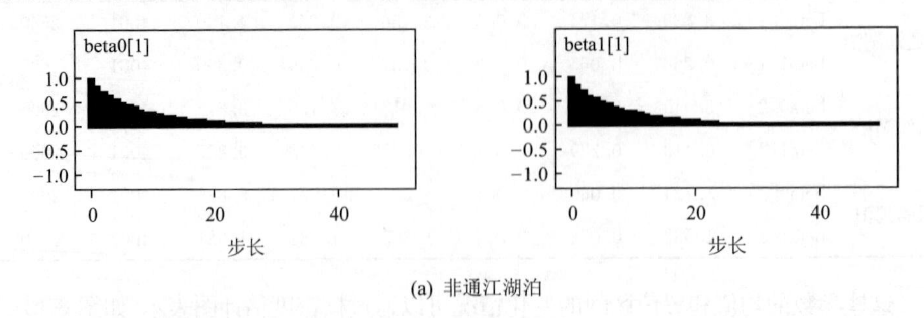

(a) 非通江湖泊

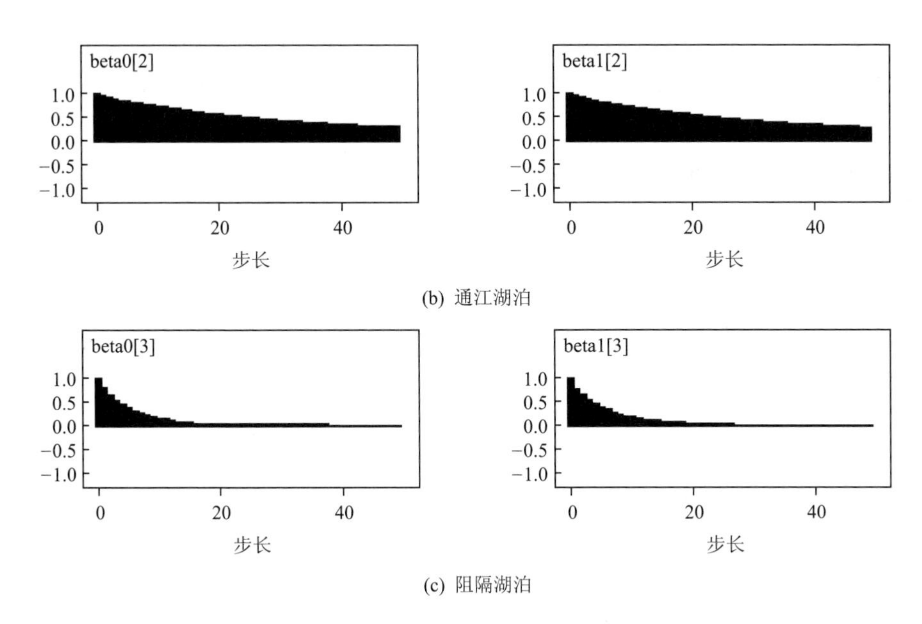

(b) 通江湖泊

(c) 阻隔湖泊

图 6-14 中东部湖泊生态区不同类型湖泊 lnChl *a*-lnTP 贝叶斯层次线性回归模型系数的自相关函数

2. lnChl *a*-lnTN 的贝叶斯层次回归模型

假设中东部湖泊生态区不同类型的湖泊 Chl *a* 与 TN 变化之间的响应情况相似,并假设响应变量及其相关参数满足以下分布:

$$\text{Chl } a_i \sim N(\mu_i, \sigma^2), \sigma \sim U(0, 100),$$

$$\text{logChl } a_i = \text{beta0. wbt} + \text{beta1. wbt logTN}_i,$$

$$\text{beta0}_j \sim N(\mu_{\text{beta0}_j}, \sigma^2_{\text{beta0}_j}),$$

$$\mu_{\text{beta0}_j} \sim N(0, 1.0\text{E}-6), \sigma_{\text{beta0}_j} \sim U(0, 100),$$

$$\text{beta1}_j \sim N(\mu_{\text{beta1}_j}, \sigma^2_{\text{beta1}_j}),$$

$$\mu_{\text{beta1}_j} \sim N(0, 1.0\text{E}-6), \sigma_{\text{beta1}_j} \sim U(0, 100)$$

式中, wbt 表示湖泊水体类型:1-非通江湖泊,2-通江湖泊,3-阻隔湖泊。模型的初始值为:list(sigma=100, sigma0=c(1,1,1), sigma1=c(1,1,1), mu. beta0=c(1,1,1), mu. beta1=c(1,1,1))。模型运行的过程中,仿真分析采用 Gibbs 算法进行 4000 次初始迭代,然后再进行 26 000 次迭代,以确保参数的收敛性。

根据以上假设条件,分别建立中东部湖泊生态区不同类型湖泊 lnChl *a* 与 lnTN 的贝叶斯层次线性回归模型。

采用 WinBUGS 软件运行得到中东部湖泊生态区不同类型湖泊 lnChl *a*-lnTN 的贝叶斯层次线性回归模拟估计值如表 6-10 所示。表中列出了各个变量的均值、标准偏差、MC 误差及 95%的置信区间。从表 6-10 中可以看出,得到贝叶斯层次模型参数的 MC 误差均小于相应标准偏差的 5%,可以初步判断后验估计的精确性良好。

表 6-10 中东部湖泊生态区不同类型湖泊 lnChl *a*-lnTN 贝叶斯层次线性回归模拟估计值

湖泊类型	变量	均值	标准偏差	MC 误差	2.50%	中值	97.50%	预迭代数	迭代数
非通江湖泊	beta0[1]	3.012	0.147	0.002	2.693	3.024	3.270	4001	26000
	beta1[1]	0.212	0.106	0.002	−0.012	0.218	0.401	4001	26000
通江湖泊	beta0[2]	1.611	0.296	0.011	0.948	1.639	2.116	4001	26000
	beta1[2]	0.991	0.210	0.007	0.573	0.989	1.415	4001	26000
阻隔湖泊	beta0[3]	2.822	0.134	0.004	2.544	2.828	3.072	4001	26000
	beta1[3]	0.696	0.096	0.003	0.504	0.696	0.881	4001	26000

这些参数的均值和置信区间的变化情况可以通过核密度估计图表示(如图 6-15)。

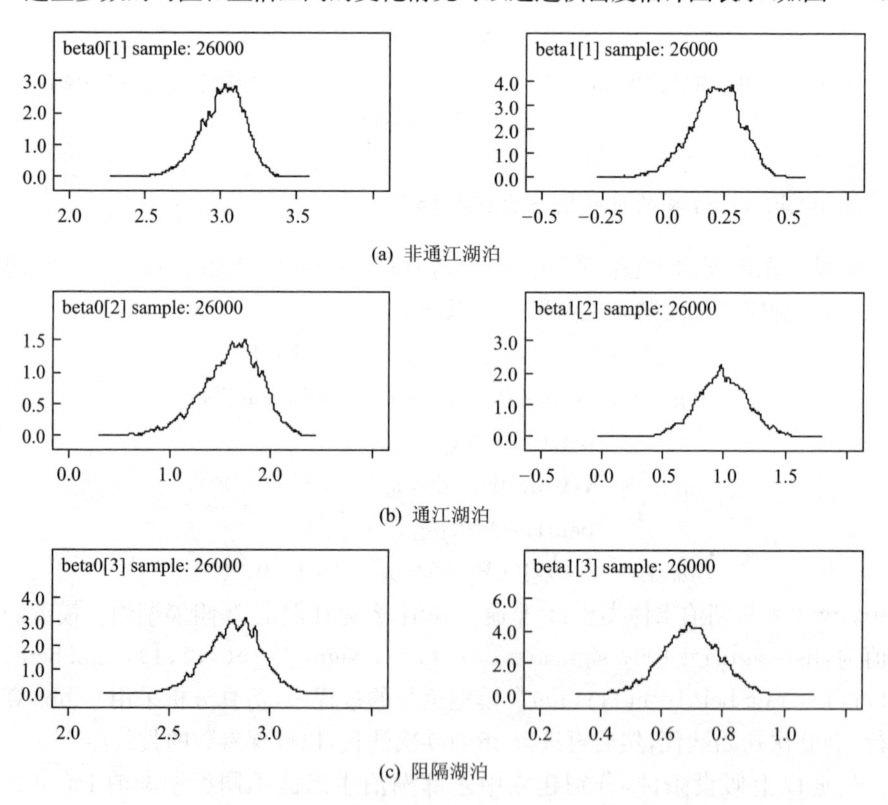

图 6-15 中东部湖泊生态区不同类型湖泊 lnChl *a*-lnTN 贝叶斯层次线性回归的后验核密度估计图

从核密度估计图可以看出，中东部湖泊生态区不同类型湖泊得到参数的核密度均近似满足正态分布，说明采用 WinBUGS 软件得到的 lnChl *a*-lnTN 贝叶斯层次回归模型的估计值满足模拟要求。

同时，对自相关函数进行相应分析以判断模型估计量是否达到收敛的目的，如图 6-16 所示。

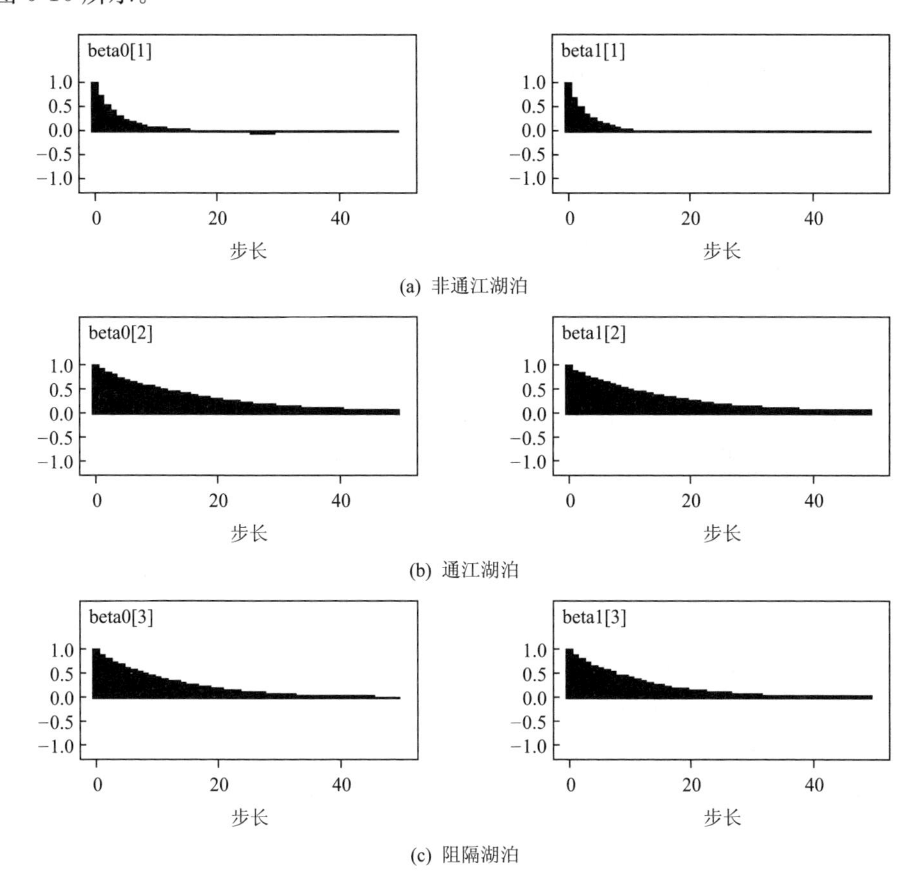

图 6-16　中东部湖泊生态区不同类型湖泊 lnChl *a*-lnTN 贝叶斯层次线性回归模型系数的自相关函数

从图 6-16 中可以看出，中东部湖泊生态区不同类型湖泊关于 lnChl *a*-lnTN 关系得到参数的自相关函数都很快接近于 0，说明迭代过程已收敛，得到的相关参数可以建立贝叶斯层次线性回归模型。

3. lnChl *a*-lnTP+lnTN 贝叶斯层次线性回归模型

假设中东部湖泊生态区不同类型湖泊的 Chl *a* 和 TP 与 TN 变化之间的响应情况相似，假设响应变量及其相关参数满足以下分布：

$$\text{Chl } a_i \sim N(\mu_i, \sigma^2), \sigma \sim U(0,100),$$

$$\log\text{Chl } a_i = \text{beta0. wbt} + \text{beta1. wbt} \log\text{TP}_i + \text{beta2. wbt} \log\text{TN}_i + \text{beta3. wbt} \log\text{TP}_i \log TN_i$$

$$\text{beta0}_j \sim N(\mu_{\text{beta0}_j}, \sigma^2_{\text{beta0}_j}),$$

$$\mu_{\text{beta0}_j} \sim N(0, 1.0\text{E}-6), \sigma_{\text{beta0}_j} \sim U(0,100),$$

$$\text{beta1}_j \sim N(\mu_{\text{beta1}_j}, \sigma^2_{\text{beta1}_j}),$$

$$\mu_{\text{beta1}_j} \sim N(0, 1.0\text{E}-6), \sigma_{\text{beta1}_j} \sim U(0,100),$$

$$\text{beta2}_j \sim N(\mu_{\text{beta2}_j}, \sigma^2_{\text{beta2}_j}),$$

$$\mu_{\text{beta2}_j} \sim N(0, 1.0\text{E}-6), \sigma_{\text{beta2}_j} \sim U(0,100),$$

$$\text{beta3}_j \sim N(\mu_{\text{beta3}_j}, \sigma^2_{\text{beta3}_j}),$$

$$\mu_{\text{beta3}_j} \sim N(0, 1.0\text{E}-6), \sigma_{\text{beta3}_j} \sim U(0,100)$$

式中，wbt 表示湖泊水体类型：1-非通江湖泊，2-通江湖泊，3-阻隔湖泊。模型的初始值为：list(sigma=100, sigma0=c(1,1,1), sigma1=c(1,1,1), sigma2=c(1,1,1), sigma3=c(1,1,1), mu. beta0=c(1,1,1), mu. beta1=c(1,1,1), mu. beta2=c(1,1,1), mu. beta3=c(1,1,1))。模型运行的过程中，仿真分析采用 Gibbs 算法进行 4000 次初始迭代，然后再进行 26 000 次迭代，以确保参数的收敛性。

根据以上假设条件，分别建立中东部湖泊生态区不同类型湖泊 lnChl *a* 和 lnTP+lnTN 的贝叶斯层次线性回归模型。

采用 WinBUGS 软件运行得到中东部湖泊生态区不同类型湖泊 lnChl *a* 和 lnTP+lnTN 的贝叶斯层次线性回归模拟的估计值如表 6-11 所示。表中列出了模型中各个变量的均值、标准偏差、MC 误差及 95%的置信区间。从表中可以看出，不同类型湖泊得到贝叶斯层次模型参数的 MC 误差都小于相应标准偏差的 5%，可以初步判断后验估计的精确性良好。

表 6-11　中东部湖泊生态区不同类型湖泊 lnChl *a* 和 lnTP+lnTN 贝叶斯层次线性回归模拟估计值

湖泊类型	参数	均值	标准偏差	MC 误差	2.50%	中值	97.50%	预迭代数	迭代数
非通江	beta0[1]	3.740	0.202	0.004	3.287	3.759	4.082	4001	26000
	beta1[1]	0.248	0.074	0.002	0.094	0.249	0.389	4001	26000
	beta2[1]	0.073	0.070	0.002	−0.057	0.071	0.217	4001	26000
	beta3[1]	−0.042	0.049	0.002	−0.143	−0.042	0.053	4001	26000
通江	beta0[2]	2.218	0.790	0.019	0.438	2.342	3.407	4001	26000
	beta1[2]	0.353	0.365	0.009	−0.403	0.392	0.965	4001	26000
	beta2[2]	0.540	0.466	0.012	−0.281	0.509	1.521	4001	26000
	beta3[2]	−0.276	0.257	0.007	−0.756	−0.284	0.218	4001	26000

续表

湖泊类型	参数	均值	标准偏差	MC 误差	2.50%	中值	97.50%	预迭代数	迭代数
阻隔	beta0[3]	7.354	0.170	0.006	7.020	7.353	7.691	4001	26000
	beta1[3]	3.437	0.255	0.010	2.943	3.436	3.936	4001	26000
	beta2[3]	−0.968	0.121	0.005	−1.212	−0.965	−0.740	4001	26000
	beta3[3]	−1.248	0.180	0.007	−1.598	−1.244	−0.904	4001	26000

这些参数的均值和置信区间的变化情况可以通过核密度估计图表示（如图6-17）。

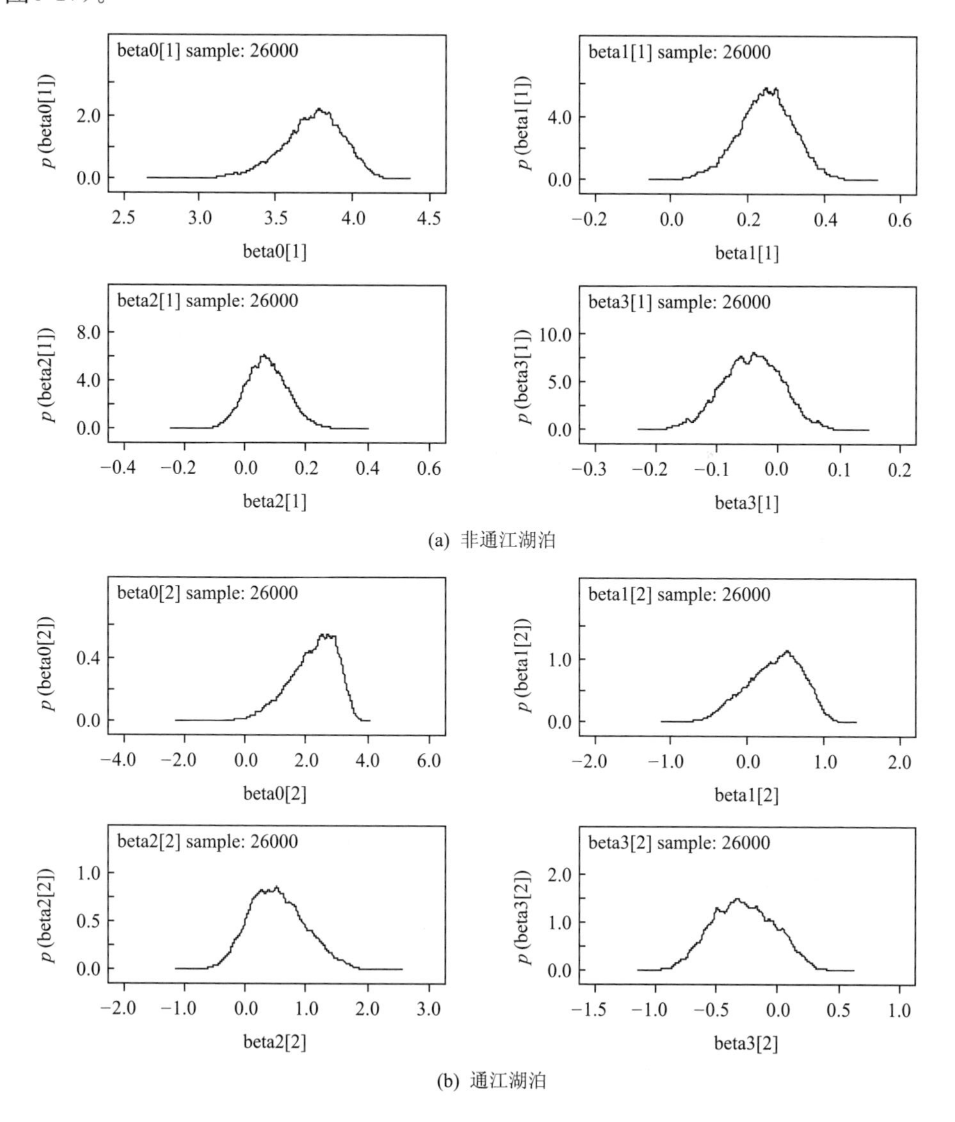

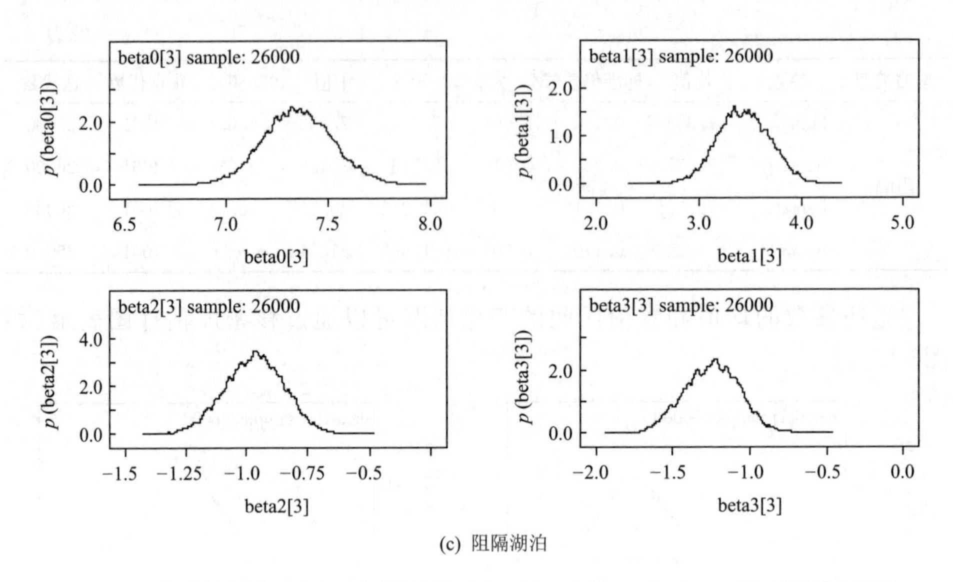

(c) 阻隔湖泊

图 6-17 中东部湖泊生态区不同类型湖泊 lnChl a 和 lnTP 与 lnTN 贝叶斯层次线性回归的后验核密度估计图

从核密度估计图可以看出，中东部湖泊生态区不同类型湖泊得到参数的核密度均近似满足正态分布，说明采用 WinBUGS 软件得到的 lnChl a 和 lnTP+lnTN 叶斯层次回归模型的估计值满足模拟要求。

同时，对自相关函数进行相应分析以判断模型估计量是否达到收敛的目的，如图 6-18 所示。

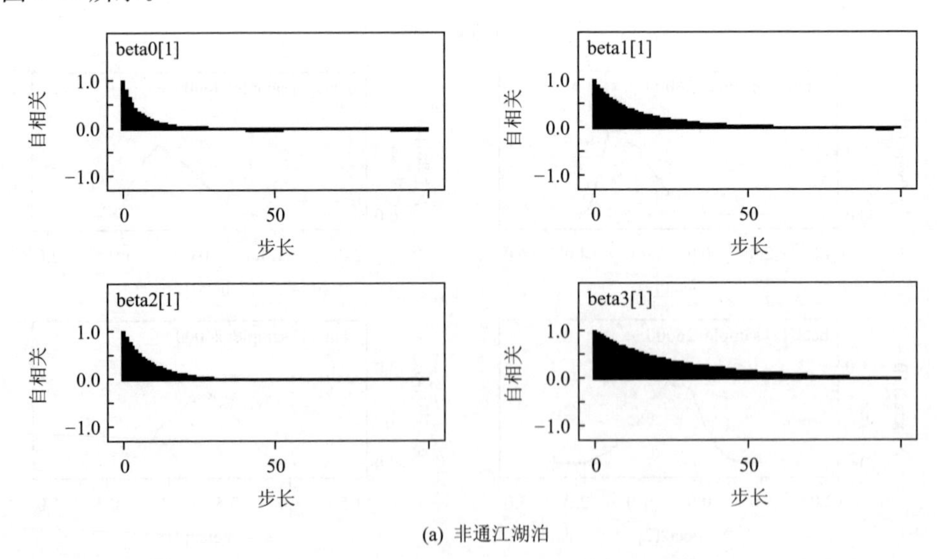

(a) 非通江湖泊

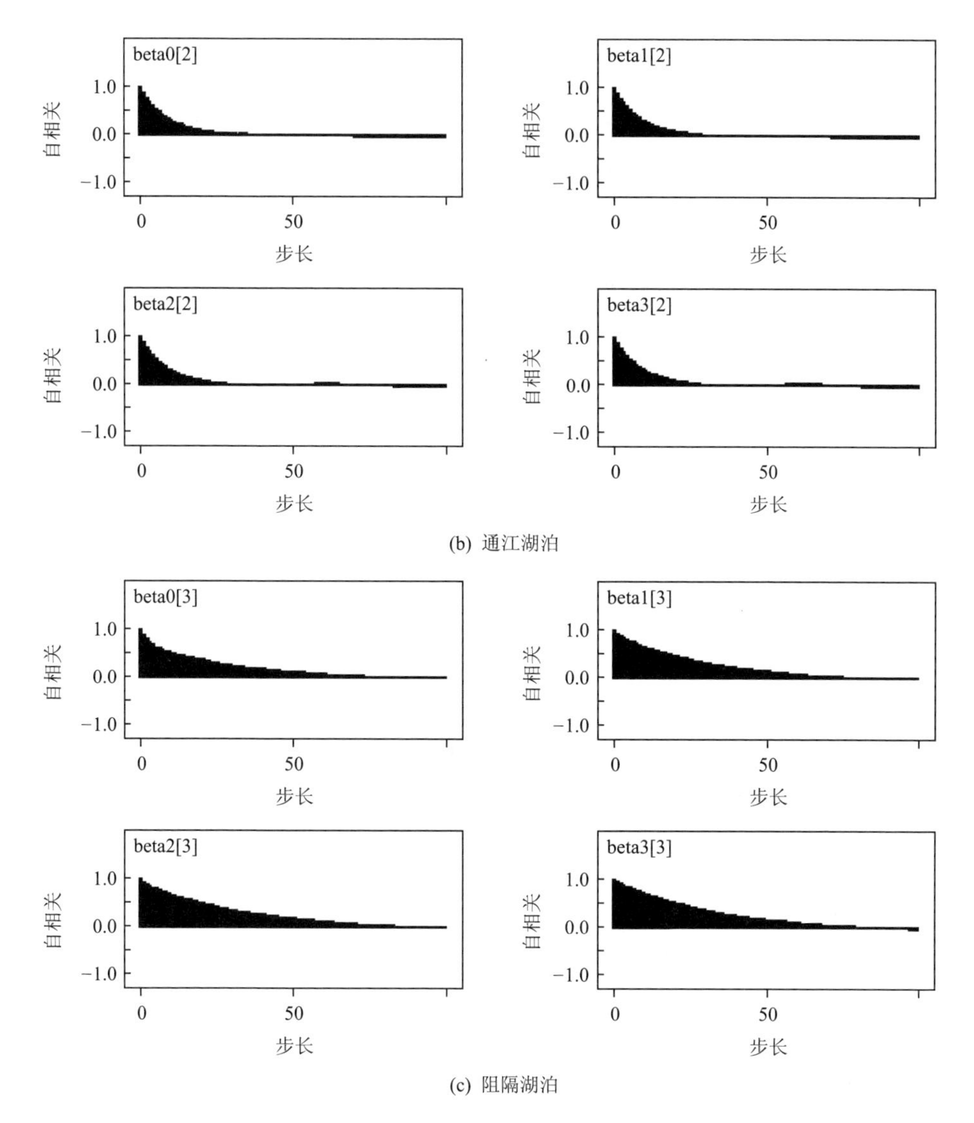

图 6-18 中东部湖泊生态区不同类型湖泊 lnChl a 和 lnTP 与 lnTN 贝叶斯层次线性回归模型系数的自相关函数

从图 6-18 中可以看出，中东部湖泊生态区不同类型湖泊关于 lnChl a 和 lnTP+lnTN 关系得到参数的自相关函数都很快接近于 0，说明迭代过程已收敛，得到的相关参数可以建立贝叶斯层次线性回归模型。

4. 讨论

根据对参数后验核密度估计图和自相关函数的分析，采用贝叶斯层次线性回归模型建立中东部湖泊生态区不同类型湖泊的 lnChl a-lnTP、lnChl a-lnTN 及 lnChl a 和 lnTP＋lnTN 模型，如表 6-12 所示。这表明中东部湖泊生态区不同类型湖泊营养物与 Chl a 之间具有相似的响应关系，满足贝叶斯层次线性回归模型分析的初始假设，且三类湖泊均能满足贝叶斯层次线性回归的先验分布信息，可以建立可靠的贝叶斯层次线性回归模型。

表 6-12　中东部湖泊生态区不同类型湖泊的 lnChl a、lnTP 与 lnTN 模型

湖泊类型	贝叶斯层次线性回归模型	预测变量
非通江	lnChl a＝3.839＋0.266 lnTP	
通江	lnChl a ＝3.045＋0.419 lnTP	TP
阻隔	lnChl a ＝5.724＋1.532 lnTP	
非通江	lnChl a ＝3.012＋0.212 lnTN	
通江	lnChl a ＝1.611＋0.991 lnTN	TN
阻隔	lnChl a ＝2.822＋0.696 lnTN	
非通江	lnChl a＝3.740＋0.248 lnTP＋0.073 lnTN－0.042 lnTP lnTN	
通江	lnChl a ＝2.218＋0.353 lnTP＋0.540 lnTN－0.276 lnTP lnTN	TP、TN
阻隔	lnChl a ＝7.354＋3.437 lnTP－0.968 lnTN－1.248 lnTP lnTN	

从表 6-9 可以看出，对一元贝叶斯层次线性回归模型，在没有 TP 输入的情况下，阻隔湖泊对应的截距最大，其次是非通江和通江湖泊；而在没有 TN 输入的情况下，非通江湖泊对应的截距最大。对多元贝叶斯层次线性回归模型，在没有 TP 和 TN 同时输入的情况下，阻隔湖泊对应的截距最大，通江湖泊对应的截距最小。说明在没有人为活动影响下，河流和湖泊的自然连通对藻类的生长有很好的调节机制，可以抑制藻类的生长。阻隔湖泊 lnTP 的斜率最大，说明增加相同浓度的 TP，阻隔湖泊 Chl a 浓度的相对增加量最高。恢复湖泊的水文水动力条件，使河流和湖泊自然连通将有利于阻隔湖泊水质的整体改善。对多元贝叶斯层次线性回归模型系数分析表明，非通江和阻隔湖泊对应 lnTP 的系数均大于 lnTN 的系数，说明这两类湖泊为磷限制型湖泊；而通江湖泊对应 lnTP 的系数小于 lnTN 的系数，说明其为氮限制型湖泊。同时得到阻隔湖泊 TP 和 TN 之间存在较强的相互作用。

6.4　贝叶斯线性回归模型适用性分析

尽管越来越多的关于湖泊水文、水化学和生物的信息可以从国家资助的水质监测网络中获得，但是缺乏充足的数据支撑仍然是阻碍水质管理计划发展的重大障碍。湖泊生态系统中自然过程的复杂性使得将常规监测数据转化为支持特定湖泊管理决策的科学知识变得十分困难。贝叶斯方法综合了先验数据和实际监测数据，对于小的样本数据，能够起到减小误差的作用；而对于大的样本数据，先验数据对计算结果的影响不大。贝叶斯模型中分层先验信息和马尔可夫链蒙特卡罗(MCMC)模拟方法的应用可以有效缓解数据缺失和测量误差问题，并能对相关异质性进行评价和比较，从而避免低估或高估。针对数据的模型拟合与模型诊断均展现了分层估计的适应性和灵活性，相关方法简洁清晰，适用性很强。同时，涵盖宏观协变量的贝叶斯分层模型可以用于更加复杂的分析。因此，贝叶斯层次回归模型能够为正确阐明和解释不同类型湖泊营养物和 Chl *a* 响应变量之间的关系提供新的思路和手段，也可为不同分区湖泊营养物基准的研究提供方法学参考。

6.5 不同方法的综合比较

线性回归模型通过建立压力变量与响应变量之间的线性回归关系来推断营养物基准。其优点是能够定量分析营养物浓度的增加量对响应变量的影响程度，在营养物与响应变量之间存在良好线性关系的研究区域，能够推断得到可靠的营养物基准。该模型不需要对研究区域内的参照湖泊或受人类活动影响较小的湖泊进行识别，不需要收集大量的历史数据。我国大多数湖泊正遭受着严重的人类活动影响，大多数湖泊生态区不能找到不受人类活动影响或受人类活动影响较小的参照点，因此，该模型适宜我国营养物基准制定。但是，该方法也存在不足之处：①在进行线性回归分析的过程中，其他的混淆因素可能会影响建立的回归模型的可靠性。因此，需要对数据进行分类，以消除混淆因素对建立的模型的影响。②由于建立回归模型采用的数据大多数来自受人类活动影响的湖泊，外推的基准浓度往往会超出已知数据/关系之外，推断会引入较大的不确定性。③在采用土地利用类型与营养物浓度关系推断营养物基准的方法中，最主要的限制是不能定量所有的人为影响，而关于这些影响的数据是不容易获得的。

分类回归树模型的优点是可以定性或定量地解释响应变量与压力变量之间复杂的非线性关系，不需要经典回归中的诸如独立性、正态性、线性或者光滑性等假设。因此，当变量不能满足线性回归中设定假设的情况下，可以采用分类回归树模型对数据进行分析。分类回归树模型得到的树状结构层次清晰，易于理解；算法实现过程简单，运行速度快并具有较高的准确性。该模型可以有效地处理大量数据和高维数据，输入数据可以是连续变量也可以是离散值，能够包容数据的缺失和错误并可以给出测试变量的重要性。CART 是处理因素共线性和交互作用的一种有效方法。在多因素的回归分析中，由于自变量间的共线性，可使某一因素的作用被掩盖，回归系数的正确估计受到影响；而 CART 分析不会因自变量间的共线性而影响。在 CART 分析中，可将所有变量纳入分析过程，发现各因素对于因变量的作用，并评价交互作用和避免共线性对结果的影响。该方法的主要缺点是样本量较小时模型缺乏稳健性，结果的准确性可能得不到保障；自变量 x 较小的变化可引起模型较大的变化，用类似研究资料建立的分类回归树模型往往存在差异；CART 不能有效反映高度线性关系的数据结构；对于内部同质性较好的数据，CART 分析的结果与其他分析方法得到的结果基本一致；对于某一因素单独作用效应的定量解释不及 logistic 回归模型明确。因此，分析方法应根据资料的特点和分析目的加以选择，不可片面认为 CART 均优于其他统计分析方法，要经过比较找出最佳的分析方法。

拐点分析法的优点是能够利用压力变量和响应变量的关系较为客观地得到响应变量发生突然变化时对应的营养物拐点浓度。拐点分析法不需要事先设定响应变量的响应阈值，消除了人为设定响应基准的主观偏见。该方法的缺点是由于拐点分析法在某种程度上可以提供选择阈值的基准，因此，需要额外的分析来确定选择数值的特征与拐点识别之后的预测目标是否一致。研究者需要对低于营养物拐点对应的响应变量的数值是否能够支持水体的指定用途进行评价，以保证营养物拐点的科学合理性。

贝叶斯层次线性回归模型的优点是假设响应变量与预测变量之间的关系对不同层次的湖泊数据具有相似性，能够调整协变量在全部水平的影响，以便对输出结果的变异性进行同时预测。与线性回归模型缺少数据与均值(方差)异质性分析相比，贝叶斯层次线性回归模型中的先验信息和马尔科夫链蒙特卡罗模拟方法(MCMC)的应用可以有效地缓解数据缺失和测量误差问题，并能对异质性进行评价和比较，从而避免低估或高估现象的发生。与传统的回归模型相比，贝叶斯层次线性回归模型在分析具有群组层次结构数据方面有很大的优越性。在使用经典回归统计分析模型的时候，常常假设样本之间独立，并且方差相等，但实际调查中样本个体之间的相互影响几乎是难以避免的。针对数据的模型拟合与模型诊断均展现了层次估计的适应性和灵活性。当然，该方法也存在一些不足之处。贝叶斯层次线性回归模型采用随机抽样的方法产生建模样本集，每次计算产生的结果略有差异。数据在调查时需要按照分层的假设去采集，以便在调查数据基础上建立分层模型。要充分展示贝叶斯层次模型的优越性，需要在调查时以明显的分层的方式采集更多的原始数据。

综上所述，四种方法都具有明显的优缺点，都能够确定湖泊营养物基准阈值。因此，采用四种方法建立的压力-响应关系分别来推断不同湖泊生态区的营养物基准，并对得到的结果进行综合的比较分析，以期为我国不同湖泊生态区科学合理的数字化营养物基准的制定提供一套可行性方法体系。

6.6　不同方法得到基准阈值或基准范围的比较

采用线性回归模型、分类回归树模型、拐点分析法和贝叶斯层次线性回归模型得到不同湖泊生态区的营养物基准阈值或基准范围如表 6-13 和表 6-14 所示。

表 6-13　不同方法得到不同湖泊生态区 TP 的基准阈值或基准范围

湖泊生态区	线性回归	分类回归树节点阈值	非参数拐点分析		贝叶斯拐点分析		贝叶斯层次线性回归
			拐点值	90%区间	拐点值	90%区间	
东北	0.053±0.021	0.026	0.026	0.022，0.052	0.022	0.005，0.023	0.025
甘新	0.016±0.005	0.047	0.047	0.006，0.080	0.048	0.005，0.062	0.034
宁蒙	—	0.146	0.159	0.109，0.290	0.157	0.108，0.167	—
华北	0.019±0.004	0.022	0.022	0.021，0.111	0.022	0.022，0.023	—
云贵	0.008±0.002	0.018	0.015	0.015，0.018	0.015	0.015，0.018	0.008
中东部	0.022±0.007	0.038	0.038	0.026，0.056	0.038	0.023，0.038	0.014
东南	0.029±0.010	0.030	0.023	0.030，0.054	0.025	0.025，0.030	0.019

表 6-14　不同方法得到不同湖泊生态区 TN 的基准阈值或基准范围

湖泊生态区	线性回归	分类回归树节点阈值	非参数拐点分析		贝叶斯拐点分析		贝叶斯层次线性回归
			拐点值	90%区间	拐点值	90%区间	
东北	0.863±0.64	0.643	0.670	0.542，0.995	0.670	0.110，0.880	0.311
甘新	0.421±0.293	0.508	0.877	0.150，1.056	0.885	0.555，0.895	0.892
宁蒙	—	1.745	1.745	1.050，1.805	1.750	1.740，1.750	—
华北	0.846±0.473	1.685	0.708	0.692，2.539	0.698	0.686，2.961	—
云贵	0.173±0.049	0.494	0.494	0.305，0.936	0.300	0.275，0.330	0.103
中东部	0.374±0.139	0.643	0.579	0.452，1.803	0.565	0.430，0.565	0.205
东南	—	0.532	0.511	0.511，2.144	0.510	0.510，0.513	—

从表中可以看出分类回归树、拐点分析(包括非参数及贝叶斯拐点分析得到的不同湖泊生态区的营养物基准阈值非常相近，且能够获得七个湖泊生态区全部的营养物基准值，说明这些方法对数据具有更加广泛的适用性。线性回归和贝叶斯层次线性回归虽然能够定量响应变量与营养物变量之间的响应关系，但对数据的限制条件较多，这在某种程度上阻碍了两种方法在某些特殊湖泊生态区的应用。贝叶斯层次线性回归模型推断得到的不同湖泊生态区的营养物基准总体上低于线性回归模型得到的基准(甘新湖泊生态区除外)，但处于线性回归得到的基准置信区间范围内，说明不同方法推断得到的营养物基准值具有较好的一致性。

在进行贝叶斯层次线性回归分析中，假定不同湖泊生态区的响应变量 Chl *a* 的对数值满足正态分布，并将未知参数的先验信息和样本信息综合，根据贝叶斯定理得出后验信息，通过对后验信息的分析判断是否能够满足先验分布信息，最终得到建立模型的可靠性。贝叶斯层次线性回归分析的过程比线性回归分析复杂，但该方法可以避免样本量小的弊端。

参考文献

Bernardo J M，Smith A F M. 1994. Bayesian Theory [M]. West Sussex，England：Wiley.

Box G E P，Tio G C. 1973. Bayesian Inference in Statistical Analysis [M]. Reading，MA：Addison-Wesley.

Brooks S P，Gelman A. 1998. General methods for monitoring convergence of iterative simulations. Journal of Computational and Graphical Statistics，7(4)：434-455.

Gelman A，Carlin J B，Stern H S，et al. 1995. Bayesian Data Analysis [M]. New York：Chapman & Hall.

Gelman A，Rubin D B. 1992. Inference from iterative simulation using multiple sequences [J]. Statistical Science，7：457-511.

Gilks W R，Richardson S，Spiegelhalter D J. 2001. Bayesian Statistical Modelling [M]. West Sussex，England：Wiley.

Lamon E C，Qian S S. 2008. Regional scale stressor-response models in aquatic ecosystems [J]. Journal of the American Water Resources Association，44：771-781.

Lunn D，Thomas A. 2000. WinBUGS-A Bayesian modeling framework，concepts，structure and extensibility [J]. Statistics and Computing，10：325-337.

Malve O，Qian S S. 2006. Estimating nutrients and chlorophyll a relationships in Finnish Lakes [J]. Environmental Science & Technology，40：7848-7853.

Qian S S. 2009. Environmental and Ecological Statistics with R [M]. London，British：Chapman & Hall/CRC.

Qian S S，Donnelly M，Schmelling D C，et al. 2004. Ultraviolet light inactivation of protozoa in drinking water：A bayesian metaanalysis [J]. Water Research，38：317-326.

Qian S S，Linden K G，Donnelly M. 2005. A bayesian analysis of mouse infectivity data to evaluate the effectiveness of using ultraviolet light as a drinking water disinfectant [J]. Water Research，39：4229-4239.

Spiegelhalter D J，Thomas A，Best N，et al. 1996. BUGS 0. 5：Bayesian Inference Using Gibbs Sampling Manual [M]. Medical Research Council Biostatistics Unit，Institute of Public Health：Cambridge，UK.

Spiegelhalter D，Best N G，Carlin B P，et al. 2002. Bayesian measures of model complexity and fit [J]. Journal of the Royal Statistical Society series B-Statistical Methodology，64：583-639.

附录 6.1 贝叶斯层次线性回归模型实现的 Winbugs 代码

1. lnChl *a*-lnTP 贝叶斯层次线性回归模型

```
# model
model{
```

```
        for(i in 1:N){
                Chla[i]~dnorm(mu[i],tau)
                log(mu[i])<-
                        beta0[eco[i]] + beta1[eco[i]] * log(TP[i])
                    }
#建立 lnChl a 与 lnTP 的关系模型
#eco 代表七个湖泊生态区,或用 wbt 代表三个湖泊类型


        for(j in 1:7){
        beta0[j]~dnorm(mu.beta0[j],tau0[j])
        beta1[j]~dnorm(mu.beta1[j],tau1[j])

        mu.beta0[j]~dnorm(0.0,1.0E-6)
        mu.beta1[j]~dnorm(0.0,1.0E-6)

        tau0[j]<-1/(sigma0[j] * sigma0[j])
        tau1[j]<-1/(sigma1[j] * sigma1[j])

        sigma0[j]~dunif(0,100)
        sigma1[j]~dunif(0,100)

                    }

        tau<-1/(sigma * sigma)
        sigma~dunif(0,100)

        }
#Data
list(N=2064)
#N代表建模的数据量

wbt[]  Chla[]  TP[]
#建模数据输入

END

list(sigma=100, sigma0=c(1,1,1,1,1,1,1), sigma1=c(1,1,1,1,1,1,1), mu.beta0=c
```

```
(1,1,1,1,1,1,1), mu.beta1 = c(1,1,1,1,1,1,1))
#模型的初始值
```

2. lnChl *a*-lnTN 贝叶斯层次线性回归模型

```
# model
model{
          for(i in 1:N){
                 Chla[i]~dnorm(mu[i],tau)
                 log(mu[i])<-
beta0[eco[i]] + beta1[eco[i]] * log(TN[i])
                                        }
#建立 lnChl a 与 lnTN 的关系模型
#eco代表七个湖泊生态区,或用 wbt 代表三个湖泊类型

          for(j in 1:7){
          beta0[j]~dnorm(mu.beta0[j],tau0[j])
          beta1[j]~dnorm(mu.beta1[j],tau1[j])

          mu.beta0[j]~dnorm(0.0,1.0E-6)
          mu.beta1[j]~dnorm(0.0,1.0E-6)

          tau0[j]<-1/(sigma0[j] * sigma0[j])
          tau1[j]<-1/(sigma1[j] * sigma1[j])

          sigma0[j]~dunif(0,100)
          sigma1[j]~dunif(0,100)

                                        }

          tau<-1/(sigma * sigma)
          sigma~dunif(0,100)

          }
#Data
list(N = 2064)
#N代表建模的数据量

wbt[]  Chla[]  TN[]
```

```
#建模数据输入

END

list(sigma = 100, sigma0 = c(1,1,1,1,1,1,1), sigma1 = c(1,1,1,1,1,1,1), mu.beta0 = c
(1,1,1,1,1,1,1), mu.beta1 = c(1,1,1,1,1,1,1))
#模型的初始值
```

3. lnChl *a*-lnTP+lnTN 贝叶斯层次线性回归模型

```
# model
model{
        for(i in 1:N){
                Chla[i]~dnorm (mu[i],tau)
                log(mu[i])<-
                        beta0[eco[i]] + beta1[eco[i]] * log (TP[i])
                        + beta2[eco[i]] * log (TN[i])
                        + beta3[eco[i]] * log (TP[i]) * log (TN[i])
                }
#建立 lnChl a 与 lnTP、lnTN 的关系模型
#eco 代表七个湖泊生态区,或用 wbt 代表三个湖泊类型

         for(j in 1:7){
        beta0[j]~dnorm(mu.beta0[j],tau0[j])
        beta1[j]~dnorm(mu.beta1[j],tau1[j])
        beta2[j]~dnorm(mu.beta2[j],tau2[j])
        beta3[j]~dnorm(mu.beta3[j],tau3[j])

        mu.beta0[j]~dnorm(0.0,1.0E-6)
        mu.beta1[j]~dnorm(0.0,1.0E-6)
        mu.beta2[j]~dnorm(0.0,1.0E-6)
        mu.beta3[j]~dnorm(0.0,1.0E-6)

        tau0[j]<-1/(sigma0[j] * sigma0[j])
        tau1[j]<-1/(sigma1[j] * sigma1[j])
        tau2[j]<-1/(sigma2[j] * sigma2[j])
        tau3[j]<-1/(sigma3[j] * sigma3[j])

        sigma0[j]~dunif(0,100)
```

```
        sigma1[j]～dunif(0,100)
        sigma2[j]～dunif(0,100)
        sigma3[j]～dunif(0,100)
                        }

        tau<-1/(sigma * sigma)
        sigma～dunif(0,100)

        }
```

```
#Data
list(N=11395)
#N代表建模的数据量

eco[]  Chla[]  TP[]TN[]
#建模数据输入

END

list(sigma=100, sigma0=c(1,1,1,1,1,1,1), sigma1=c(1,1,1,1,1,1,1), sigma2=c(1,1,1,1,1,1,1), sigma3=c(1,1,1,1,1,1,1), mu.beta0=c(1,1,1,1,1,1,1), mu.beta1=c(1,1,1,1,1,1,1), mu.beta2=c(1,1,1,1,1,1,1), mu.beta3=c(1,1,1,1,1,1,1))
#模型的初始值
```

彩　图

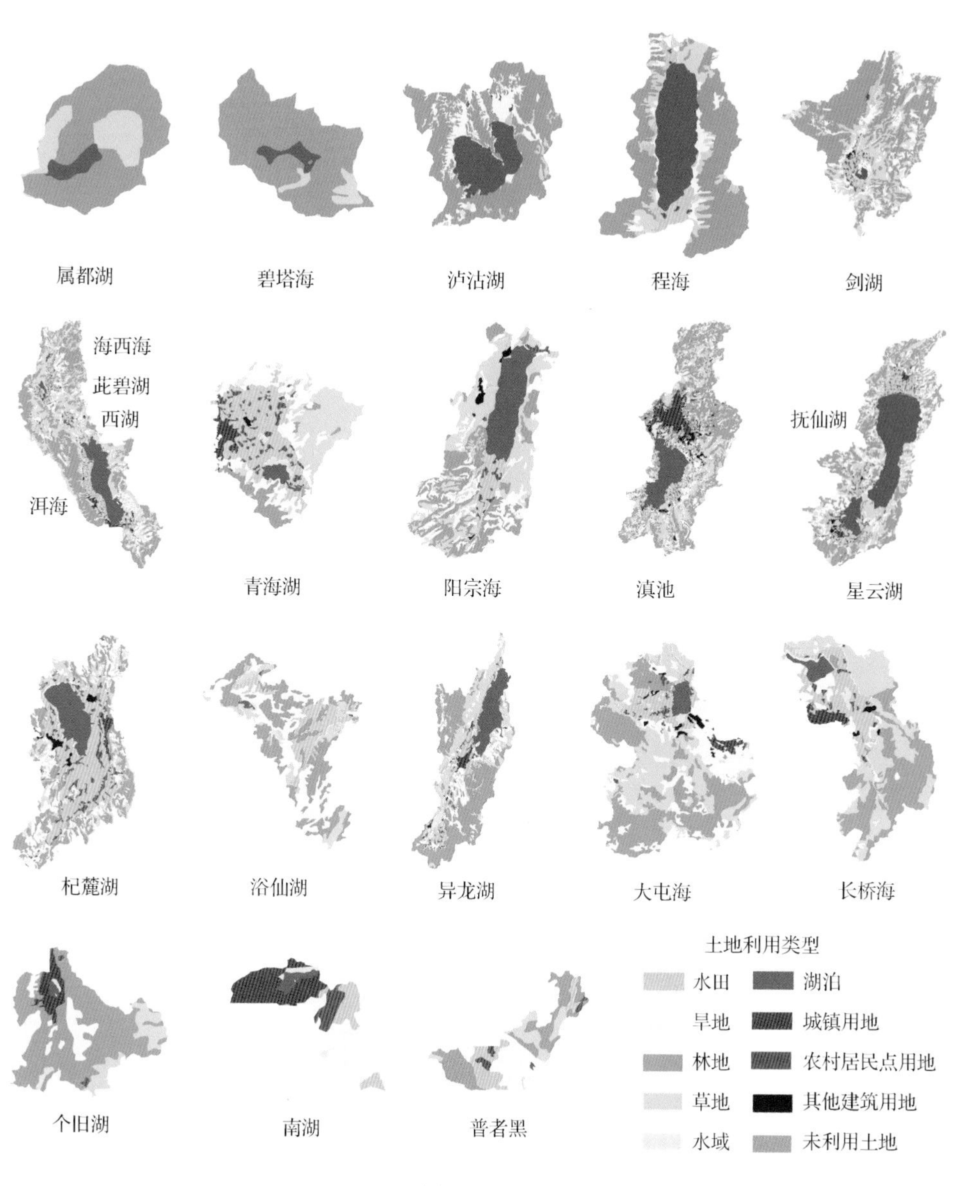

属都湖
碧塔海
泸沽湖
程海
剑湖
海西海
茈碧湖
西湖
洱海
青海湖
阳宗海
滇池
抚仙湖
星云湖
杞麓湖
浴仙湖
异龙湖
大屯海
长桥海
个旧湖
南湖
普者黑
土地利用类型
水田
湖泊
旱地
城镇用地
林地
农村居民点用地
草地
其他建筑用地
水域
未利用土地

图 2-16(b)

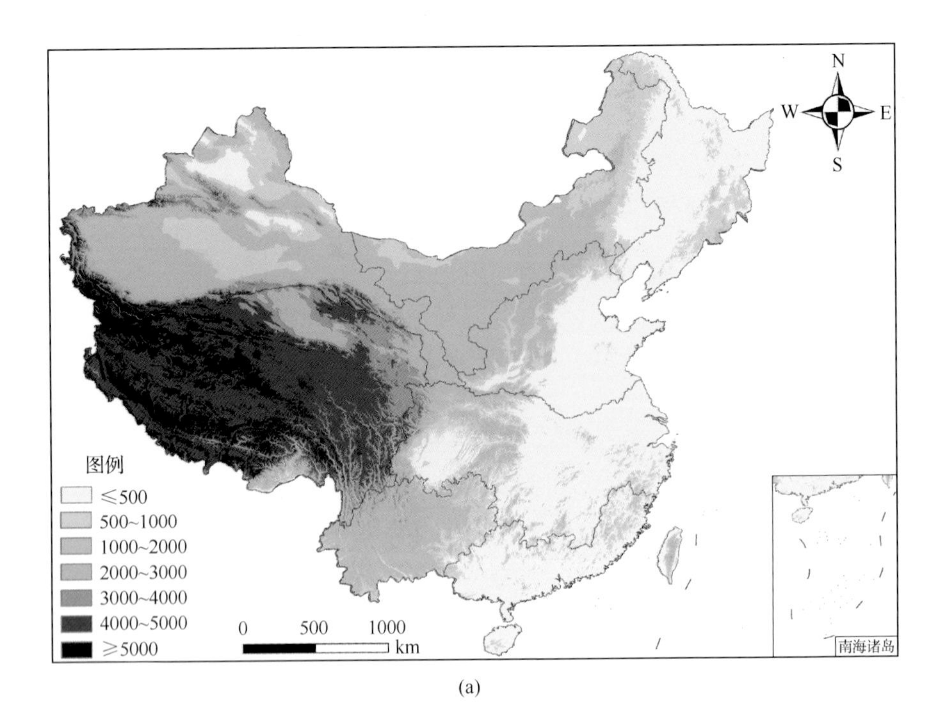
N
W
E
S
图例
≤500
500~1000
1000~2000
2000~3000
3000~4000
4000~5000
≥5000
0
500
1000
km
南海诸岛

(a)

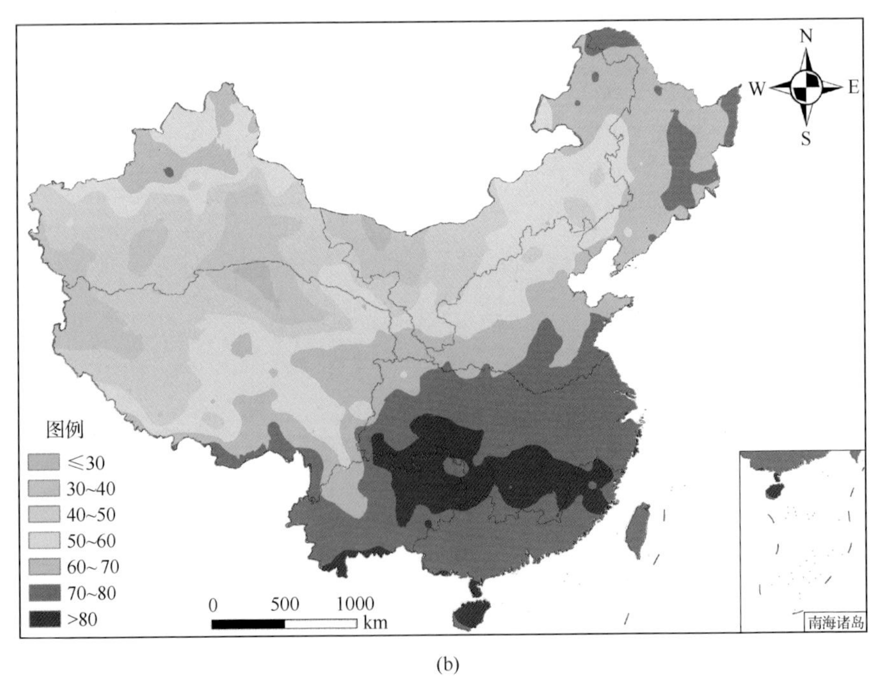
N
W
E
S
图例
≤30
30~40
40~50
50~60
60~ 70
70~80
>80
0
500
1000
km
南海诸岛

(b)

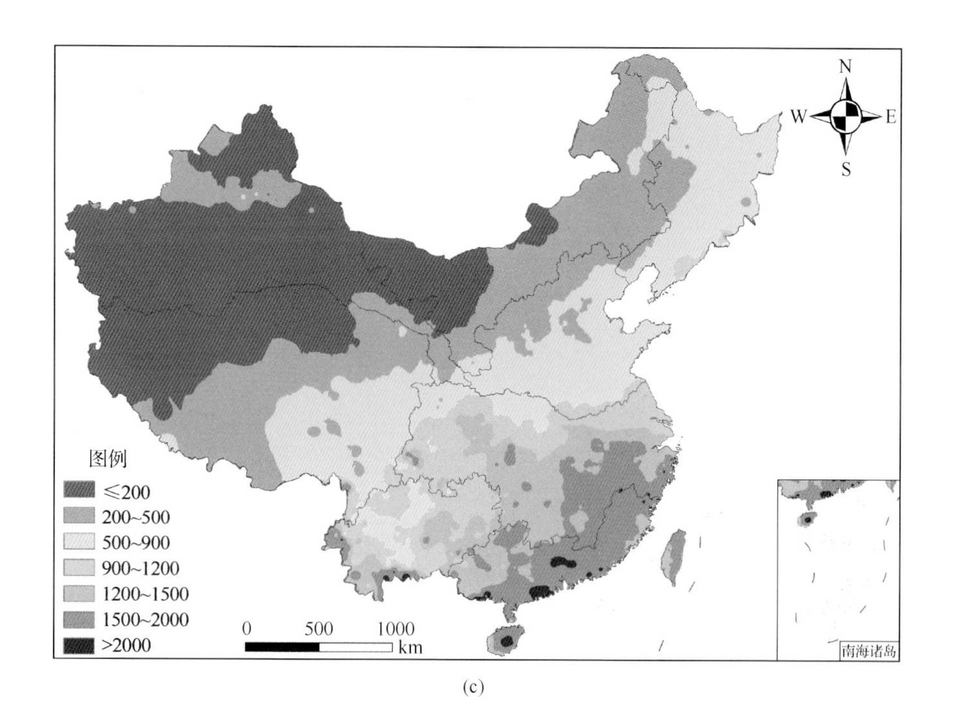
N
W
E
S
图例
≤200
200~500
500~900
900~1200
1200~1500
1500~2000
>2000
0
500
1000
km
南海诸岛

(c)

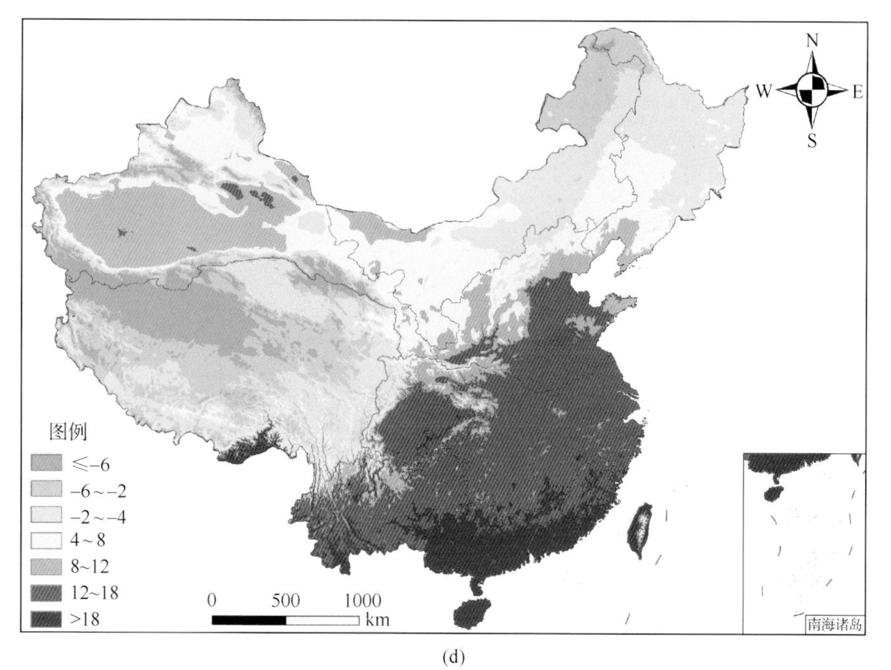
N
W
E
S
图例
≤-6
-6~-2
-2~-4
4~8
8~12
12~18
>18
0
500
1000
km
南海诸岛

(d)

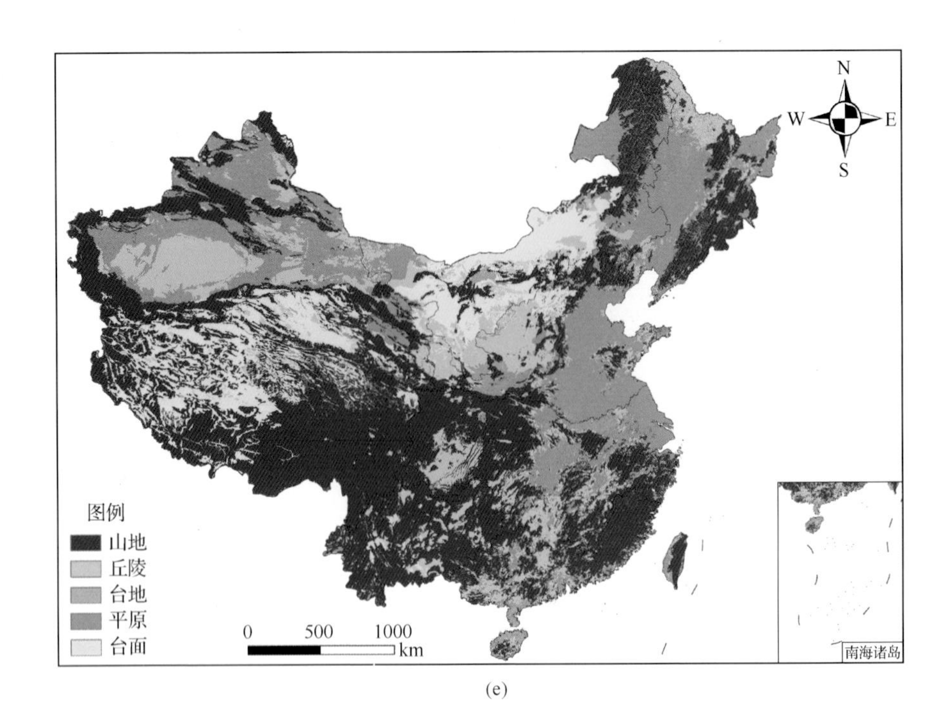
N
W
E
S
图例
山地
丘陵
台地
平原
台面
0
500
1000
km
南海诸岛

(e)

图 3-1

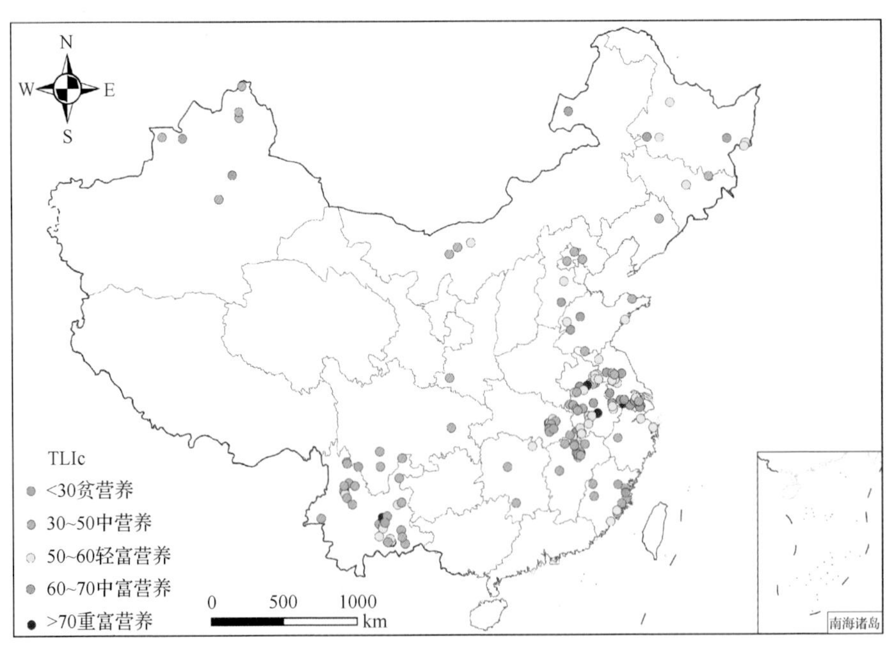
N
W
E
S
TLIc
<30贫营养
30~50中营养
50~60轻富营养
60~70中富营养
>70重富营养
0
500
1000
km
南海诸岛

图 3-4